砾性土液化原理与判别技术
——以汶川8.0级地震为背景

曹振中　袁晓铭　著

科学出版社
北　京

内容简介

2008年我国汶川8.0级地震中土体液化及其震害现象显著，是新中国成立以来液化涉及地域范围最广的一次地震，尤其是发现了全球规模最大的砾性土液化现象，引发了很多科学上需要研究、工程上需要解决的新问题。本书是作者团队对此次地震土体液化问题一系列研究成果的集成，着重于新提出的砾性土液化原理与砾性土液化判别技术。全书主要内容分为三个部分：汶川地震土体液化概论，地表冒砂与实际液化土的甄别解析，现场测试及液化震害实录；砾性土液化的概念和内涵、影响因素、生成条件、发生规律及机理解释；砾性土液化的阈值模型及两种判别技术，独有的DPT砾性土场地液化判别方法及其国际通用化探究等。

本书是一部研究砾性土液化的专著，可作为从事土木工程、水利工程防震减灾工作的科研人员、工程技术人员以及该领域研究生的参考书。

图书在版编目(CIP)数据

砾性土液化原理与判别技术：以汶川8.0级地震为背景/曹振中，袁晓铭著.—北京：科学出版社，2015.11

ISBN 978-7-03-046223-7

Ⅰ.①砾… Ⅱ.①曹… ②袁… Ⅲ.①砾质土-砂土液化-研究
Ⅳ.①TU521.3 ②P642.16

中国版本图书馆CIP数据核字(2015)第264599号

责任编辑：牛宇锋 罗 娟 / 责任校对：郭瑞芝
责任印制：张 倩 / 封面设计：王 浩

科学出版社 出版
北京东黄城根北街16号
邮政编码：100717
http://www.sciencep.com
中国科学院印刷厂 印刷
科学出版社发行 各地新华书店经销
*
2015年11月第 一 版 开本：720×1000 1/16
2015年11月第一次印刷 印张：17 1/4
字数：335 000

定价：168.00元

(如有印装质量问题，我社负责调换)

序

震害调查是研究工程抗震科学与技术的重要手段，工程抗震科学中许多重大的发现几乎都是来源于大地震后的现场震害调查。20世纪60年代发现并总结出来地震中的土体液化现象及其对场地和工程结构的影响就是其中一例。土体液化是中国地震局工程力学研究所传统优势研究方向，20世纪60～80年代，该所专家学者就对我国几次大地震中的液化问题进行过深入系统研究，并通过当年的中美合作，取得过丰硕成果，形成了我们国家建筑抗震设计规范中的砂土液化判别方法，在国内外得到了广泛认可和接受，但主要成果均只限于对饱和砂土以及含黏性颗粒的砂土液化问题的研究。

2008年我国四川省汶川县发生的8.0级大地震又一次给我们提供了新的震害现象，也随之给地震工程科学提出了新的挑战和新的机遇。中国地震局工程力学研究所袁晓铭研究员及其所带领的研究团队，对汶川地震中场地液化问题进行了全面、深入的调查和分析研究，不仅揭示了汶川地震场地液化的全貌，而且透过地表喷砂的表象，发现并确认了大量砾性土的液化案例。这一发现颠覆了砾性土层为非液化安全场地的传统认识，引起国内外工程界的广泛关注，引起了国际同行的浓厚兴趣，推动了新一轮中美地震液化合作研究。

袁晓铭团队对他们的发现，经过去粗存精、去伪存真的分析研究，整理成册，出版了这一部可称为第一部研究砾性土液化的专著——《砾性土液化原理与判别技术——以汶川8.0级地震为背景》。该书资料客观丰富，论述系统全面，总结出许多前人很少论及的创新性研究成果，无疑具有重要的科学价值。

汶川地震中出现了世界上规模最大的砾性土液化现象，该书从宏观现象、工程地质背景、典型场地剖析、与历史地震对比等多方面系统阐明此次地震场地液化的特征，给出几十组典型液化场地的图片、震害描述、钻孔柱状图、两种现场测试指标等一整套完备的资料，为液化研究提供了极为珍贵的基础数据。

书中提出的“砾性土地震液化”新概念，准确地描述了作者在汶川地震中所发现的新的液化土类，同时意味着对可液化土范围的认识又向前迈进了一步；对砾性土液化机制的解释正确可信，强调了与砂土液化的区别和联系；提出的两种砾性土液化判别方法，简单便捷，为抗震规范增加砾性土液化判别提供了依据。

特别可贵的是，书中提出的基于动力触探试验（DPT）的砾性土液化判别技术，极具中国特色，与国外同类方法相比优势显著，已通过了中美双方的联合测试，并吸引了国际同行的关注，认为可以替代欧美现行技术，并有望成为评价砾性土场地力学性能的国际通用方法。

袁晓铭研究员自大学毕业后，在中国地震局工程力学研究所攻读了博士并一直在该所从事研究工作，他具有良好的数理力学基础，擅长于将数学力学与岩土地震工程结合，经常深入地震现场认真总结规律，是一名十分优秀的中年科研人员；曹振中则是由袁晓铭研究员一手培养出来的青年优秀博士。这部专著的出版也标志着新一代的优秀科学家正在健康成长。

科学中的任何新的发现及其在工程中的应用，都需要在实践中经历反复的考验，特别是需要反复经历同行的质疑和认可，才能使得到的结果不断完善。相信本书的出版必将推进地基和场地液化领域的研究与工程应用，必将推动土动力学与地震工程学的发展。

谢礼立

中国地震局工程力学研究所名誉所长
中国工程院院士
2015年6月于哈尔滨

前　言

震害调查历来是获取工程抗震经验、更新知识最直接和最有力的手段，而土体液化也一直是土动力学与地震工程中的重要研究课题之一。

2008年我国四川省汶川县发生了8.0级大地震。通过调查研究发现，此次地震中出现了全球规模最大的砾性土液化现象。鉴于此，作者开展了一系列工作，本书即是这些研究成果的集成。与本书目录次序略有不同的是，作者的工作是按液化规模调查—砾性土液化确认—砾性土液化判别技术—砾性土命名—砾性土液化机理，这样一个随着调查研究不断深入、认识不断提升的时间序列来展开的。

通过以作者团队为主加之其他学者的考察，已认定汶川地震液化及其震害现象显著，是新中国成立以来液化涉及范围最广的一次地震；作者发现了以村为单位的118个液化点(带)，分布在长约500km、宽约200km的区域，又经反复勘察和试验分析，确认其中约70%的液化点为砾性土液化，液化砾性土含砾量达80%，甚至更高。

汶川地震场地液化以砾性土液化为主要标志，这是作者用了两年时间研究得到的结论。事实上，自然沉积砾性土场地的液化是一个超出现有认识与现有规范的问题，而汶川地震大部分液化点地表喷出物为砂土的这一客观现象，如果按以往经验，则很容易将人们的(包括作者最初的)判断引到地下为砂土层液化的误区。工作中，作者也逐渐发现调查结果与以往知识之间存在矛盾。最后研究表明，地表喷出砂土大多为表象，地表喷出物大多与场地中实际液化土类差异显著，实际液化土大多为砾性土，即使地表喷出物含有砾、卵石，土层中实际液化土的颗粒组成也与地表喷出物有较大差异。

汶川地震大量场地出现砾性土液化的事实被确认之后，当务之急是给出适合工程应用的砾性土液化判别技术，而常规的标准贯入试验和静力触探试验却无法在砾性土场地实施。为此，作者提出了两种基于现场实测参数的新方法，而其中一种已经得到了国际好评，并引起了美国内政部垦务局的高度关注。

读者可以看到，目前作者发表的大部分论文，出现的是“砂砾土液化”或“砾质土液化”，尚无“砾性土液化”字样。由于确认汶川地震中含砾液化土的组成，需要经过宏观调查—勘察判定液化层—液化层中再取样试验等这样一个复杂过程，所以作者关于砾性土的定义直到2014年年底才提出。作者最终确定，此次地震中液化的含砾土级配非常宽，涵盖了工程中现有定义的砾砂、砾质土、粉砾土、砂砾土和砾类土等，将其统称为砾性土，以适应目前所发现的含砾可液化土的实际情况。

砾性土液化机理是一个必须回答且又不易解决的问题，即使加上汶川地震，全球范围内地震中砾性土液化的实例在数量和规模上也远远小于砂土液化。对于砾性土液化，往往会误认为是其中所含的砂土对液化起决定作用，相关研究结论也存在较大偏差，甚至矛盾。本书通过现场调查、振动台试验、大直径动三轴试验、弯曲元剪切波速试验、数值计算等手段，从宏观表现、演变规律、阈值条件等角度给出了砾性土液化机理的新的解释，阐述砾性土发生液化的特殊条件，阐明砂土液化与砾性土液化的区别和联系，说明较高剪切波速的砾性土出现液化的缘由，解释以往含砾量超出70%就不会液化的判别准则与汶川地震中含砾量80%砾性土发生液化之间出现矛盾的原因。

本书主要成果来自于汶川地震现场工作。作者牢牢记着谢礼立院士在汶川地震科学考察动员会上对我们提出的要求：认定事实、分清真伪、找出规律、初步解释，这成为了作者的工作指导方针。特别是其中的“分清真伪”，对作者从地表喷砂的表面现象中甄别出实质上是砾性土液化的事实，起到了关键指导作用。对于作者团队的科考工作，中国地震局工程力学研究所和科研处时任领导王自法研究员、胡春峰书记、孙伯涛研究员、李山有研究员等都给予了很大支持，报告交流中也得到了袁一凡研究员、张敏政研究员的指点。

本书成果是作者团队集体劳动和智慧的结晶。其中要特别感谢孙锐研究员、王维铭博士、陈龙伟博士、汪云龙博士、王永志博士、李兆焱博士、陈红娟博士、孟凡超博士、董林博士、蔡晓光博士、张建毅博士等。同时也要感谢东华理工大学侯龙清副教授及其团队对现场测试工作的大力支持。

感谢 T. Leslie Youd 教授，他作为国际上液化领域研究的领军人物之一，对作者工作的肯定及向美国政府所做的推荐，在将作者的研究成果推向国际的过程中起到了重要作用。

汶川地震液化及其震害原始调查记录、用于构建砾性土液化判别方法的钻孔资料、动力触探与剪切波速测试结果以及60个典型场地液化震害图集等均在本书附录中列出。附录中对于液化场地原始调查记录也都进行了统一编号（如场地编号 CD-10），且液化震害图集中照片的编号与调查点的编号相一致（对应的照片编号为：照片 CD-10）。

本书得到了国家自然科学基金项目（项目编号：51208477，41272357）、广西自然科学基金（项目编号：2014GXNSFBA118257）、科技部国际合作项目（项目编号：2009DFA71720）、地震行业专项（项目编号：200708001）和中央级公益性研究所基本科研业务费专项（项目编号：2008B001，2010B01，2013B01）的支持，在此一并表示感谢。

限于作者水平，书中难免存在疏漏之处，恳请读者批评指正。

作　者

2015年6月于哈尔滨

目　录

第1章　绪　　论

1.1　砾性土的定义

“砾性土”是作者根据2008年汶川地震中土体液化实际情况定义的新名词，是砾砂、砾质土、粉砾土、砂砾土和砾类土的统称，为砾粒含量从0%到80%的宽级配粗粒土。

目前学术界和工程界对粗粒土相关定义并不统一和清晰，一方面粗粒土的组成客观上较为复杂，另一方面各行业应用目标也不同。就我国而言，《土工试验规程》(SL 237—1999)中规定粗颗粒土是指粒径大于5mm、质量百分含量大于50%的土，而在其他一些规范中则将砾石含量较多的宽级配土划分为粗粒土，如《土的工程分类标准》(GB/T 50145—2007)根据不同粒组的相对含量将土划分为巨粒类土、粗粒类土和细粒类土，其中粗粒类土或粗粒土包含细砂、中砂、粗砂、细砾、中砾、粗砾，即将砂土也包含在内。《水利水电工程土工试验规程》(DL/T 5355—2006)，同样均将砂土、圆砾、角砾划分为粗粒土，即粒径范围为0.075～60mm的土含量大于50%的土为粗粒类土，其中砾粒组含量大于砂粒组含量的土为砾类土，砂粒组含量大于或等于砾粒组含量的为砂类土。

本书砾性土中各个具体组成土类的定义主要参考了《地球科学大辞典》(《地球科学大辞典》编委会，2005)。该辞典给出了砾砂、砾质土、粉砾土、砂砾土、砾类土及粗粒土的具体解释，表述方式上本书略加修改。砾砂是指砾粒含量(粒径大于2mm)占总质量25%～50%的粗粒土；砾质土是指含砾量在10%～15%，且砾粒含量少于砂粒、粉粒或黏粒含量的粗粒土，对应的英文名称为gravelly soil；粉砾土是含砾量在33%～50%，且粉粒含量大于砂粒含量的粗粒土，对应的英文名称为silty gravelly soil；砂砾土是砾粒含量在33%～50%，且砂粒含量多于粉黏粒含量的粗粒土，对应的英文名称为sandy gravel soil；砾类土为含砾量大于50%的粗粒土，对应的英文名称为gravel soil。

经过反复的现场调查、勘察测试和室内实验，2008年汶川地震土体液化以砾性土液化为主要标志。从地震现场获取的液化砾性土的颗粒级配结果来看，其砾粒含量(粒径大于5mm)在10%～77%，最大粒径超过80mm。如果将2mm作为砾粒组下限，汶川地震中液化土层砾粒含量更高，可达到80%。由于这些砾性土主要通过最大取样直径约90mm的钻机获取，实际液化土的含砾量更高，最大粒径更大。进行液化土类命名时，由于其含砾量的范围较宽，很难找到一个单一的名称与之对应。为了与宽级配的黏性土、砂性土相对应,我们将其统一命名为砾性土,是指由卵石、砾、砂、粉粒、黏粒等部分或全部组成的宽级配土,砾粒含量为其重要指标,变化范围可从0%到80%,对应的英文名称为gravelly soils。

关于砾粒组的划分,我国不同规范及国内外的定义均具有较大差别。我国《岩土工程勘察规范》(GB 50021—2001)(2009年版)规定砾粒的粒径范围为2～20mm,而2005年再版的《地球科学大辞典》《土的工程分类标准》(GB/T 50145—2007)与《水利水电工程土工试验规程》(DL/T 5355—2006)等进行粒组划分时,规定砾粒的粒径范围为2～60mm,即砾粒组的下限均是2mm,在一些文献中2mm和5mm均曾作为砾粒组下限采用(汪闻韶等,1986;Fioravante et al.,2012),采用5mm的情况相对较多,美国规范及一些外文文献中则较为普遍采用4.75mm(美国标准4号筛)(Siddiqi et al.,1987),而国内没有孔径4.75mm的标准筛。考虑到通用性,本书采用5mm作为砾粒组的下限,即含砾量是指粒径大于5mm的颗粒占总质量的百分含量,符号用G_c表示,英文为gravel content。

1.2 历史地震中砾性土液化实例

目前关于砂土液化问题研究已经取得了较大的进展,在国内外现行的规范中也有充分体现。然而,对于砾性土的液化及判别问题认识尚少,工程实践普遍认为砾性土可划分为非液化土类,主要有以下几方面的原因。

(1) 历史地震中砾性土液化实例十分有限,2008年汶川地震之前全球不足10例,可供深入研究的实例太少。

(2) 砾性土的渗透系数大,高出砂土几个数量级,地震中饱和砾性土孔压发展与消散共同作用,孔压消散较快以至于很难上升至液化的程度。

(3) 较一般场地而言,砾性土场地剪切波速普遍较大,按传统认识属于良好场地,难以发生液化。

(4) 大直径动三轴试验目前有一些研究成果,但由于试验结果受到取样难度、尺寸限制、橡皮膜嵌入效应等的影响,不排水试验结果很难充分反映砾性土的液化特性,相关研究成果的认可程度还不是很高,应用于工程实践还存在较大的差距。

(5) 还没有一种基于现场测试手段有效确定砾性土抗液化强度的方法。

国内外历史地震中,砾性土液化实例远少于砂土液化,仅有的少量砾性土液化的报道,主要包括以下几例。

1975年海城地震:石门水库所处烈度为7度,震时水下发出响声,水面冒泡,80min后滑体上缘露出水面,由于砂砾料保护层施工时未专门碾压,处于相对疏松状态,地震时孔压上升产生流滑(中国科学院工程力学研究所,1979)。

1976年唐山地震:密云水库位于北京市潮河、白河交汇处,控制流域面积

$1.57\times10^4km^2$，总库容 $4.3\times10^9m^3$，白河大坝为斜墙土坝，最大坝高 66m，坝长 960m，斜墙用中、重粉质壤土填筑，坝体及上游斜墙的保护层均用砂砾料填筑，保护层厚度 3～5m，坝基为砂砾石，最大厚度 44m，采用混凝土防渗墙及水泥黏土灌浆帷幕防渗。1976 年唐山地震时，白河主坝斜墙上游砂砾料保护层发生了大面积的滑坡，滑坡长度 900m，滑坍面积约 $6\times10^4m^2$，体积约 $1.5\times10^5m^3$，滑裂的面积几乎全处于水下的保护层内，滑坡体堆积的距离很远，大部分堆积在上游坝脚 40m 以外，有的甚至达百米以上。密云水库白河主坝保护层砂砾料的平均含砾量为 60%左右，级配不连续，缺少 1～5mm 的中间粒径（刘令瑶等，1982；沈珠江和徐志英，1981）。

1976 年意大利东北部地震：Friuli 地区 Avasinis 村发生砾性土与砂土液化，分布如图 1.1 所示。该村位于 Leale 河的冲积扇上，冲积扇的前端为砂土液化区，中部为砾性土液化区。在 1976 年 5 月 6 日（$M_L=6.2$）、9 月 15 日（$M_L=6.1$）及 9 月 16 日（$M_L=5.2$）的几次地震中均在原喷水冒砂孔处再次喷冒（Sirovich，1996）。

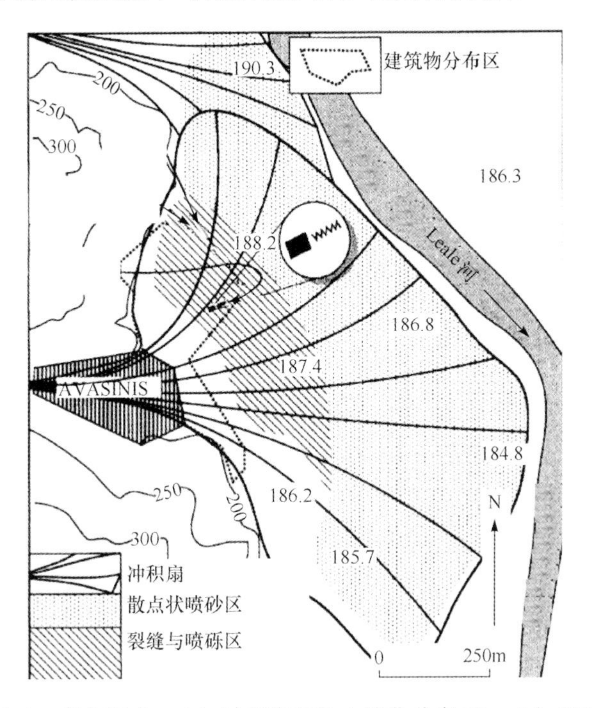

图 1.1 意大利 Avasinis 冲积扇砾性土液化分布（Sirovich，1996）

1995 年阪神地震：日本 Hanshin 地区发生了大面积的液化现象，其中 Port 为该地区最大的人工岛，液化现象几乎遍布该岛整个范围，20m 以上的填筑料采自 Rokko 山上，之下为几米厚的软黏土，填筑时间为 1969 年(图 1.2)。由于填筑料含有大量的砾石，其液化可能性以及强度一直被忽视，加之该地区的历史地震活动较弱，不够重视房屋建筑的抗震措施。因此，1995 年阪神地震中，Port 人工岛上大量的建筑因砾性土液化而遭到严重破坏，该岛所遭受的地表峰值加速度为 0.35g(Hatanaka et al.，1997)。

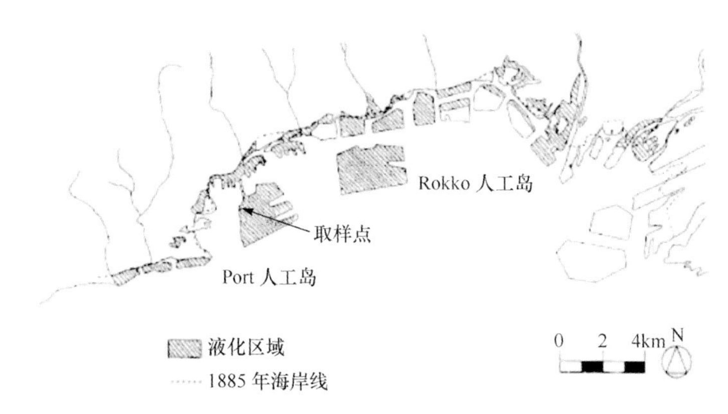

图 1.2　1995 年阪神地震液化分布(Hatanaka et al.，1997)

为研究 Port 人工岛上砾性土填筑料的土性，Hatanaka 等(1997)在该岛上通过冷冻法获得了扰动较少的试样，现场进行钻孔、标准贯入试验以及大直径动三轴试验。钻孔结果表明，地下水位为 3m，从地表至 18.5m 均为人工填筑砾性土，整个砾性土层中标准贯入击数变化较为平稳，说明填筑料土性较为均匀。液化砾性土的平均粒径范围为 1.7～3.7mm，最大粒径为 37.5～101.6mm，砾石含量超过 50%。受取样设备尺寸的限制，Port 人工岛砾性土的最大粒径应超过这一范围。人工填筑砾性土的干密度为 1.7～2.0g/cm^3，该范围接近天然沉积砾性土层的干密度，天然沉积砂的干密度为 1.5～1.6g/cm^3。

1988 年 Armenia 地震：6.8 级地震袭击了亚美尼亚(Armenia)北部，地震形成了长达 27km 的断层，破坏波及断层两侧 30～40km 范围内的房屋建筑，并造成了 40000 人伤亡。距离断层 25km 的 Ghoukasian 台站记录到的地表峰值加速度约为 0.2g，据分析，断层 1～2m 处的加速度为 0.5～1.0g(图 1.3)。距离断层 1km 处的高速公路路基发生了流滑，路基附近发生了明显的喷水冒砂现象。该地区主要为 Pambak 河流冲积扇，沉积了 140m 厚的砾性土层。液化场地位于河流附近，地下水位为 0.2m，标准贯入击数为 12 击/30cm，路基填筑料的 $c=5$kPa，$\phi=30°$(Yegian et al.，1994)。

1999 年台湾集集地震：地震导致地表巨大错位、大规模的山崩以及滑坡，基础设施严重受损，同时在许多地区发生罕见的砂土液化现象，造成严重的破坏。液化区主要分布在彰化县、台中县、南投县，其中台中县雾峰乡液化范围较大、灾害较严重，液化范围在 4km^2 以上，其他地区液化范围及灾害相对较少(萧峻铭，2004)。而在台中县雾峰乡福田桥附近的河漫滩上发现了砾性土液化现象，地点位于大里

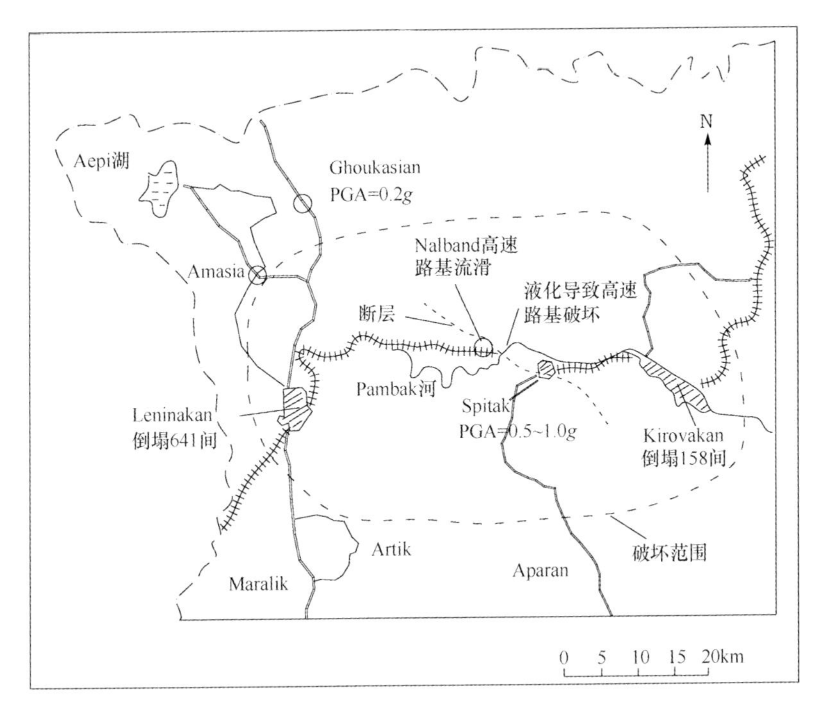

图 1.3 1988 年 Armenia 地震砾性土液化(Yegian et al., 1994)

溪左岸,距离断层约 2km,喷砂自桥东约 50m 至桥西约 300m,另外有数条长 30～50m、宽约 30cm 的地裂缝平行于堤岸分布。钻孔结果表明,该场地地下水位约 4.5m,地表至地下 23.5m 均为砾性土层,其中 2.1～7.0m 为砾石夹黄色粉质中细砂,细砂含量约 21%,4.0～4.5m 发现薄黏土层(Lin et al., 2004)。

将国内外历次地震中的砾性土液化实例汇总于表 1.1。

表 1.1 国内外历次地震中的砾性土液化实例汇总

编号	地震名称	地点	地震动强度	砾性土特性	文献来源
1	1964 年 Alaska 地震	美国,Alaska 州	—	冲积扇,松散,浅部砾质土液化	Koester et al., 2000
2	1975 年海城地震	辽宁营口石门水库土坝	7 度区	松散,未经过碾压	中国科学院工程力学研究所,1979
3	1976 年唐山地震	北京密云水库白河主坝砂砾壳	(0.05g,140s)	稍密至中密,未经专门碾压	刘令瑶等,1982
		唐山市滦县城关北	10 度区	出现喷水冒砂夹带大量卵石,卵石粒径 3～9cm,最大达 15cm	汪闻韶等,1986

续表

编号	地震名称	地点	地震动强度	砾性土特性	文献来源
4	1976年意大利东北部地震	意大利，Priuli地区	0.2g	冲积扇，前缘砂土液化，中部砾性土液化，砾性土剪切波速140～210m/s	Sirovich，1996
5	1983年Borah Peak地震	美国，Pence Ranch地区	0.3g～0.5g	冲积阶地，5°缓坡，坡脚喷冒，土质松散	Youd et al.，1985
6	1993年Hakkaido-Nansei-Oki地震	日本，Mt. Komagataka地区	—	崩落土，上覆火山灰，相对密度30%，平均粒径30mm，剪切波速小于100m/s	Kokusho，1995
7	1995年阪神地震	日本神户港	0.25g～0.4g	12～15m填土，N=5～10击，无上覆非液化层	Hatanaka et al.，1997
8	1999年台湾集集地震	台湾雾峰地区	0.5g～0.8g	水位4.5m，4.5～23.5m为松散砾性土液化	Lin et al.，2004
9	2008年汶川地震	四川成都平原	6～11度区	118个液化场地中，约70%为砾性土场地，多数松散～稍密，最大粒径超过20cm	曹振中，2010

从表1.1可以看出，在河流冲积、人工填土等沉积环境下发生的砾性土液化比较多，松散至稍密的砾性土在不同地震强度下均有可能发生液化。

将2008年汶川地震以及上述收集到的国内外其他历史地震的液化砾性土级配曲线进行对比，如图1.4所示。由图可以看出，汶川地震液化砾性土级配曲线极大丰富了目前国际上屈指可数的砾性土液化基础数据，同时，汶川地震液化砾性土

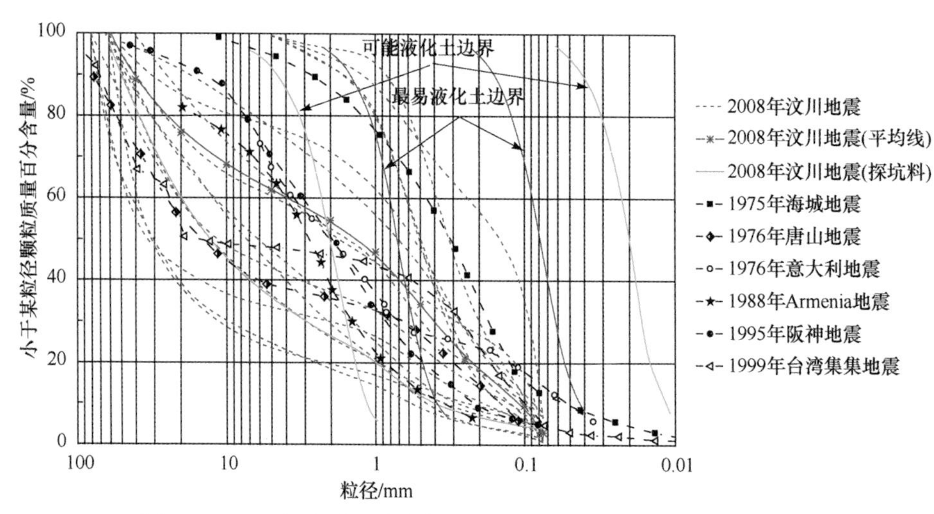

图1.4　2008年汶川地震液化土级配曲线与国内外现有结果的对比

的级配涵盖了其他地震的，汶川地震液化砾性土平均级配曲线穿插在其他地震级配曲线之中，具有平均意义，且液化砾性土的沉积类型具有典型性。因此，研究汶川地震的砾性土液化问题具有代表性，以此建立的砾性土液化评价方法应具有国际通用性。

历史地震中发现的液化砾性土数量有限，可用单一的名词（如砂砾土）表示液化土类，而汶川地震中发现的液化砾性土，粒径范围变化大，无法用现有的一两个名称概括，这也正是我们需要重新定义砾性土新名词的原因。

Tsuchida(1970)根据历史地震中液化土及非液化土的筛分试验结果，给出了可液化土及最易液化土的颗粒级配分布边界，认为最易液化土主要为砂土，平均粒径为0.08～0.7mm，部分粉土及含少量砾石(G_c<10%，G_c为粒径大于5mm的质量百分含量)的砂土则认为在一定条件下可能液化，可能液化土的最大平均粒径为2.1mm，而上述国内外实际液化砾性土远远超出了可能液化土的范围，特别是汶川地震中，液化砾性土的平均粒径为2.0mm左右，最大平均粒径达到32mm，含砾量高达77%。

1.3　砾性土液化研究的意义

1.3.1　现有认识和判别技术的局限性

作者及所在研究团队发现并证实了2008年汶川地震中大量的砾性土液化现象，促使新修订的《核电厂抗震设计规范》(GB 50267—2012)中增加了“对存在饱和砾砂的地基，其液化可能性需要进行专门评估”的条文，表明对可液化土的认识上更进了一步。但对于粒径更大的砾性土的液化可能性，目前国内相应勘察、设计规范未做任何说明，而实际工程中砾性土往往被当成非液化土对待，也不采取任何抗液化措施。目前国内外砾性土的应用越来越广泛，若仍停留在以往砾性土不会液化的认识上，忽略其液化可能性，造成的潜在危险越大，留下的隐患也就越大。

经过几十年的研究和实践检验，基于标准贯入试验、静力触探试验、剪切波速试验的砂土液化判别方法是目前国内外常用的、比较成熟的方法，且已经纳入相应的抗震规范，广泛应用于工程实践。然而这些工程测试技术由于试验设备本身的特点，需满足一定的适用条件：标准贯入试验是利用一定的锤击动能（锤重63.5kg，落距76cm），将一定规格的空心圆柱形贯入器（外径5.1cm、内径3.5cm）打入钻孔孔底的土层中，记录每贯入30cm的锤击数，由于贯入器内径较小，即使在砂土中，贯入过程若遇到砾石等较大颗粒，其锤击数也会迅速增大而不能真实地反映土的密实程度，因而试验不适于砾性土层，在砾性土层中试验甚至会损坏贯入器；静力触探试验是借助外力将一定规格的实心圆锥形探头（锥尖面积$10cm^2$、$15cm^2$、$20cm^2$）按一定速率匀速（1.2m/min）压入土中量测其锥尖、侧壁阻力等。

实践表明，在贯入过程中遇到较大颗粒阻力值会明显升高，甚至会超出探头的极限值，不可在砾性土层中进行试验；剪切波速测试一般需要钻孔，在地表锤击产生相应的剪切波，通过孔内探头采集、分析剪切波到达每一土层的时间差进而得到每一土层的剪切波速，随着试验技术和设备的不断进步，目前通过表面波法得到相应的剪切波速应用越来越广泛，测试技术本身不受土类的限制。表 1.2 为《岩土工程勘察规范》(GB 50021—94)给出的常用原位测试技术的适用范围。

表 1.2　常用原位测试方法的适用范围

测试方法	碎石土	砂土	粉土	黏性土
标准贯入试验	×	√√	√	√
静力触探试验	×	√	√√	√√
剪切波速试验	√	√	√	√
超重型动力触探	√√	√√	√	√

注：√√很适用；√适用；×不适用。

对于砾性土层，标准贯入试验、静力触探试验均无法进行，剪切波速试验、超重型动力触探试验不受上述土类的限制，但是基于剪切波速的砂土液化判别式是建立在砂土液化资料基础之上的。在相同剪切波速下砂土与砾性土的密实程度不同，不可直接套用砂土的液化判别式。剪切波速值、超重型动力触探值是砾性土液化判别两个可行的评价指标，但需根据新的砾性土液化资料重新建立判别公式，在后面章节将详细介绍。

1.3.2　我国砾性土层分布范围广

我国幅员广阔，地形地貌表现多样性，第四系覆盖层超过 1/5 的陆地国土面积，主要分布在华北平原、东北平原、河西走廊、塔里木盆地等。通过查询第四系分布所涉及省份的地层简表(第四系全新统)(表 1.3)，砾性土层主要分布在山前或河流上游的冲积层和洪积层上，进而给出了砾性土层的主要分布区域，在四川盆地、河西走廊东部、天山北部、秦岭山前地带、台湾西部等均有较大范围的分布，其他省份也有零星分布。

表 1.3　主要省份第四系砾性土层分布(中国地质科学院，1973)

编号	省份	地质时代及砾性土层分布情况
1	宁夏	山前洪积区：上、中全新统砂砾、砂土 5～20m；下全新统砂砾石 20～100m 河谷盆地区：下全新统，下部粗砂及砾石层，中部细砂，上部粉砂及黏土质砂
2	北京	下全新统肖家河组：冲、洪积、湖积、灰白色粉砂、细砂及砾石层夹黑色淤泥及泥炭，2～12m

续表

编号	省份	地质时代及砾性土层分布情况
3	海南	全新统凉山组：灰色黏土、粉砂质泥，含砾粗砂，局部含有机质，含有孔虫和孢粉，2.5～12m 全新统万宁组：深灰色黏土夹砾质中粗砂，沉积层厚12m
4	浙江	江山、临安、杭州、嘉兴等山地丘陵区：全新统鄞江桥组，砾石、砂夹粉砂质泥，5～13m；全新统山门街组，砾石层、黏土、粉砂质泥、泥炭，7～18m；全新统之江群，黏土、砾石层，3～25m
5	甘肃	红石山—北山一带：全新统洪积层，砂砾、粉砂质黏土；全新统冲积层，砂砾、粉砂土 祁连山一带：全新统冲积层，砂砾；全新统洪积层，砂、砾；全新统风积层，砂；全新统湖积层，砂、砾、砂质黏土；冰积层，冰碛物 西秦岭一带：全新统冲积、洪积层，砂砾、砂质黏土
6	吉林	辽东—浑江一带：全新统，砂和砾石、砂质黏土、淤泥夹泥炭，有新石器时代文化遗址，大于10m
7	福建	闽西南一带：全新统冲、洪积层：黏土、砂质黏土、砂、砂砾卵石；全新统海积层，淤泥、黏土、砂、砾卵石、泥炭，3～56m
8	青海	祁连山一带：现代冰碛层，河湖相砂、砾、盐类、淤泥、风成砂、黄土及岗石尕冰碛砾石层，2～20m 西秦岭一带：粉砂、砂砾，5～10m 柴达木一带：盆地下隐伏的达布逊组，砂砾、淤泥、盐类；山区冰水堆积泥砾、河湖相砂、砾，46m 南昆仑—南秦岭一带：冰碛、古土壤层及河湖相粉砂、砂砾、淤泥、泥质粉砂、泥炭 巴颜喀拉—唐古拉一带：粉砂、砂砾层
9	江西	赣北地区：冲积及冲湖积淤泥、黏土、砂地及砾石，3～40m 赣南地区：冲积淤泥、黏土、砂及砾石，1～26m
10	河南	豫西北地区：全新统冲积层，粉砂质黏土、黏土质粉砂、砂砾层，3～15m 豫西南地区：全新统冲积层，砂砾石层夹粉砂质黏土，3～10m
11	江苏	鲁西—连云港—泗洪一带：淤泥、砂、泥质粉砂、粉砂质泥、砂砾，2～35m 苏北—下扬子一带：粉砂、泥质粉砂、粉砂质泥、砂砾、泥炭层
12	湖南	湘西—雪峰山一带：全新统橘子洲组，泥质粉砂、砂、砾，1～10m
13	台湾	西部山麓地区：全新统冲积、生物堆积层，泥、砂、砂砾、砾石及珊瑚礁等，小于180m
14	西藏	雅鲁藏布江—日喀则—喀喇昆仑一带：河、湖相砾石、砂黏土，冰川砾石、砂
15	陕西	渭河盆地：上部冲、洪积泥质粉砂、粉砂质泥、砂、砾，5～30m；下部冲、洪积粉砂质泥、泥质粉砂、砾，含半坡动物群，10～83m 摩天岭—南秦岭一带：冲、洪积砂、砾、泥质粉砂、局部夹灰土，1～50m

续表

编号	省份	地质时代及砾性土层分布情况
16	云南	腾冲—保山—兰坪—思茅一带：冲、洪积砂、砾，1～5m 滇东南地区：冲、洪积砂、砾，1～5m
17	新疆	准噶尔—天山地区：风积、湖积、冲积层，砂砾、泥质粉砂，1～50m 塔里木盆地地区：冲、洪积砂砾，1～10m
18	四川	沙鲁里—马尔康—秦岭一带：全新统冲、洪积层，砾石、砂泥，0～80m 宝兴—盐源一带：冲、洪积，砂砾层，棕色黏土、砂土，偶夹泥炭，5～20m 四川盆地：全新统资阳组，粉砂质黏土、砂土、砾石层，7～12m
19	山东	华北平原区：冲积层，泥质粉砂、粉砂质泥夹粉砂、细砂、淤泥，偶含砾石、粗砂，10～90m 鲁西地区：冲积层，砂砾、砂、粉砂、泥质粉砂，5～8m 鲁东地区：冲积层，中粗砂夹砾、卵石，局部夹淤泥，1～12m；坡积洪积层，泥质粉砂、砾、碎石，2～10m；海积层，含卵石砾石砂、细砂、局部淤泥偶夹泥炭，3～16m
20	吉林	农安—乌兰哈特一带：砂砾石、粉细砂、黏土质粉砂、粉砂质黏土和淤泥、泥炭等
21	辽宁	围场—建平—阜新—朝阳一带：冲、洪积层，砂砾石、粉质砂土、砂质黏土，4～7m

1.3.3　砾性土工程应用广泛

砾性土排水性能好、抗剪强度高，常常用于土壤改良等；人类居住环境受限，对居住面积、交通状况等要求逐渐提高，人工填海、高速公路、铁路等工程应运而生，且大量使用砾性土；另外，我国土石坝一般采用砾性土作为垫层，新中国成立以来，我国已建成各类水库90000余座，其中挡水建筑物为土石坝的占到水库总数的90%以上（向衍等，2008）。

因此，砾性土在自然界的分布较为广泛，且砾性土的工程应用越来越多，若仍停留在以往砾性土不会液化的认识上，忽略其液化可能性，就对工程建设存在很大的潜在威胁。

第2章　汶川地震土体液化问题

2.1　地震概况

2008年5月12日14时28分，四川省发生了8.0级强烈地震，震中位于汶川县(北纬31.0°，东经103.4°)，震源深度为14km，极震区为沿发震断层向东北方向展布的狭长地带。全国大部分地区都有震感，甚至越南、泰国也有震感。地震灾区涉及四川、甘肃、陕西、重庆、云南、宁夏6个省(自治区、直辖市)。地震发生之后，中国地震局在都江堰市体育中心设立了指挥部，并成立了汶川地震现场应急工作队，前后总共780余人，分赴四川、甘肃、陕西、重庆、云南、宁夏等地，会同地方政府和相关行业部门分成100多个灾害调查小组对6个省(自治区、直辖市)244个受灾县(区、市)的房屋、基础设施(包括生命线系统、水利设施)、企业等破坏情况进行了调查，行程达8×10^5km，调查范围超过5×10^5km^2，完成4150个调查点，2240个抽样点的震害调查。调查结果表明，此次地震是新中国成立以来破坏性最强、波及范围最大的一次地震，地震重灾区的范围已经超过1×10^5km^2，汶川地震的强度、烈度都超过了1976年唐山地震，给人民生命财产造成巨大损失。本次地震有如下几个突出特点(袁一凡，2008a)：

1) 震级大、波及范围广

地震当天，中国地震局通过震级速报系统报道为7.8级，随后对更多台网数据分析后，将汶川地震震级从7.8级修订为8.0级。另外，通过现场调查确定了本次地震的受灾范围，按照地震破坏程度差异，将灾区划分为极灾区、严重灾区、重灾区和受灾区4个区域，如图2.1所示。整个评估区形状呈椭圆形，长轴走向北东，总面积约4.4×10^5km^2，涉及四川、甘肃、陕西、重庆、云南、宁夏6个省(自治区、直辖市)。四川省灾区面积2.7×10^5km^2，主要涉及阿坝、绵阳、德阳、成都、广元等20个州市，受灾人口2270.36万人，约654.46万户。其中，极灾区：呈条带状分布，北东自甘肃文县，南西到四川汶川映秀，面积约1.31×10^4km^2，四川省1.22×10^4km^2。严重灾区：北自甘肃康县，南到四川大邑县，东自陕西宁强县，西到四川小金县，面积约2.73×10^4km^2，四川省1.94×10^4km^2。重灾区：北自甘肃天水市，南到四川雅安雨城区，东自四川南江县，西到四川小金县，面积约8.36×10^4km^2，四川省5.86×10^4km^2。受灾区：北自甘肃省镇原县，南到四川雷波县、云南永善县一带，东自陕西汉阴县，西到四川道孚县，面积约3.2×10^5km^2，四川省1.8×10^5km^2。

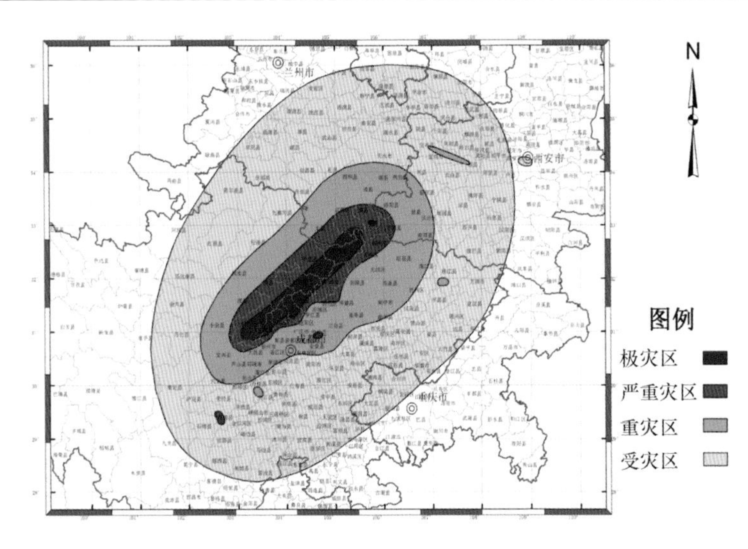

图 2.1　汶川地震灾害分区图(袁一凡,2008b)

2）人员伤亡重

截至 2008 年 9 月 5 日 12 时,此次地震已造成 69227 人遇难,17923 人失踪,374643 人受伤。房屋倒塌是造成人员伤亡的主要原因,据不完全统计,房屋倒塌造成的死亡人数约占 90%,其次山体滑坡掩埋公路和村庄、滚石砸到汽车、躲避不及被倒塌围墙或落物砸到造成伤亡也不在少数,约占 10%。

3）财产损失严重

应急工作队按照《地震现场工作第四部分:灾害直接损失评估》(GB/T 18208.4—2005)对灾区的房屋破坏、室外财产损失、基础设施、企业和其他行业等进行了详尽的抽样调查,得到了本次地震的直接经济损失结果约为 6.9×10^{11} 元,其中四川 6.2×10^{11} 元、甘肃 4.4×10^{10} 元、陕西 2.3×10^{10} 元、重庆 5.4×10^{9} 元、云南 1.7×10^{9} 元、宁夏 8.3×10^{7} 元。其中,地震灾区的直接经济损失占 2007 年全国国内生产总值(GDP)的 2.81%,四川损失占 2007 年四川 GDP 的 58.80%,占 2007 年全国 GDP 的 2.51%。

2.2　液化宏观现象与特征

2.2.1　液化分布

汶川地震之后很长一段时间,人们仍停留在“无液化现象”或“少数场地液化,但无液化震害”的认识上。2008 年 7 月,中国地震局组织了汶川地震科学考察专项研究,专门成立了 10 余人参加的液化调查组,作者作为液化调查组的组长和骨干成员,历经两个月、累计行程万余公里,发现新液化点(带)百余处,对本次地震土体液化问题有了较为全面的认识。

我们认为,之前缺少认识的主要原因是绝大部分震害调查的注意力集中在山区、大中城市的房屋破坏和人员伤亡上,而与我国以往大地震一样,液化主要出现在平原上广大的农村地区。考察结果表明,2008年汶川地震土体液化的范围为新中国成立以来地震液化分布范围最广的一次,液化范围几乎涉及所有主震区,包括成都地区、绵阳地区、德阳地区、眉山地区、乐山地区、遂宁地区、雅安地区和广元地区,涵盖面积长约500km,宽约200km。东最远为遂宁市安居区,距离震中约210km;南到雅安市汉源县,距离震中约200km;北至甘肃陇南市,距离震中约280km。液化现象在烈度6、7、8、9、10、11度区内均有发现。

调查共发现118个液化点(带),这里所谓点(带)以村为单位,即使某一村庄出现很多液化及房屋破坏,也以一个点计算,液化点间隔至少2km。本次地震主要液化点如图2.2所示,其中圆点代表液化点,同心椭圆状线代表烈度圈,分别代表烈度6、7、8、9、10、11度区域的等震线(中国地震局,2008)。

由于此次地震高烈度区主要位于山脉之中,故在10、11度区的液化现象相对较少。从液化分布来看,液化集中在长约160km、宽约60km的长方形区域,长边方向与等震线长轴方向一致,主要液化区域为成都、德阳和绵阳3个地区。值得注意的是,烈度6度区内也发现了10余处液化,而且分布在成都、眉山、乐山、遂宁、雅安等不同地区。

此次地震液化涉及面积广,即使在成都、德阳和绵阳3个主要液化区,液化分布仍很不均匀,主要分布在5个条带和1个马蹄形区域内。

3个主要液化区中,成都地区液化程度属于中等,主要集中在都江堰市,液化在6、7、8、9度区都有发生,8度区内最为集中。该地区液化点主要分布在2个条带上:第1条长约35km,主要沿岷江流域西岸分布,沿都江堰、玉堂镇、青城山镇、石羊镇至温江区;第2条长约40km,沿都江堰、天马镇、丽春镇至清流镇。

德阳地区是3个主要液化区液化程度最严重的地区,主要集中在绵竹市、什邡市和德阳市,其中绵竹市最为严重,液化在7、8、9度区都有出现,8度区较为集中。该地区液化点明显呈3条带状分布:第1条位于什邡市西侧,长约20km,沿湔氐镇、师古镇、南泉镇、隐峰镇至马井镇;第2条则位于什邡市东侧,长约40km,沿遵道镇、板桥镇、齐福镇、禾丰镇、兴隆镇至广汉市;第3条位于绵竹市东侧,长约35km,沿拱星镇、富新镇、柏隆镇、德新镇至黄许镇。与其他区域不一样的是,德阳地区的液化点并不沿现有的河流分布,说明这一带可能存在故河道。

绵阳地区是三个主要液化区液化程度轻的地区,主要集中在绵阳市游仙区和江油市区,分布在7度和8度区,7度区略为集中。绵阳地区为丘陵地带,液化点分布较为零散,呈马蹄形分布,主要位于第四纪地层,分布在河流的一级阶地或河漫滩上,即江油市区和绵阳游仙区范围内的忠心镇、新桥镇、徐家镇、玉河镇一带。

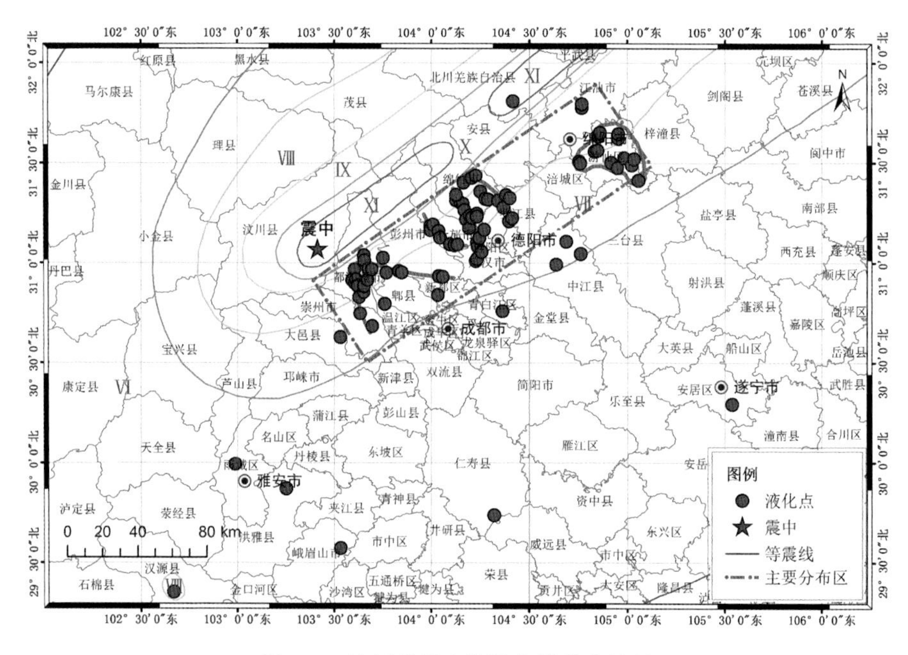

图 2.2 汶川地震土体液化带分布特征

1. 水文条件对液化分布的影响

在 1976 年唐山地震中，在极震区的唐山市区很少发现砂土液化现象，而在郊区砂土液化现象十分普遍，此次地震液化情况与唐山地震相似，液化点主要分布在广大的农村地区。水文条件很大程度上影响液化点的分布，从收集到的成都平原水文地质图来看(图 2.3)，地下水位深的地方，发生液化的可能性较小。在彭州市(彭县)北侧、广汉市西南侧、德阳市西侧，地下水位均在 5～10m，这些区域基本上没有液化点分布。另外，由于成都平原表层黏土、黏土以下为砾性土层的“二元结构”，砾性土层的渗透系数相对较大，地下水位的深度直接影响地震作用时砾性土层的排水边界条件，对砾性土液化的发生起决定作用，第 4.4 节将详细讨论。

2. 地质年代对液化分布的影响

调查表明，本次地震中地层地质时代也很大程度上影响液化区的分布。在彭州市以北和德阳市以东，为白垩纪灌口组 K_2g 地层，沿彭州市、军乐镇、九尺镇、三星镇至广汉一带较大面积分布第四纪更新世(Q_p)地层，绵阳地区，从江油市区至绵阳涪江流域分布第四纪全新世(Q_h)地层，自绵阳游仙区、新桥镇至魏城镇一带覆盖层为马蹄形的第四纪全新世(Q_h)地层。从液化分布上可以看出，液化点主要

图 2.3 成都平原水文地质图(中国地质科学院，1979)

分布在第四纪全新世(Q_h)地层上，而在广大的第四纪更新世(Q_p)(含更新世(Q_p))以前的地层上则很少发现液化现象(图 2.4)，这一结果与《建筑抗震设计规范》(GBJ 50011—2010)中液化地质初判条件相似。从这些分析看出，地层地质年代对本次地震液化分布的影响显著(袁晓铭等，2009)。

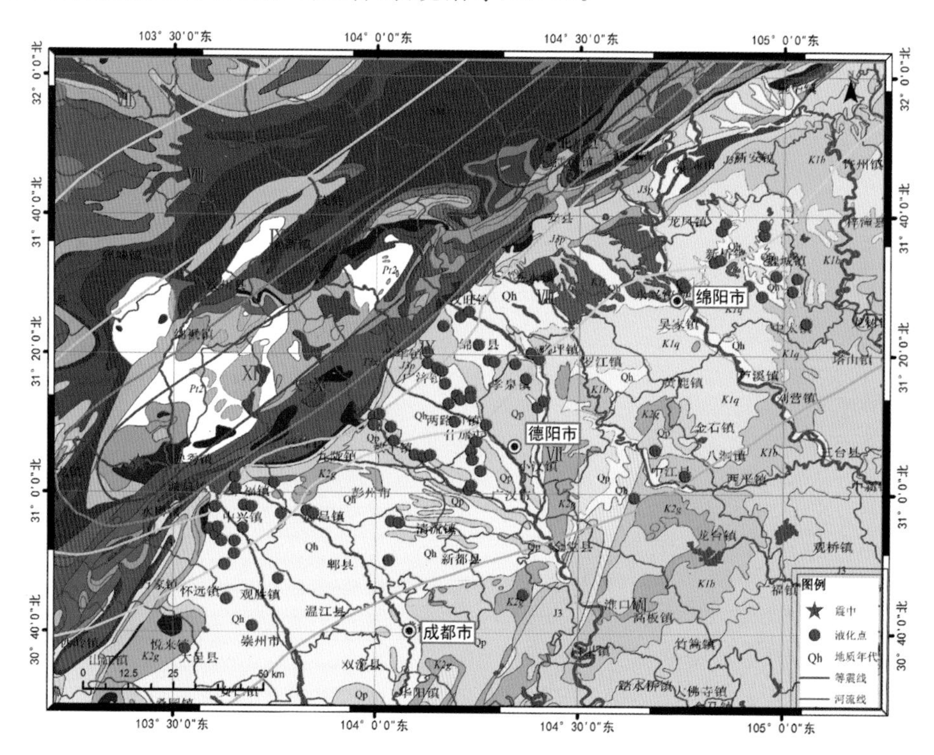

图 2.4　汶川地震主要液化点分布及其与工程地质条件的关系(中国地质调查局，2001)

2.2.2　液化宏观特征

1. 喷水冒砂

确定场地液化现象是否发生最直接的证据是喷水冒砂，现场调查时主要询问村民是否有此现象发生。调查结果表明，本次地震液化中地表喷出物的种类较以往地震明显丰富，几乎涵盖了所有的砂类，包括了粉砂、细砂、中砂、粗砂、砾石，甚至卵石，各喷出物类别比例如图 2.5 所示。

总体而言，此次地震液化场地 50%～60%的地表喷出物为粉砂、细砂。例如，绵竹市板桥镇兴隆村四周为水田，村庄纵横 200～300m，仅 6 住户，其中一村民住宅室内喷砂，覆盖 5～10cm 厚的浅黄色细砂，地面错位 10～20cm(照片 DY-08，附录 B-2)，导致一后墙基础下沉，墙体水平沉降裂缝明显，主体结构受损严重。绵竹

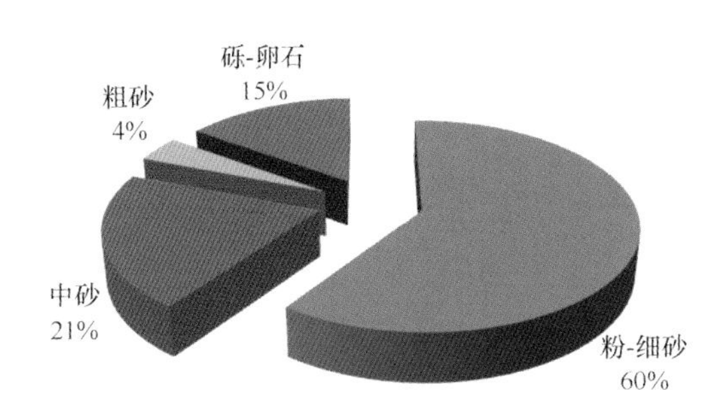

图 2.5　汶川地震土体液化地表喷出物类别比例

市土门镇林堰村地表喷出物为浅黄色细砂(照片 DY-10),村民打井 7～8m 能见地表喷出物,打井初见水位 6m,液化造成 2～3 亩(1 亩≈666.7m^2)水田开裂,裂缝长约 150m,用棍子往下捅 4m 仍碰不到底,稻田中水全部从裂缝中流失,其中一稻田下沉 30cm,喷水冒砂涌入水沟,水沟淤砂量 2～3m^3,整个村民小组房屋都有不同程度的裂缝,其中一居民院中地面错位 5～10cm。绵阳市游仙区涌泉村喷砂为浅黄色粉细砂(照片 MY-02),小区绿化带上均有不同程度的喷水冒砂现象,人工湖水位 1m 左右,地震后略有上升,据保安介绍,地震 1h 后水柱高度仍有 30cm 左右,该场地位于低山丘陵的Ⅰ级阶地河流冲积层上,覆盖层厚度山前 1～2m,离山较远处 10～15m。绵阳市游仙区丰泰印务,水泥路面裂缝中喷砂约 2～3m^3,绿化带上喷砂孔呈串珠状排列,其中最大喷砂孔直径约 20cm;喷砂为灰白、浅黄色粉细砂,据介绍,丰泰印务厂房采用桩基础,基础深 4.8m。厂房地面沉降 2～4cm,基础无变化(照片 MY-01)。

此次地震液化场地 20%～30%的地表喷出物为中砂、粗砂。如照片 DY-17 所示,广汉市南丰镇昆庐小学喷砂为中砂,水柱高 3m,几分钟停止,砂量约 5m^3,地面下沉 20～30cm,教室地面隆起,墙体严重开裂,学校无喷水冒砂地方的房屋损坏较轻,只有落瓦、少量微裂缝。照片 DY-11,德阳市师古镇思源村地表喷出物为中砂,该村液化范围大,在南北向 2～3km 长、1km 宽的范围内均有喷水冒砂现象,井水位 1m 多,其中一个 50m×20m×2m 的游泳池,地震前池中干涸,液化将池底拱起,砂水混合物填充池内,使得游泳池只有 1m 深,池边有近 50m 长的裂缝,并有约 5m^3 的喷砂,游泳池堤岸下沉 20～30cm,滑移 20～30cm,至 2008 年 6 月 1 日调查时,池底仍有两处冒水,池中积水 5cm。附近一村民院中,喷中砂近 4m^3,偶夹卵石。地震时水柱高约 1m,几分钟后停止。

调查发现砾至卵石喷出 10 余处,最大直径 3～15cm。如照片 MY-08 所示,绵阳市新桥镇民主村地表喷出物为细砂、砾石,Ⅰ级阶地,150 亩水田范围内均有零星喷水冒砂孔,细砂,单孔喷砂量约 0.5m^3,喷砂面积 2～5m^2,其中一喷砂孔残留直径 3～5cm 的卵石。该村一烟囱折断。据介绍,打井 6～7m 未见卵石。什邡市湔氏镇白虎头村100多亩地地震时不同程度喷水冒砂，高度约1m，液化造成多处裂缝，最大一处长约300m、宽3～5cm，褐红色细砂从裂缝中喷出。村主任家菌棚水井边可见灰白色中粗砂喷出物，地震时水井被喷出物填满（调查时被掏至1.8m，原水井深度3m），井中掏出物放置水井边，掏出物含大量卵石，最大直径15cm（照片DY-39）。该水井井水位40cm，据介绍，打井2～3m可见褐红色细砂，打井时未见卵石层。照片DY-45，德阳市柏隆镇松柏村，南北向长7km、宽3km范围内不同程度地喷水冒砂，喷砂类型丰富，从粉砂至砾石均有发现。

以往的经验，一般以地表喷出物类型反推地下液化层土性特性。汶川地震地表喷出物50%～60%为砂土，如果以此推测汶川地震液化土层应以砂土为主，即为通常的砂土液化，与以往地震液化没有本质区别。但我们的研究表明，汶川地震中地表喷出物大多与实际液化土类差异显著，地表喷出物为砂土，实际液化土大多为砾性土，这一点与现有知识大相径庭，即使地表喷出物含有砾、卵石，实际液化土组成也与地表喷出物有较大差异。

喷水高度、时间，能够在一定程度上反映液化层的深度、厚度等情况。液化调查点不同喷水高度的统计结果如图2.6所示。

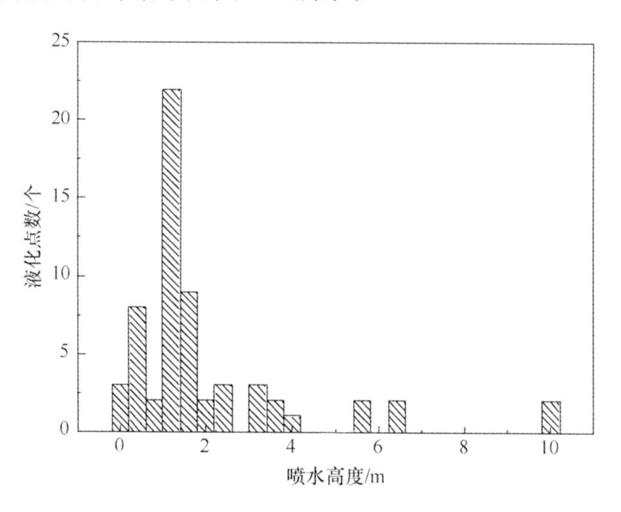

图2.6　汶川地震中液化点喷水高度统计

本次地震液化喷砂量总体不大，且零星分布，在有水井和池的地方出现较大喷砂量。喷水高度从几十厘米到十几米不等，其中1～3m居多。此次地震液化喷水时间一般较短，也有个别时间较长。在什邡市师古镇思源村、广汉市马井镇双石桥村，地震后一个多月，仍有冒水现象，在乐山市新联村，冒水现象持续3个月之久。原因尚待查明。

值得注意的是，调查中发现4个不同地方主震时地表喷水高度超过10m，且分别位于成都、绵阳、雅安和德阳不同的地区，最近两个地方相距也有30km。绵竹市拱星镇祥柳村，水柱高度超过两个电线杆（照片DY-03）。都江堰市幸福镇永寿村，喷水高度达到村里的天线架，水柱高度在10m以上（照片CD-17）。液化发生时，超静水压力接近有效上覆压力，喷水高度越高，超静水压力以及有效上覆压力越大，液化发生的深度也就越大，这种液化喷水高度在10～15m的现象，以往地震中未见到相关报道。从液化基本原理角度，推测应是深层土液化所致，但20m及以下的深层液化，一直是国内外液化研究中存在争议的问题（石兆吉和陈国兴，1990），目前仅有离心机的试验结果表明深层液化是有可能的。

2. 地面塌陷

喷水冒砂后，地下往往被掏空，加之孔压消散产生固结沉降，较容易形成塌陷。此次地震液化中，喷砂量相对较少，地面塌陷的形成条件不够成熟。调查发现，此次地震中10余个村庄出现液化导致典型的塌陷现象。绵竹市拱星镇祥柳村（照片DY-03），主震时300亩范围内农田有喷水冒砂现象，并出现直径3～4m、深1～2m塌陷坑8处，坑边有砾石喷出，主震一两个月之后仍有新塌陷形成。6度区的眉山市洪川镇菜地坎村，2008年5月14日中午12时水稻田中冒水，水柱高度30cm，持续1min之后突然下陷（照片MS-01），形成一个直径2m、深2m的大坑。打井3m可见浅黄色粉砂，十分松散，呈流动状态，继续向下挖十分困难，井壁砂向井中流动。周围房屋仅有落瓦现象。

3. 地裂缝

本次地震70%～80%的液化点伴有地裂缝产生，裂缝长短不一，从一二百米到数千米。

以往地震中，液化伴随着圆形和串珠式的喷砂孔较为普遍，但此次地震这一现象不多，伴有地裂缝的情况则更为普遍，液化场地上的工程结构基本上遭到破坏，如结构开裂、沉降等，液化对工程结构和基础设施起到加重震害的作用，像在1975年海城和1976年唐山地震中液化对房屋的减震作用，还没有发现。

另外，液化场地常有“伴随着裂缝的一张一合，从裂缝中喷水冒砂”现象。如绵阳市柏林镇陈家坝村，浅黄色粉细砂从裂缝中喷出，裂缝长约500m、宽5～10cm，并穿越公路（照片MY-04），据当地村民介绍，地震后喷水高约30cm，第二天仍有冒水现象，附近打井6～7m见水，其中一处喷砂将农田掩埋，掩埋面积约20m^2。液化产生地裂缝的基本条件，典型案例分析中将进行较为详细的论述。

实际调查中以喷水冒砂、塌陷和裂缝等宏观现象为依据判定场地是否液化。事实上，地表不喷水冒砂不等于土层没有液化。例如，绵竹市兴隆镇安仁村，地表上液化现象并不显著，但村中几十口水井中在地震后都出现了大量的饱和砂土，显然这一区域已经大面积液化。如果没有水井，仅靠一般宏观现象判断，很可能误认为该地区是非液化或液化程度较轻的地区。因此，汶川地震的实际液化区无疑比发现的要多。同时，这次的调查经验也表明，对如何准确确定和识别场地是否液化（唐福辉，2011；孙锐，2006），需要探求新的方法和测试手段。

4. 6度区内场地液化

6度区内自由场地出现液化现象，以往也有传闻，但目前在文献中未见正式报道。目前只有唐山地震中密云水库白河主坝人工填料有报道，但是为坝坡部位，加速度有所放大以及作用时间长是其液化的重要原因，坝顶坝轴向最大加速度达到0.16*g*，持续时间长达114s（刘令瑶等，1982），从地震动角度原则上并不是真正6度区下的反应。第13届世界地震工程大会时，日本学者报告中曾提及日本1995年阪神地震中地表加速度峰值在0.05*g*时有液化现象发生，但未见正式论文发表，可能是现象少且未做详细分析，发表尚不成熟。也有观点认为，6度区内即使出现液化，液化程度也是轻微的，对工程结构不会产生明显影响，因此6度区内无需考虑液化问题，《建筑抗震设计规范》（GB 50011—2010）中即按如此规定，对6度区不予考虑场地液化判别问题。

此次地震6度区内有明显液化现象，共发现10余处，分布在成都、眉山、雅安、乐山及遂宁等不同地区，数量较多，并不是个别现象。

中国地震局组织的震害调查和烈度圈划定工作中，进行了大量实地调查。但是，由于人力物力所限，不可能将所有的村庄全部调查，6度区10余处液化点在烈度调查中均没有实地调查结果。鉴于6度区液化以往没有发现，作者及所在研究团队对此10余处液化点全部进行了实地复核，对情况予以了进一步确认。

典型的6度区液化现象为离震中约210km的遂宁市安居区三家镇五里村。该村主震时农田中出现较大面积的喷水冒砂现象，喷水高度1.5m左右，地震第2天仍在冒水，喷出物为黄色粉砂，黏粒含量高（照片SN-01）。地震中周围房屋基本没有受损，没有落瓦现象，实际烈度甚至比6度还低。手摇麻花钻及剪切波速测试结果表明，场地地下水水位1.0m，粉砂层十分松软，剪切波速仅140m/s左右。

峨眉山市桂花桥镇新联村，喷出物为黄细砂，含卵石和黄泥，喷水高度3m，持续20～30min，液化处导致长约200m、宽10cm的裂缝，裂缝穿过的房屋墙体产生贯穿性裂缝，而其他房屋完好无损。雅安市中里镇龙泉村，四周为低山，该村位于河谷盆地。地震时该村一玉米地里2亩范围内喷水冒砂严重，喷水高度为1.3m，持续几分钟，地表喷出物为褐红色细砂，裂缝纵横交错，其中河边一裂缝长约50m，穿越河谷，未延伸至山包。经实地核实，其他几个6度区液化点的液化现象也十分明显，周围房屋实际震害情况符合6度区的划分标准。在我国现有抗震规范中，将6度区场地视为不液化或不考虑液化影响，主要是因为以往6度区没有发现液化或液化震害不明显，而此次地震中6度区内出现明显液化及其导致的震害，无疑值得深入研究。

5. 余震液化

调查中发现本次地震中出现了余震液化现象。主震时，距离震中较远、7度区的德阳市柏隆镇果园村发生了液化(照片DY-28)，2008年5月25日6.4级余震时该场地再次液化，在强度远低于主震的余震中再次出现液化，这与液化后排水固结更加密实、抗液化强度提高因而更难液化的认识不尽一致，是需要进一步研究的课题。

1980年南斯拉夫黑山7级地震中，某一场地发生液化，但其上建筑物没有破坏。一个月后同一地点又发生了一次强度略低于前一次的地震，该场地没有液化但建筑物受到明显破坏(刘惠珊和张在民，1991)。这一现象一方面说明液化场地有减震作用，另一方面说明原来可液化的砂土在一次地震后趋于密实，下一地震则没有发生液化。但是，汶川地震中，主震液化的场地，在余震震级更低的情况下仍能液化，说明液化之后场地变得更容易液化，原因值得进一步查明和分析。进一步，目前国内外液化判别方法都是基于震后的液化调查资料得到的，震前、震后土特性参数改变对液化判别式的准确性存在一定的影响(苏栋和李相崧，2006)，土性参数如何改变、改变多少、对判别式影响多大以及液化前后土性的抗液化强度到底如何变化，仍需深入研究。

2.2.3　与历史地震的对比

1. 1975年海城地震液化宏观特征

1975年2月4日辽宁海城发生了7.3级地震，震中位于海城县岔沟公社，最大烈度为9度，震区东部为低山丘陵，相对高差为100～200m，基岩出露，第四纪覆盖层很薄，只在个别地方发生零星的喷水冒砂，西部地区为冲积平原，地势平坦，海拔均小于20m，第四纪沉积层较厚，最大厚度超过500m，喷水冒砂多集中于此区，产生喷水冒砂的地区面积可达3000km^2(刘颖，1975)。

喷水冒砂。在液化强烈的盘锦南部地区，震后2～3min后地面开始喷水，水头可达3～4m，喷水时间一般可持续6～7h，长者达2～3天。砂水上冲的力量很大，能将家具冲到户外，喷水冒砂形成的小火山状砂堆，高度一般10～30cm，个别可达50cm，根据喷砂孔的密集和分布特征，可分为群状喷孔、线状喷孔、单喷孔三种类型。喷砂面积及喷砂量均十分惊人，单孔喷砂量可达300m^3，表2.1为盘锦地区三个农场地震后冒砂量统计(中国科学院工程力学研究所，1975a)。

表 2.1　盘锦地区三个农场震后冒砂量统计

农场名称	总面积/万亩	压砂面积/亩	压砂面积占总面积百分数/%	压砂量/$\times10^4 m^3$	渠道淤砂量/$\times10^4 m^3$
平安	3.55	1242	3.5	12.9	34.5
唐家	3.20	1800	5.6	24.0	55.5
榆树	13.5	8810	6.5	61.8	78.1

地面塌陷。陷落砂坑和地面塌陷大都出现在液化区的南部地带，具有数量多、面积大的特点。喷水冒砂后，地层中往往被掏空，由于重力作用，轻者地表塌陷，重者形成陷落砂坑。砂坑呈圆形或椭圆形，直径一般为3～4m，最大可达8m，深度0.7～2.0m不等。形成的时间也有早晚，有的震后很快出现，有的则相隔半月到月余出现。营口地区在2月25日以前共出现较大规模的塌陷6处，陷坑上口总面积达180m^2，其中最严重的一处，上口面积达120m^2，深1.5～2.0m，至3月12日时，相同规模的塌陷已达16处。盘锦地区在2月4日震后不久，仅在二界沟—鞍山线的二界沟附近出现路基塌陷，到3月17日，已在大石桥—景家堡、盘山—营口、盘山—大孤山等4条公路线的40km范围内出现了大量塌陷。陷落砂坑也出现在一些民房建筑内，如红村机修厂家属区16幢许某家，由于喷水冒砂，地面下陷成一个大水坑，深达2～3m。

地裂缝。平坦地面由于砂土液化直接引起的地裂缝多见于陷落砂坑周围，呈环状分布。震后，古城子公社石家窝铺由于液化引起阶梯状地滑，与地滑伴随的宽长地裂缝，是比较典型的现象，地处辽河西侧，地表以下2～3m即为砂层，河漫滩向河心滑移，形成三、四级阶梯状，阶梯之间为长达百余米、宽3～6m的地裂缝，每级阶梯的垂直错距可达30～50cm，滑体总宽度达40m左右，附近均有喷水冒砂。

2. 1976年唐山地震液化宏观特征

1976年7月28日河北省唐山、丰南一带发生7.8级强烈地震，极震区从丰南到古冶，烈度为10度，破坏中心为11度，并波及天津市、北京市。震区北依燕山、南濒渤海，地势北高南低，地貌差异较大：北部为燕山及其余脉上升的低山丘陵区，中部是遭受轻微侵蚀的、准平原化的山前平原区，南是广阔的滨海平原沉积区，液化主要发生在该区域上，液化所涉及的区域约2.4×10^{4}km^2，其中重喷水冒砂区分布在震区的东南沿海一带，面积约3000km^2（中国建筑科学研究院，1980）。

喷水冒砂。跟1975年海城地震液化情况类似，唐山地震喷水冒砂往往发生在农田中，喷砂掩盖大量农田，其中乐亭县被喷水冒砂掩盖的农田近9×10^{4}亩，乐亭县卢河公社后河信大队，全队有耕地3245亩，被喷水冒砂掩盖3000亩，绝产2000亩，其他地区如滦南县、柏各庄农垦区也有类似情况。乐亭县全县11条干渠和1800条二、三级配套支渠均有不同程度的淤砂，有的甚至淤到地平，估计需清除

$9\times10^6m^3$ 淤砂。另外喷水冒砂使低处升高，高处下陷，改变了原来的地势，破坏了原来的排灌系统。喷水冒砂严重的地区，大量的桥梁、涵洞遭到破坏。如乐亭县有900余座桥梁涵洞塌坏，砂土液化造成一些大型桥梁岸坡滑塌、墩台倾斜；芦台蓟运河钢筋混凝土公路桥，9孔，全长128m，1号墩与2号墩之间河滩有顺河向裂缝，宽7cm，2、7号桥墩向河心倾斜，桥附近的芦台造纸厂院内和菜田内大量喷水冒砂；滦县沙河钢筋混凝土公路桥，20孔，全长200m，桥基表土较薄，7、8、9号墩向河心方向倾斜，河滩大量喷水冒砂，并有顺河向的裂缝；唐山市胜利桥为跨陡河的5孔钢筋混凝土公路桥，2、3、4号墩向右岸倾斜，桥台倾斜，桥址附近上下游两岸严重滑塌，桥附近齿轮厂有喷水冒砂。另外唐山地震中，有3座水库大坝因液化而损毁：密云水库白河主坝上游水面下的砂砾石保护层发生滑坡，滑动几乎延及整个坝段，约825m，滑坡总面积达 $6\times10^4m^2$，塌滑方量约 $1.5\times10^5m^3$；陡河水库土坝桩号1+700以内有裂缝94条，较严重的有20余条，左坝头附近，有喷水冒砂（中国科学院工程力学研究所等，1978）。

另外，唐山地震时喷水冒砂往往发生在震后几分钟，喷砂持续时间有的可达几个小时，而冒水持续时间有的达几天，甚至十几天。喷水冒砂高度有的可达2～3m。喷水冒砂孔单孔直径可达数米，单孔喷砂量可达数十立方米（刘恢先，1989）。

3. 三次地震液化宏观特征对比

与海城、唐山地震液化宏观特征对比发现，汶川地震液化中，喷水冒砂一般仅持续几分钟，总体上较海城地震和唐山地震的要短。另外，相对于海城、唐山地震中上千亩的农田压砂量，汶川地震液化单孔喷砂面积一般仅几平方米。

通过对比汶川、海城、唐山地震液化场地的工程地质条件发现，造成喷水冒砂持续时间以及喷砂量巨大差异的主要原因是，海城、唐山地震中粉、细砂的分布十分广泛，且砂层的厚度很大，而汶川地震中液化土类主要为砾性土层，70%～80%的液化点伴随地裂缝，砾性土层中产生的超静水压力通过地裂缝消散很快，在地震震动停止后很短时间内停止喷水冒砂。尽管汶川地震液化地表喷出物主要为粉细砂，受上覆非液化土层的阻隔以及砾性土层本身的限制，较大颗粒的砾石、卵石很难喷出地表，只有当覆盖层较薄、上升通道良好（如水井等）时，地表喷出物才有可能为砾性土。关于汶川地震液化场地的工程地质条件，以及砾性土层液化问题，第2.4节中有更详细的论述。

2.3 液化震害现象与特征

2.3.1 液化震害与特征

汶川地震中，喷水冒砂、地表裂缝、地面沉降等液化宏观现象普遍，同时液化对农田、公路、桥梁、居民住宅、工厂及学校等造成了不少破坏。据不完全统计，共有20余个村庄的水井不同程度地被喷出物充填，近千亩农田、120多个村庄(自然村)、8所学校、5个工厂不同程度地受到了液化震害的影响，一些房屋建筑、学校教学楼、厂房和水井等废弃，详细统计结果见表2.2。

表2.2 汶川地震液化震害统计

分类	宏观现象	液化震害
农田	覆盖层很薄，一般1～3m，液化发生的地方地裂缝往往十分发育，蓄水困难，营养成分流失	1000～2000亩农田受液化震害影响，程度不一
水井	水井成为喷水冒砂的通道	20余个村庄的水井不同程度被喷出物填埋
公路、桥梁	路堤塌陷、路面开裂，失去承载力	共调查到公路四五处，桥梁10余座
房屋建筑	液化场地上的建筑，结构性差的农房直接倒塌，设有圈梁、构造柱的房屋，也有较多因液化导致房屋整体倾斜、下沉的现象	共有120多个村庄(自然村)的房屋(住宅)不同程度地受到了液化的影响
工厂	厂房范围内喷水冒砂，地基沉降、墙体开裂，影响机器设备的正常运行	共有5处工厂不同程度地受到了液化的影响
学校	校园内喷砂冒水，地裂缝发育，教学楼基础下沉，墙体倾斜、开裂，影响正常的教学秩序	共有8所学校不同程度地受到了液化的影响

液化震害具体表现包括如下几方面。

农田：唐山地震中，极震区的唐山市区很少发现液化现象，而在郊区液化现象十分普遍，主要是城市地下水位较深的缘故。同样，汶川地震液化主要发生在农村地区，大量喷水冒砂给农田造成的危害十分严重。据不完全统计，1000～2000亩农田受液化震害影响，程度不一。农田液化震害分布能在一定程度上反映汶川地震液化震害的分布规律，统计结果如图2.7所示。由图可以看出，农田震害最为严重的是德阳地区，成都地区次之。

四川盆地的农田大多为水稻田，液化造成的震害主要表现为被喷砂淹没、地裂缝导致水土流失。喷水冒砂发生后，土壤的营养成分发生改变，十分不利于作物的生长。更为严重的是液化导致的地裂缝的影响。水稻田的覆盖层很薄，一般为1～3m，液化发生的地方，地裂缝往往十分发育(照片DY-10、DY-11等)，导致水稻田中蓄水十分困难，水稻很难生长，甚至颗粒无收。

公路、桥梁：此次地震液化导致的公路震害较少，共四五处。典型破坏包括路堤塌陷、路面开裂，失去承载力。例如，绵竹市板桥镇至土门镇长约400m的公路受到了不同程度的破坏，路面开裂10～20cm，浅黄色的细砂从裂缝中冒出来，路基

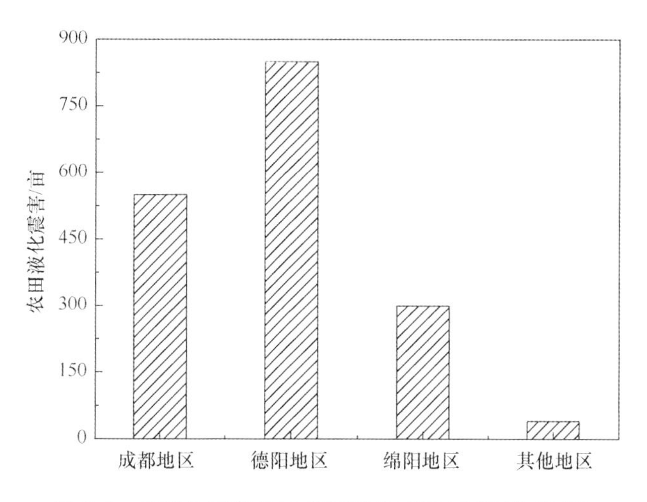

图 2.7　汶川地震各地区农田液化震害(王维铭,2010)

整体向河心方向滑移 30～50cm,靠近桥梁处滑移量稍少,但桥墩受到土体挤压而变形,桥面与桥墩连接处受损严重,车辆无法通行。另外,共有 10 余座不同类型的桥梁基础处发生了液化现象,其中近一半桥梁液化震害明显。例如,照片 CD-4 为都江堰市桂花镇丰乐村安龙桥一桥墩发生侧移、下沉现象,该桥单孔,长约 20m,桥墩基础下沉 5cm 左右,堤岸下沉 10～20cm,侧移 20～30cm,液化直接导致了桥梁的破坏。附近 50 亩稻田内发生不同程度的喷砂,喷出物为细至中砂,单孔喷砂量少,地裂缝发育,裂缝长 5～10m,宽 2～3cm,该村 40%～50%的砖房倒塌。德阳市区彩虹大桥,主跨形似彩虹,全长 340m,桥面宽 8.9m,主震时有水柱喷出水面,第二天仍有此现象,仅桥面连接处轻微受损。

房屋建筑:由于本次地震液化主要发生在农村地区,没有发现像 1964 年日本新潟地震那样整栋大楼因液化而整体下沉、倾覆的现象,但农村房屋建筑因液化导致的破坏却屡见不鲜。据不完全统计,共有 120 多个村庄(自然村)的房屋(住宅)不同程度地受到液化的影响。调查发现,液化发生场地结构性差的农房直接倒塌;设有圈梁、构造柱的房屋也有较多因液化而整体倾斜、下沉的现象。例如,德阳市柏隆镇清凉村,南北向 7km 长,3km 宽,都有不同程度的液化破坏现象,其中一房屋基础处喷水冒砂严重,并出现一直径 2m,深 5m 的陷坑,全村 30%～40%民房倒塌(照片 DY-06),需要指出的是,照片中显示液化伴随地裂缝穿越房屋,当地村民出于安全考虑将其拆除。什邡市湔氐镇龙泉村一农户家,院内喷水冒砂,一侧为二层楼房,一侧为一层厨房,楼房设有地梁、圈梁,厨房未设,两侧沉降存在差异,厨房沉降 5cm,楼房沉降 7～10cm,在连接处产生纵向裂缝。其中楼房前墙下沉 7cm,后墙上抬 12cm,并与地面裂开 26cm,基础外露(照片 DY-40)。

工厂:调查发现,共有 5 处工厂不同程度地受到了液化的影响。例如,什邡市金桂村艾迪家具厂，400m² 厂房范围内喷水冒砂，浅黄色中、细砂，水柱高 1.5m，墙体严重变形，地表开裂(照片 DY-01)，直接经济损失上百万元，周边水田也出现较大范围的液化现象。都江堰市拉法基水泥厂，水泥路基开裂 20cm；人行道地砖开裂、隆起、下沉；绿化带下沉约 20cm，裂缝最宽约 40cm，长约 100m，深 50cm。砂沿路基和人行道裂缝喷出，为浅黄色、灰色粉细砂(照片 CD-30)。

学校：调查发现，共有 8 所学校不同程度地受到了液化的影响，其中一些液化具有典型性。例如，3km 长，300～500m 宽的液化带穿越板桥学校，校园内地裂缝十分发育，操场、道路被 3～5cm 厚的浅黄色细砂覆盖，2003 年修建的三层教学楼，基础处喷水冒砂现象严重，基础一侧下沉约 20cm，导致墙体倾斜、开裂(照片 DY-09)。

绵阳忠兴镇中心小学操场大范围内喷水冒砂，持续时间 5～6h，教学楼略有地基下沉现象(照片 MY-05)。都江堰中兴镇中学，操场大面积喷水冒砂，液化导致学校食堂(一层砖混结构)沉降 3～5cm；女生宿舍楼为三层框架结构，主体结构因液化导致整体下沉 5～10cm。一楼护栏墙体为独立结构，通过塑钢窗与主体结构连接。地震时，一楼护栏墙体自重轻，无明显沉降，塑钢窗因主体结构下沉而普遍被挤压变形。

水井：液化发生时，喷水冒砂往往会在最薄弱的地方出现。四川多数农户均有水井，成为液化发生时最容易喷水冒砂的通道。调查发现，共有 20 余个村庄的水井不同程度地出现了喷水冒砂，严重影响了村民的饮水问题。例如，绵竹市兴隆镇安仁村，全村 70 多口井震前井水位 2m，地震时不同程度地被砂填埋，水柱高出地面 30cm。绵竹市汉旺镇武都村一水井，震前深 7m，井水位 3m，震后被浅黄色的粉砂填满。

液化震害主要特征包括以下几个(曹振中等，2010)。

特征一：液化加重震害。此次地震中，没有发现液化减震实例，只要液化出现的地方，震害均比周围重。

例如，德阳市德新镇胜利村，液化带长约 200m，宽约 20m，在液化带范围内的房屋墙体严重开裂，基础下沉，地面隆起，多数已失去使用功能，而在几百米之外未发生液化的区域，甚至土坯房也完好无损。德阳市天元镇白江村，该村只有一户村民住宅地基发生喷水冒砂现象，液化导致房屋明显地不均匀沉降，二层砖木房比院墙多下沉约 6cm。而该户村民邻居的土坯房(距离液化点约 50m)仍完好。其他液化场地均有类似情况。

对比液化场地与非液化场地震害指数，如图 2.8 所示。汶川地震中液化加重震害情况十分明显，图中选用液化场地的震害指数和液化场地周边非液化场地的震害指数进行对比。

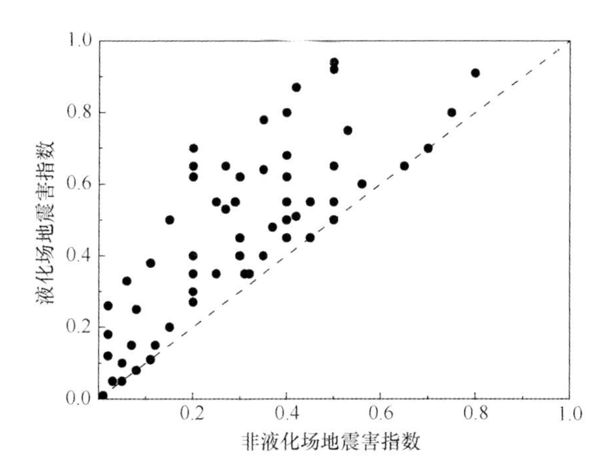

图 2.8 汶川地震液化与非液化场地震害指数关系(王维铭,2013)

由图 2.8 可以看出,此次地震中除几处液化与非液化场地震害指数的情况相同外($f=x$ 的直线上),其他均为液化加重震害情况,将近 90%的液化场地震害指数是非液化场地震害指数的一倍以上,其中,大于一倍小于两倍的情况占近 60%,而 30%左右的场地,其液化场地的震害是非液化场地震害的两倍以上。

图 2.9 为不同烈度下液化加重震害情况。从图中可以看出,9 度区内,液化与非液化场地的平均震害指数较为接近,表明液化加重震害并不明显,其他烈度区内液化加重震害的情况十分明显。

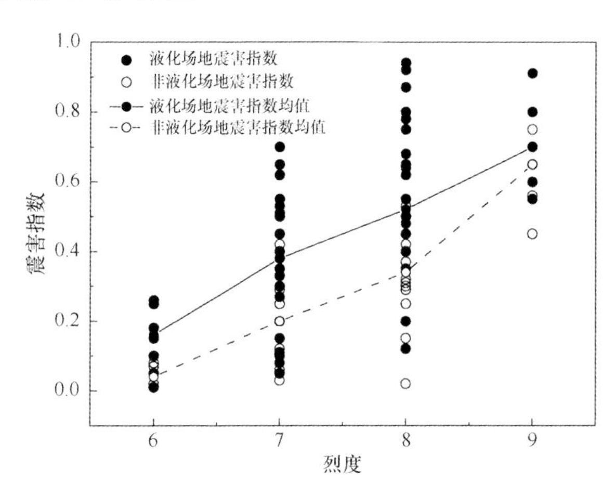

图 2.9 汶川地震不同烈度区内液化加重震害情况(王维铭,2013)

特征二:6 度区发现液化现象且有明显的液化震害,共查明 6 度区内有 10 余处液化,且分布在成都、眉山、雅安、乐山、遂宁等不同地区,之间相距较远,液化及其震害显著。例如,成都市苏坡乡清江村液化致地面裂缝长 20 多米,最宽处

20cm，喷出大量泥浆，高度3m，持续约1min，房屋墙面出现大量裂缝，最宽处10cm，且有沉降，房屋破坏严重。

特征三：液化伴随地裂缝直接导致工程结构破坏。70%～80%的液化场地伴随地裂缝，这与成都平原地层分布不均匀密切相关，同时液化伴随地裂缝使得液化加重震害，这两点与以往地震液化明显不同。液化伴随地裂缝，使得农田蓄水困难，甚至颗粒无收；使得公路、房屋建筑、工厂、学校受液化影响而加重震害；使得6度区液化地基上的房屋出现以往没有的震害现象。

2.3.2 液化震害等级及分布

在我国，结构和生命线系统震害调查中普遍采用震害指数和震害等级，根据震后建筑物或构筑物的破坏情况对震害进行数字化评估，而且已经形成一套标准，为震后的快速评估提出了可靠的依据（中华人民共和国行业标准，2005）。现行的规范或者以往的经验中并没有相应的指标来界定地震后液化宏观程度等级，给现场宏观液化震害调查带来一定的困难，为此提出宏观液化指数与等级的概念。

宏观液化指数：指由地震引起的宏观液化程度，包括造成地表及其上建筑物或构筑物的损坏程度，以“1”表示宏观液化特别严重，以“0”表示无液化。根据实际液化的喷水冒砂程度以及地表的破坏程度，并参考场地建筑物液化破坏情况，用0～1的适当的数字来表示，具体划分依据及标准见表2.3。宏观液化指数是对地震液化宏观状态的一种定量描述，它的作用是直观地反应场地液化的严重情况，在一定程度上体现该场地的平均液化程度，也能够反映该场地液化引起的结构震害情况，区别于《建筑抗震设计规范》(GB 50011—2010)进行场地液化等级评价时，通过钻孔、标准贯入试验结果、液化判别等确定的液化指数。宏观液化指数将液化及其造成的破坏定量化，大大增加了液化震害调查的可描述性，有利于选择重点勘查点以及场地液化的震后评估。

表2.3 宏观液化指数与等级划分标准（王维铭，2013）

宏观液化等级	宏观液化指数范围	宏观液化现象	液化引起的结构破坏
0级 无液化	0	场地无任何喷水冒砂迹象	—
Ⅰ级 非常轻微	0.01～0.10	地表无喷水冒砂现象，水田、河边、洼地有零星喷砂现象	建筑物完好，墙体裂缝不超过1cm，不修理可继续使用，地基没有明显沉降

续表

宏观液化等级	宏观液化指数范围	宏观液化现象	液化引起的结构破坏
Ⅱ级 轻微	0.11～0.30	地表轻微喷水冒砂；地表出现不大于10cm的裂缝	危害性很小，墙体裂缝不超过5cm，建筑物轻微破坏，地基沉降小于5cm，需要进行维护
Ⅲ级 中等	0.31～0.60	地表中等喷水冒砂；地表裂缝大于10cm小于20cm；多处出现直径小于100cm的陷坑	危害性较大，造成地基不均匀沉降大于5cm不超过20cm；墙体出现不大于10cm的裂缝，建筑物中等破坏，需要进行维修
Ⅳ级 严重	0.61～0.90	地表严重喷水冒砂；地表开裂大于20cm小于50cm；多处出现直径大于100cm的陷坑	危害性大，地基不均匀沉降20～30cm；墙体严重开裂，宽度大于10cm；高重心结构产生不容许的倾斜；建筑物严重破坏，必须经过大修方能正常使用
Ⅴ级 非常严重	0.91～1.00	大范围液化引起地表形态变化；喷水成湖塘；大面积喷砂	液化引起局部区域烈度异常，所在区域结构和基础设施大多丧失使用功能，需重建

注：①关于喷冒等级。轻微喷冒：场地有零星喷孔，影响范围小，基本不改变场地地表形态；中等喷冒（一般喷冒）：喷冒点较多，喷砂覆盖的面积占了场地总面积的相当大的部分，50%以上；严重喷冒：喷冒点密布或场地总喷砂量大，从而造成严重的地面下沉。②表中结构房屋分为三类，A——木构架和土、石、砖墙建造的旧式房屋；B——未经抗震设计的单层或多层砖砌体房屋；C——经抗震设计的单层或多层砖砌体房屋。对所有三种类型房屋，当建筑质量特别差或特别好以及地基特别差或特别好时，可根据具体情况，对表中的震害指数作出相应调整。③当震害指数位于表中两个等级水平搭接处时，可根据其他判别指标和液化震害现象综合判定其液化震害水平。④液化震害指数可以在调查区域内用普查或随机抽查的方法确定。

根据房屋建筑破坏等级划分标准（尹之潜等，2004）以及宏观液化指数与等级划分依据（表2.3），给出了液化震害等级分布图（图2.10），不同标志的圈定区域表示不同严重程度的液化震害，其中3个区域为严重，3个区域为中等，其他为轻微。液化震害严重的3个区域位于德阳地区，即沿湔氐镇、师古镇至南泉镇一带；沿遵道镇、板桥镇、齐福镇至禾丰镇一带；沿拱星镇、富新镇、柏隆镇至德新镇一带。该区域中，地基液化导致建筑物墙体出现明显开裂、基础严重下沉，造成部分砖混结构房屋倒塌。液化震害中等的3个地区分别位于都江堰地区、绵阳游仙区以及江油市区，即沿都江堰、聚源镇、幸福镇、青城山镇至石羊镇一带；绵阳游仙居民区一带；三合镇至江油火车站一带。该区域中，液化造成部分砖混结构房屋基础下沉、墙体开裂较明显。其他地区的液化震害相对轻微。液化造成大部分砖混、土坯房屋墙体出现轻微开裂现象。

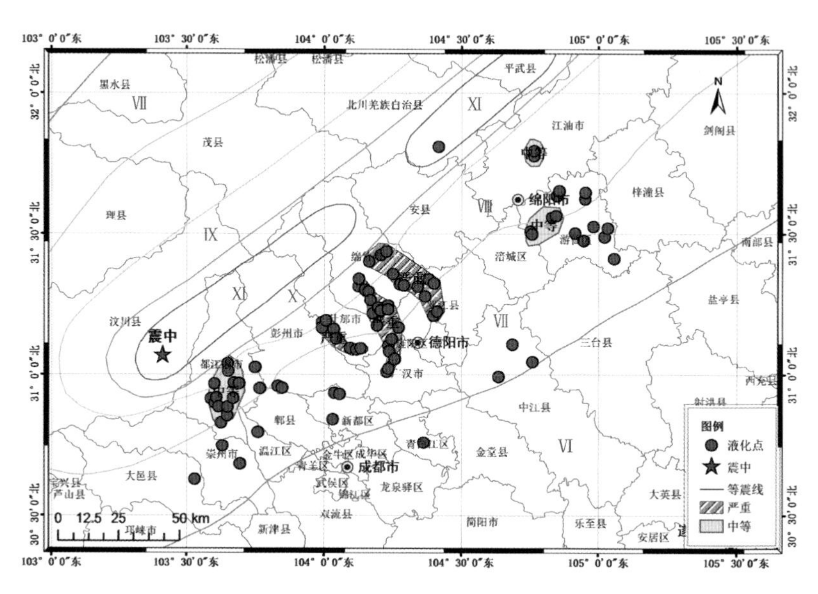

图 2.10 汶川地震液化震害等级及分布

调查表明，此次地震液化引起的震害分布与液化分布有一定关系，但二者有所不同。比较显著的区别为，德阳地区、都江堰地区以及江油市区三者均位于 8 度区内，但德阳地区的液化震害较其他两地严重，主要原因是德阳地区液化引起的地裂缝十分发育，大多数直接穿越建筑物地基。从勘察资料来看，该地区的土层横向分布不均匀，甚至几十米范围内的土层都差异较大；而绵阳市区以东地区，虽然液化分布较为集中，但其地形主要为低山丘陵，液化主要发生在河谷河流的一级阶地以及河漫滩上，砂层深度较浅且厚度较薄，同时液化场地上建筑物较少，因此该地区的液化震害较轻。

2.3.3 液化减震机理探讨

1. 1975 年海城地震中液化减震情况

1975 年海城地震中，液化造成的震害规模宏大，大面积的农田、水渠被毁，大量公路、桥梁液化破坏严重。农田和渠道液化震害主要表现为被喷砂所掩盖、淤塞，如石佛、沿沟、水源公社渠道淤砂长度约 145km，盘锦大洼区的高家、荣兴、榆树、西安、平安、东风、前进农场淤砂面积平均约占耕地面积的 11.9%，其中严重的榆树农场淤砂面积约占耕地面积的 25%。盘锦地区渠道淤砂长度达 4.6×10^6m，农田淤砂 6.2×10^4 亩，积砂量 3.6×10^6m^3。公路和桥梁的震害表现为路堤沉陷、路堤边坡坍滑、桥头路堤和河滩路堤向河心滑移。此外，还有喷水冒砂所造成的边沟淤塞。鞍营线有 25km 喷水冒砂孔连成一片，营水线在 20km 内有 117 处，大水线在 25km 内有 112 处，营口至西古树线在 7km 内有 47 处。其中多数喷砂高出水面，淤塞边沟，轻微的形成砂堆，严重的可将边沟全部淤塞，长达百米以上。桥梁的震害，在盘山至田庄台段、大石桥至水源段、营口至二道沟段，位于饱和粉细砂和软弱黏土地基上的桥梁有 33 座，总长 1792m。地震中中等破坏 6 座，严重破坏 4 座，占总座数的 30%，占总长的 78%，由于砂基液化而破坏的公路和桥梁占相当大的比例（中国科学院工程力学研究所，1975b）。

海城地震中发现了液化减震现象（图 2.11）。海城地震中约有 100 个村庄发生不同程度的喷水冒砂，其中严重的 15 个，村内普遍或多处喷水冒砂，或喷砂量较多，延续时间较长，这些村庄的震害平均略低于同类地基未发生喷水冒砂村庄的震害，类似情况在榆树农场、水源公社等地也都有反映。当地群众在总结震害经验时指出，“喷水冒砂地方倒房少，不喷水冒砂地方倒房多”“多亏这次地震喷水冒砂，要不房子也保不住了”“湿震不重干震重”，即在喷水冒砂严重的村庄，房屋的震害要低于附近不喷水冒砂或轻微喷水冒砂处的震害。

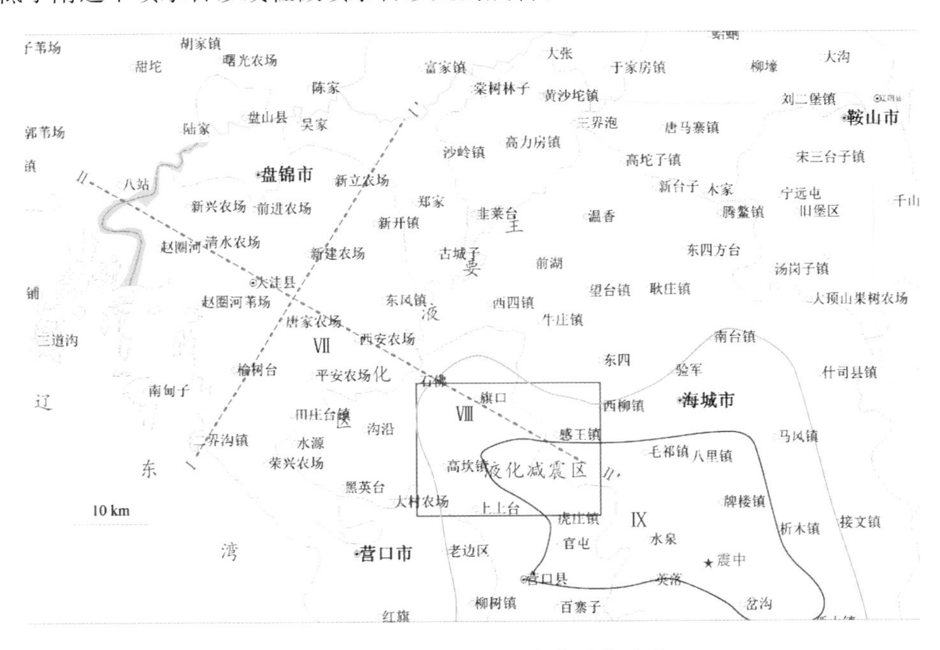

图 2.11　1975 年海城地震中的液化减震区

海城地震液化场地一般为Ⅱ、Ⅲ类场地，液化场地上的震害指数大多比同类未液化场地的平均震害指数要小（图 2.12），也就是说，液化起到了减震作用。对主要的液化减震场地进行地质条件分析，统计结果见表 2.4。

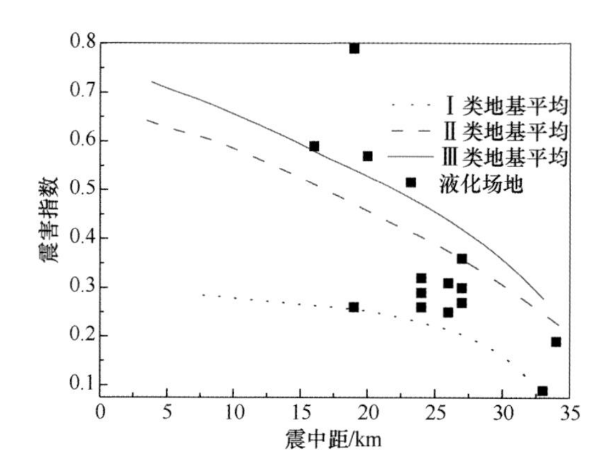

图 2.12　1975 年海城地震中液化减震场地的震害指数与平均水平对比

从表 2.4 可以看出，这 15 个村庄地表大多有 2～3m 以上较密实的黏土或亚黏土覆盖层，其下即为饱和粉细砂或亚砂土层。而附近震害较重的村庄，砂层之上的覆盖层较薄或较松散。初步分析，存在可液化砂层和砂层上面有较厚且密实的黏土、亚黏土层，是构成“湿震不重”的重要条件。地震时下卧饱和砂层完全或部分液化时，若上覆非液化层较薄或很松软，就会出现喷水冒砂现象，结构物的基础处还会出现不同程度的地基失效现象，从而加剧上部结构的震害。若覆盖层足够厚而且密实，则下卧砂层液化后，覆盖层仍具有一定的强度，可以起到结构持力层的作用，不会产生地基失效，同时液化层又起到了“隔震”作用，使地下的强烈震动不再能传至地表，从而避免了上部结构的严重破坏。李学宁等(1992)的室内振动台试验也验证了这一结论，试验结果表明，可液化场地的地表加速度反映出现在土中最大孔压比为 0.5～0.6，为非液化土的 1/4～1/3，当地基中出现液化区后，地表加速度进一步减小，为输入台面加速度的 1/10 左右。

刘颖(1975)通过公式推导初步解释了隔振的原因，当地震波从第一层传向第二层时，透过的能量与入射能量的比值称为透过系数，用 λ_0 表示：

$$\lambda_0 = 1 - \alpha_0^2 \tag{2.1}$$

$$\alpha_0 = \frac{1-k}{1+k}, k = \frac{\rho_2 c_2}{\rho_1 c_1} \tag{2.2}$$

式中，ρ 为土层的密度；c 为土层的剪切波速；下标 1 表示第 1 层，2 表示第 2 层。对于威胁建筑物最大的剪切波而言，地震波从下传向上面的液化砂层时，$c_2 \to 0$，$k \to 0$，$\alpha_0 \to 1$，$\lambda_0 \to 0$；地震波从液化砂层传向其上的地表土层时，$c_1 \to 0$，$k \to \infty$，$\alpha_0 \to -1$，$\lambda_0 \to 0$。因此，这里只有一小部分地震动的能量传进液化层，同时，又只有一小部分能量从砂层传进地表土层，所以地表的震动不大。

表 2.4 1975年海城地震液化减震场地的土层情况(中国科学院工程力学研究所,1975b)

村名	震害指数	震中距/km	地基土	水位/m	场地类别	喷水冒砂现象描述
高坎李家堡	0.29	24	0～0.5m白碱土 0.5～3m黄黏土 3m以下细砂	1～2	Ⅲ	普遍,个别屋内冒砂达1m多厚,沿东南一带西北方向有长60余米地裂缝
下土台	0.31	26	0～3.2亚黏土 3.2m以下黏土	2.2	Ⅲ	普遍
前高坎(3队)	0.36	27	0～2m黄黏土 2m以下粉砂	2	Ⅲ	普遍
前高坎(4队)	0.30	27	0～2m黄黏土 2m以下粉砂	2.5	Ⅲ	普遍
侯家堡	0.25	26	0～2.5m黄黏土 2.5～10m粉砂	2.5	Ⅲ	普遍
马家堡	0.26	24	0～10m黑、黄土 10m以下砂土	0.5～1	Ⅲ	全村20余处喷水冒砂严重,水柱高达3～6m
旗口公社宿西	0.57	20	0～1.5m黑亚黏土 1.5m以下粉细砂	1.0	Ⅲ	严重
中小公社关沙河	0.27	27	0～4m黄砂土 4～9m黑土 9～14m白色砂土	—	Ⅱ	20余处,地裂宽达6cm,长20余米,东西向
后三家	0.32	24	0～2m黏土 2m以下细灰	3～5	Ⅱ	普遍
牛庄公社	0.19	34	0～5m黄土及黑色淤泥 5～6m为灰砂	5	Ⅲ	普遍
双当堡	0.16	—	—	—	Ⅲ	—
西二台子	0.09	33	0～20m黄砂土、黑土 20m以下灰细砂	3	Ⅱ	喷水冒砂严重
海城城镇公社	0.59	16	0～3m河淤泥,下为砂	5～6	Ⅱ	喷水冒砂严重
验军公社二台子	0.26	19	0～2m河淤泥 2～4m黑黄黏土 4～6m红褐黏土 6～13m白砂土	4～6	Ⅱ	30余处喷水冒砂
感王公社	0.79	19	河淤泥、亚砂、亚黏土,于25m见细砂;5～8m粗砂卵石,再下为卵石	1	Ⅲ	普遍,河洼附近裂缝宽数十厘米,沿裂缝喷水冒砂普遍,喷出为灰黑色粉细砂,个别房架抛出3m多

2. 汶川地震中液化震害与场地条件的关系

在汶川地震现场进行了28个液化场地的测试，相应的埋藏条件等参数见表2.5。

表2.5　汶川地震中液化场地埋藏条件统计表

编号	地理位置	烈度	非液化层厚度/m	地下水位/m	液化层 V_s/(m/s)	非液化层 V_s/(m/s)
1	广汉市南丰镇昆庐小学	7	2.3	1.4	161	151
2	德阳市柏隆镇果园村	7	1.5	1.5	165	166
3	德阳市黄许镇金桥村	7	2.4	2.2	164	167
4	德阳市天元镇白江村	7	1.5	2.2	142	215
5	德阳市德新镇胜利村	7	2.4	1.9	187	193
6	德阳市德新镇长征村	7	1.0	1.0	160	203
7	绵阳市游仙区涌泉村	7	2.0	1.3	152	164
8	绵竹市新市镇新市学校	8	2.5	1.0	133	132
9	绵竹市板桥镇板桥学校	8	3.0	3.0	159	135
10	德阳市柏隆镇松柏村	8	0.8	0.8	185	164
11	绵竹市板桥镇兴隆村	8	4.0	2.4	195	125
12	绵竹市新市镇石虎村	8	2.9	2.9	161	134
13	绵竹市孝德镇齐福小学	8	3.5	3.5	180	161
14	绵竹市玉泉镇桂花村	8	0.6	0.6	153	155
15	什邡市禾丰镇镇江村	8	0.7	0.9	187	195
16	绵竹市齐天镇桑园村	8	1.2	2.8	199	205
17	绵竹市富新镇永丰村	8	4.0	2.8	238	158
18	德阳市略坪镇安平村	8	2.8	1.8	141	151
19	绵竹市板桥镇白杨村	8	1.5	1.5	150	201
20	绵竹市土门镇林堰村	8	6.0	6.0	250	191
21	德阳市柏隆镇清凉村	8	1.0	1.0	203	209
22	什邡市师古镇思源村	8	2.0	1.5	164	204
23	江油市江油火车站	8	2.4	2.4	215	169
24	绵竹市拱星镇祥柳村	9	3.4	3.4	233	236
25	绵竹市兴隆镇安仁村	9	4.0	4.0	267	228
26	绵竹市汉旺镇武都村	9	5.0	1.6	150	159
27	绵竹市湔氐镇白虎头村	9	1.2	1.2	178	182
28	绵竹市遵道镇双泉村	9	2.5	2.5	200	201

从表2.5可以看出，液化场地的地下水位为0.6～6.0m，上覆非液化层厚度为0.6～6.0m，上覆非液化层剪切波速范围为125～236m/s，平均为177m/s，属于中软土。根据1975年海城地震的经验，上覆非液化层厚且密实是液化减震的必要条件之一，汶川地震中的土层不具备这一地质条件。特别是德阳市柏隆镇松柏村、绵竹市板桥镇兴隆村、板桥学校等，其液化现象十分显著，为液化震害最严重的场地，这与其上覆非液化层较薄且剪切波速较低（分别为164m/s、125m/s、135m/s）具有很大的联系。

对比1975年海城地震经验，可初步确定液化减震基本条件为：上覆非液化层足够厚而且密实，下卧砂（砾）层液化后，上覆非液化层仍具有一定的强度，可以起到结构持力层的作用，不会产生地基失效。此时土层的液化仅使土层总体刚度降低，地震动（剪切波）的高频部分受到抑制，可减轻上部短周期结构的破坏，从而起到了“隔震”作用。但是需注意到，以往有减震效果的均为刚度大、自振周期短的低矮民房，而近来实际地震记录和震害调查以及理论分析表明，液化仅对地震动的高频量有减震作用，对地震动低频部分反而起到明显的加震作用（Sun and Yuan，2004）。

另外，从液化震害程度分布来看，液化震害最严重的地区主要分布在8度区。从收集到的地质资料看，本次地震液化点主要分布在成都平原的冲积扇和洪积扇上，其中9度位于冲积扇和洪积扇的扇顶部（山前），8度位于扇中部，7度位于扇前部。冲积扇和洪积的沉积规律是从扇顶至扇前，颗粒大小逐渐减少，即含砾量逐渐减少，分选性逐渐增强。因此，尽管9度区的震动强度相对较大，但该地区的颗粒粒径较大（最大粒径可达50cm），含砾量较大，7度区由于震中距较远，而8度区恰恰位于粒径相对较小、震动强度相对较大的液化最易发生地区。

刘惠珊等（1994）的室内振动台试验结果表明，可液化层减震的临界孔压比约为0.6，可液化层在孔压比大于0.6之后，产生很大的塑性剪切变形，可液化层从软化到充分液化阶段能够消耗地震波很大一部分能量，是一个耗能层，但只有很小一部分能量通过它上传，所以它同时又是一个隔震层，液化层的减震作用具有选择性，这种选择性与液化层的厚度和所处的深度均有关系。石兆吉等（1995）用液化后谱烈度比研究了土层液化对房屋遭受地震荷载的影响，分析了液化层厚度及其埋深、覆盖层刚度、液化层密度等因素所起的作用，计算结果表明短周期建筑物往往受到隔震作用，长周期房屋遭受的地震荷载变化比较复杂。

因此，液化土层一方面可作为建筑物地基，另一方面又是地震波传播的一种介质，它的性能变化影响到地面运动的变化，实际地震过程中，液化土层的地基失效和传递地震能量是同时起作用的，建筑物的最终破坏形式和程度是这两种作用的综合结果（石兆吉，1992）。由于这两种作用的不同，组合所造成的结果并不单一，加重、减轻和基本无变化均有可能出现，取决于地基失效的程度、传递能量的大小以及建筑物本身的特点等。上述分析仅能定性初步判断液化对房屋的影响，具体如何影响以及影响的大小有待进一步研究。

2.4　汶川地震砾性土液化问题

如前所述，汶川地震地表喷出物50%～60%为砂土，按以往经验，一般会推测汶川地震中液化土层应以砂土为主，即为通常的砂土液化。作者最初也持这一观点，认为此次地震与以往地震液化没有本质区别，并且收集了不少地表喷出的砂土，以此作为液化土层，准备在实验室进行试验。但是，随着工作的不断深入，经过反复思考讨论，发现液化宏观调查结果与以往认识存在一些矛盾和疑惑，如较大范围的液化现象、较少的喷砂量和较短的喷水冒砂时间等。为此，作者所在的研究团队又历时几年，通过区域工程地质条件调查、几十个场地详细勘察测试、土样室内试验和典型液化场地剖析，研究表明汶川地震土体液化以砾性土液化为主导和主要特征。查明此次地震砾性土液化分布规律，确定液化砾性土的土性特征，掌握与历史其他地震中液化砾性土的区别和联系，对丰富液化知识有很大帮助。

2.4.1　工程地质背景

1. 地形地貌

四川省位于我国西南部，西北依托青藏高原，南接云贵高原，北越秦岭与黄土高原相接，东出三峡与长江中下游平原相接。总体上看，位于我国地势划分的巨大梯级的第一、二级之间，西高东低，西部高原海拔多在4000m以上，东部盆地中的丘陵海拔多在500m左右。区内地貌类型齐全，有山地、高原、盆地、丘陵和平原。在川西及川西南地区，基本上均为山地和高原所占据，即使在东部的四川盆地也是一个丘陵式的盆地，平原地貌除成都平原面积较大外，其他均在河谷地区零星分布，高原和丘陵山地占总面积的97.5%，平原仅占2.5%(刘兴诗，1983)。

山脉的展布方向：在川西的北部属巴颜喀拉山脉，以北西向为主，川西的南部及川西南地区属横断山脉北段，以南北向为主，川东地区除米仓山和大巴山分布为东西向和北西向外，其余以北东为主。根据省内地貌差异和分布状况，大致以广元、灌县(都江堰)、雅安、泸定、木里为一线，雅安、乐山、宜宾为另一线将四川省分为三个地貌区域，即四川东部盆地山地区域、四川西部高山高原区域和四川西南部中山山原区域(张伦玉，1984)，如图2.13所示。

四川东部盆地山地区域，位于我国东西地势划分的第二个台阶。而四川盆地则是该台阶上相对下陷部分，无论从构造上还是从形态上都是十分完整的，其中主

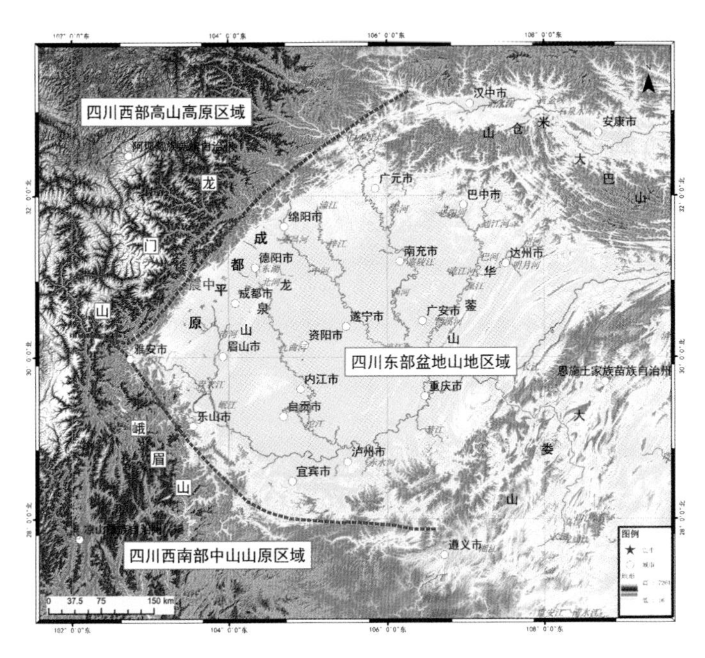

图 2.13　四川盆地地形图

体部分基本上呈菱形，大部分被中生代红色岩层覆盖，标高大部分在 750m 以下，周围的群山为古生代或更老的岩层所占，属标高为 1000～3000m 的中山峡谷地形。由红色岩层覆盖的四川盆地的盆底，除龙泉山及川东的华蓥山等 20 余条条形山地在 1000m 左右外，一般多在 750m 以下，最高的华蓥山主峰 1704m，最低的长江河谷 80m 左右，盆底微向南倾，长江主流偏盆底南部，其支流北岸多于南岸。盆地西部的龙门山前至龙泉山之间是以冲积扇和洪积扇组合地形为主体的川西平原，由北西向南东倾斜，标高 450～750m，周围杂以台状丘陵，中部亦有低山丘陵将其分割成数个小平原。龙泉山与华蓥山之间的盆中地带，是不同形态的方山式丘陵为主体的丘陵区，标高一般不超过 600m。华蓥山以东则是由一系列窄狭背斜山地与宽缓向斜谷地组成的平行岭谷地貌，山地呈条形，窄而陡，标高多在 1000m 左右，谷地较开阔，丘陵密布其中。盆地的北部以单斜状或桌状低山占优势，标高多在 1000～1500m，盆地南部多为开阔向斜构成的倒置低山及丘陵占据，标高 1000m 左右。围绕盆地四周的山地以中山为主，除西北部的龙门山，西南部的峨眉山、五指山分属川西和川西南地区外，北缘的米仓山、大巴山，标高 1500～2200m，东南缘的巫山、大娄山标高多在 1000～1500m，均为较密集的褶皱山地，除米仓山有岩浆岩外，其余皆以碳酸盐岩为主，岩溶发育，组成多种形态的岩溶地貌。

川西高山高原区域属于青藏高原的东南翼，地势高亢。整个高原面由标高 4100～4900m 的夷平面所占据，由北向南倾斜，可分两种类型，其一是北部的石渠、色达，中部的理塘一带及乾宁附近，由浅凹河谷和浑圆形丘陵组成的丘陵状高原，另一种是由高原向深切河谷或向极高山过渡地区的山原，主要特点是山原仍保留有零星的高原面，从河谷看是具有较陡山坡的峡谷山地，这一类型主要分布在雅砻江中游及邛崃山西侧的马尔康—小金—松潘以北一带。高原面之上，分布着一些5000m以上的极高山，少数超过6000m，高原面以下，分布着一些断陷盆地和宽谷，它们标高较低，地势较平。高原区的主要河流有金沙江、理塘河、雅砻江、大渡河、鲜水河及岷江上游，多沿断裂发育，自北西向东南流转为自北向南流，且在高原的北部均切割深度较浅，在甘孜、道孚、金川马尔康以南切割深度急骤加深，可达2500m。自西向东岭谷相间。

川西南山地区域以标高1500～3500m的中山山地为主，少数山峰超过4000m，山体与构造线相吻合，以南北向为主。该区中部切割较浅并保留有起伏的山原面，东部及西部切割较深，相对高差大，西部有宽谷及盆地分布，而东部由于断裂纵横切割而形成的悬岩峭壁甚多。除金沙江沿本区南沿流经外，雅砻江下游及安宁河是区内西部的主要河流，大渡河则在区内北部由西向东流过。

成都平原位于四川盆地西部，地势西北高而东南低，龙门山屹立于西北，龙泉山斜列于东南，其间展布着形若蝙蝠的成都平原。龙门山后山地区，属青藏高原向盆地的过渡部分，群山峻岭，巍峨雄壮，最高海拔5900m以上，相对高差1000～2000m及以上，现代冰川和积雪星罗棋布，素有“西岭千秋雪”之称。该地区江河发育，现代冰川或积雪常常是江河的源头，水能源极为丰富。农业耕地集中在河谷地带，仅占幅员的1.6%，森林覆盖率为18.8%。龙门山前山为低山丘陵，海拔1000～2000m，相对高差为500～1000m和250～500m，河谷较宽阔，沟谷延伸短，山势挺拔，风景秀丽，幽静。边山河流，如石亭江、湔江、文锦江、础江、西河分布于此。森林覆盖率为30%，农业耕地在20%以上，该区降水丰沛，水源充足。龙泉山是平原东南屏障，最高海拔1000m左右，相对高差300～500m，山势单薄，切割细碎，山脉以东，即为四川盆地的主要组成部分——川中丘陵，海拔350～500m。成都平原，四周群山环抱，封闭条件好，幅员辽阔，沃野千里，江河纵横，渠系密布。平原主体长200km，宽90km，面积6473km^2，海拔720～490m，地形由北西向南东倾斜，比降5.8‰～4‰，一级阶地沿江河道带状分布，二级阶地为平原主体，比高2～5m，农业耕地约占70%（其中，水稻田面积占总面积的54%），水域、道路、城乡建筑等约占10%，非耕地面积约占20%。平原周边分布有三至五级阶地，又称台地。如双流南部的牧马山台地、邛崃、浦江的名邛台地、成都以东的东部台地，以及其余零星分布的残丘，比高20～140m，台面被后期侵蚀切割，呈破碎的缓丘台地。

2. 水系及水文地质特征

砾性土液化的前提条件是处于饱和状态，水系的分布及水文地质特征在很大程度上控制了液化的分布。

岷江、沱江为平原区内两大水系，两江分别从都江堰和绵竹市汉旺镇进入成都平原，又分别从新津、金堂、苏码头3个出口流出区外。岷江，源远流长，是成都平原的主要水源，发源于岷山弓杠岭，干流经松潘、茂汶、汶川至都江堰，其上游全长330km，流域面积$2.3\times10^4km^2$。进入平原后，由都江堰水利工程分为内、外二江。内江分别为蒲阳河、柏条河、走马河、江安河，外江分别为金马大河、羊马河、沙黑总河。周边尚有文锦江、斜江河、邛江河、南河等进入平原注入岷江，上述这些河流于新津汇合，流出平原区。其中，唯有蒲阳河下段（称青白江）与柏条河的左支（毗河）向东汇入沱江水系，于金堂流出平原。沱江，在金堂以上称绵远河，源于茂县九顶山，从绵竹汉旺进入平原。沱江干流短，流量小，流域面积仅$410km^2$，进入平原后，与石亭江、湔江（湔江又分为鸭子河、小石河、马牧河、濛阳河）在金堂三水镇汇合，于金堂隘口流出平原。

岷江、沱江形成的冲积扇构成成都平原的主体，其中，岷江水系形成了岷江冲、洪积扇，沱江形成了绵远河冲、洪积扇，石亭江冲、洪积扇，湔江冲、洪积扇，各冲、洪积扇的水文地质基本数据见表2.6。

表2.6　成都平原山前冲、洪积扇水文地质基本情况（刘云从，1989）

水系	扇名	水文地质要素	扇顶部	扇中部	扇前部
岷江	岷江冲、洪积扇	地面坡降/‰	5.8	4	
		含水层厚度/m	15～22	13～28	22～27
		粒径/cm	40～50	10～20	5～10
		一般最大粒径/cm	100	40	25～30
		地下水位深度/m	5～10	3～5	1～3
		单井涌水量/(m^3/d)	>2400	1200～2400	4000
沱江	绵远河冲、洪积扇	地面坡降/‰			
		含水层厚度/m	17	9～15	4～8.3
		粒径/cm	30～60		
		一般最大粒径/cm	70～150		
		地下水位深度/m	10～15	5～10	<5
		单井涌水量/(m^3/d)	>2400	1200～2400	>100(溢出泉)

续表

水系	扇名	水文地质要素	扇顶部	扇中部	扇前部
沱江	石亭江冲、洪积扇	地面坡降/‰	10～11	6～8	5
		含水层厚度/m	2～6	8～12	3～9
		粒径/cm	20～30	10～25	2～6
		一般最大粒径/cm	60～120	40～50	10～20
		地下水位深度/m	>10	4～6	1～3
		单井涌水量/(m^3/d)	<120	120～480	240
	湔江冲、洪积扇	地面坡降/‰			
		含水层厚度/m	10～20	<10	9～27
		粒径/cm		5～10	3～15
		一般最大粒径/cm		25	20
		地下水位深度/m	>10	>5	1～3
		单井涌水量/(m^3/d)	120～480	10～50(溢出泉)	1200～2400

成都平原松散堆积层厚度大，富水性极佳，储水能力强，水位埋深浅，补给水源充足，故有“地下水库”之称。根据含水层结构和富水程度，划分为上部含水层与下部含水层。上部含水层，由全新统砂砾卵石层与上更新统含泥砂砾卵石层单独或叠置构成含水主体，含水层厚度达 10～25m。上部含水层分布集中，范围辽阔，水位埋深浅，年变幅小，补给水源充足，透水性能良好，富水性强，储存量巨大，但该含水层受厚度、岩性、地貌、补给等条件制约，其富水程度各异。

河道带(一级阶地)砂砾卵石层孔隙潜水。沿江、河两岸及古河道多呈带状分布，表层亚砂土厚 1～3m，其下为砂砾卵石层或与含泥砂砾卵石层叠置，厚 10～20m，水位埋深 1～3m，水力坡度 1‰～2‰，枯、洪期水位变幅 0.5～2m，富水性极强，单井出水量 1000～3000m^3/d，傍河地带 3000～5000m^3/d 以上。扇顶带含泥砂砾卵石层。沿山前冲、洪积扇顶地带含水层较薄，一般 5～10m，水位埋藏较深，为 8～10m，水力坡度为 5‰～8‰，枯、洪水位变幅 4～8m，富水性中等，单井出水量 500～1000m^3/d，部分地段下伏黏土砾卵石层，含水较弱，单井出水量 300～500m^3/d。

河间带(二级阶地)含泥砂砾卵石层孔隙潜水。分布于平原广大的二级阶地，常被河道带切割成条块状，表层亚黏土厚 3～5m，含水层厚度 15～25m，水位埋深 2～5m，水力坡度 2‰～4‰，枯、洪水位变幅 1～3m，富水性好，单井出水量一般 1000～3000m^3/d，分布于平原边缘地带的表层黏土层较厚，含水层厚度变化小，含泥量增加，单井出水量 200～1000m^3/d。

3. 区域工程地质条件

此次地震主要液化点分布及其与工程地质条件的关系如图2.4所示，其中圆点代表液化点，同心椭圆状线代表等震线。图2.4中的液化点约占总液化点（带）的90%，代表了此次地震出现液化的两大主要区域，其一是成都平原，包括了75%的液化点，其二是绵阳地区，约占整个液化点的15%。

成都平原是四川盆地中最大的平原，是位于青藏高原东南侧前缘的第四纪断陷盆地。成都平原主要分布第四系更新统（Q_p）和第四系全新统（Q_h）地层。更新统砾石层（即广义“雅安砾石层”）呈灰黄或褐黄色，岩石成分为复矿质，以砂岩、花岗岩、石英岩为主，石灰岩、变质岩、闪长岩、辉长岩、火山岩为次，粒径一般在10～20cm及以下，少数为30～50cm，砾石分选中等或较差，磨圆度较好，排列一般缺乏定向性，充填物为砂质、泥质，岩性较疏松。砾石层风化特征明显，其中抗风化能力弱的花岗岩、砂岩砾石风化深透，在露头上一般能保持砾石形状，但稍加碰触即自行解体，砂岩砾石多见环状风化，反映沉积期后可能经历湿热化的过程。砾石层出露厚度随台地不同级序而异，其中第一级台地一般为0～10m，第二级台地为8～10m，第三级台地为10～30m。作为砾石层上覆层的亚黏土层（即广义“成都黏土”），呈橙黄或褐黄色，结构密实，可塑性不强，膨胀量不大，透水性弱，不规则裂隙发育，时见锈色浸染、杂色条带及斑块，表层多受成土作用影响，根孔发育。中、下部普遍含零星石英质细砾石（粒径一般<1～2cm），且从上向下逐渐增多，是区内山前台地亚黏土层的一个具指示相意义的特点。因受侵蚀切割，各级台地亚黏土顶面呈起伏状，层厚0.5～10m，一般2～5m。

第四系全新统（Q_h）广布于成都平原，水平覆盖，构成平原覆盖层之表层。全新统除各河流现代河床及滨河床浅滩沉积为单一砾石层外，平原沉积皆由表部细粒沉积层及其下伏砾石层组成二元结构层组。全新统砾石层呈灰白—灰黄色，岩石成分基本同于中更新统砾石层，亦为复矿质，包括砂岩、花岗岩、闪长岩、辉长岩、脉石英、火山岩、石英岩、砾岩等，反映二者物质来源的一致性。砾石成分呈现扇顶部分多沉积岩、扇底部分多岩浆岩和石英岩的变化。粒径一般为10～20cm或更小，少量粒径大至30～50cm。粒径的变化虽不明显，但扇顶砾岩的相变特征在粒度上仍有反映，砾石层分叠中等，磨圆度较好，颗粒排列一般无明显定向性，局部见向河流上游叠瓦状倾斜，充填物为砂质，岩性疏松，未经风化。砾石层上覆细粒沉积为亚砂土或亚黏土，呈黑色、青灰色或灰褐色，其粒级变化符合扇形汇积一般规律，在纵向上，扇顶大于扇底，在侧向上，近河床粒级增大，远河床减小，此外，山前台地亚黏土物质的混入，也是影响机械组分的一个因素。平原表部亚砂土、亚黏土普遍多含砾石，层中偶见瓦砾及陶瓷碎片，其表层多为耕作层，以疏松多孔、富含腐殖质为特征，厚度一般为0.5～2.5m。

川西复式冲积扇平原是在新生代塌陷构造上发展形成的堆积平原。第四系由互层叠置的冲积、洪积、冰水沉积、湖积、沼泽沉积构成，水平覆盖在基岩地层之上，属于一种明显超复性质的沉积，岩性上包括砂土、亚砂土、亚黏土、黏土，而以砾石层为主体，沉积厚度变化较大，边部灌县—竹瓦一带10～70m，成都以西30～70m，坳陷中心郫县安德铺、新凡、温江一带达200m左右，呈北东向展布（李远图，1975；郭孟明，1980）。

绵阳地区主要为低山丘陵区，第四系分布范围和厚度非常有限，在河谷、河流的Ⅰ阶地及河漫滩零星分布，往往形成透镜体，地层表现出不连续性，整个地区内变化较大。与液化发生有直接关系的为第四系地层，其组成一般为：下部为白垩系砂、泥岩和风化层以及灰绿至黄褐色成都黏土；中部为灰棕色亚砂土，其中，粉、细砂与淤泥质黏土以及树木枝叶碎片的互层具有微细水平层理，底部有砾石层，砾石聚集在埋藏古冲沟的中央部分；上部为浅红褐色亚黏土以及灰棕色砂与微砾夹层，“砾石”主要是来自底部成都黏土的钙质结核，也有一些白垩系的砖红色泥岩和粉砂岩，均属地方性成分。地层具细微的水平层理和透镜体，疏松含水，主要见于埋藏古冲沟两侧狭窄地带，是冲积成因（四川省地质局，1970）。

另外，从图2.4可以看出，液化点主要分布在第四系全新统（Q_h）地层上（浅黄色区域），而在第四系更新统（Q_p）（含更新统）更早的地层上没有发现液化现象（个别液化点位于更新统与全新统交界处）。

参考刘兴诗（1983）绘制的成都平原第四系等厚线图（图2.14）。从图中可见，成都平原自大邑砾岩沉积以来，堆积了厚0～541m的砂砾卵石层（何银武，1992），覆盖面积大于8400km^2。该平原地势具有西北高东南低的特点，出自龙门山及其西北高原的岷江、沱江等多条河流的散流水系形成了宽广的成都平原。平原内部一般仅存Ⅰ、Ⅱ级阶地，Ⅲ、Ⅳ、Ⅴ级阶地主要分布在东西两侧边缘地带，形成高地或台地。Ⅰ级阶地在平原区的拔河高度一般为2～3m，两侧为4～6m，属全新统。Ⅱ级阶地拔河高度8～10m（钱洪和唐荣昌，1997）。

图2.15为成都平原代表性地层结构，根据图2.3中的Ⅰ—Ⅰ′和Ⅱ—Ⅱ′两条剖面重新绘制，剖面土层自老至新（从下至上）分别为：上更新统—下更新统大邑砾岩；中更新统雅安砾石层；上更新统广汉层；全新统。

与液化发生有直接关系的为上部的全新统层，其下部为砾石层，顶部为亚砂土或亚黏土。砾石层呈黄灰色至灰黄色，其中砾石未受风化作用影响。顶部砂层为灰棕色—灰黑色，厚度一般较薄。全新统在龙门山山前构成形态非常完整的冲积

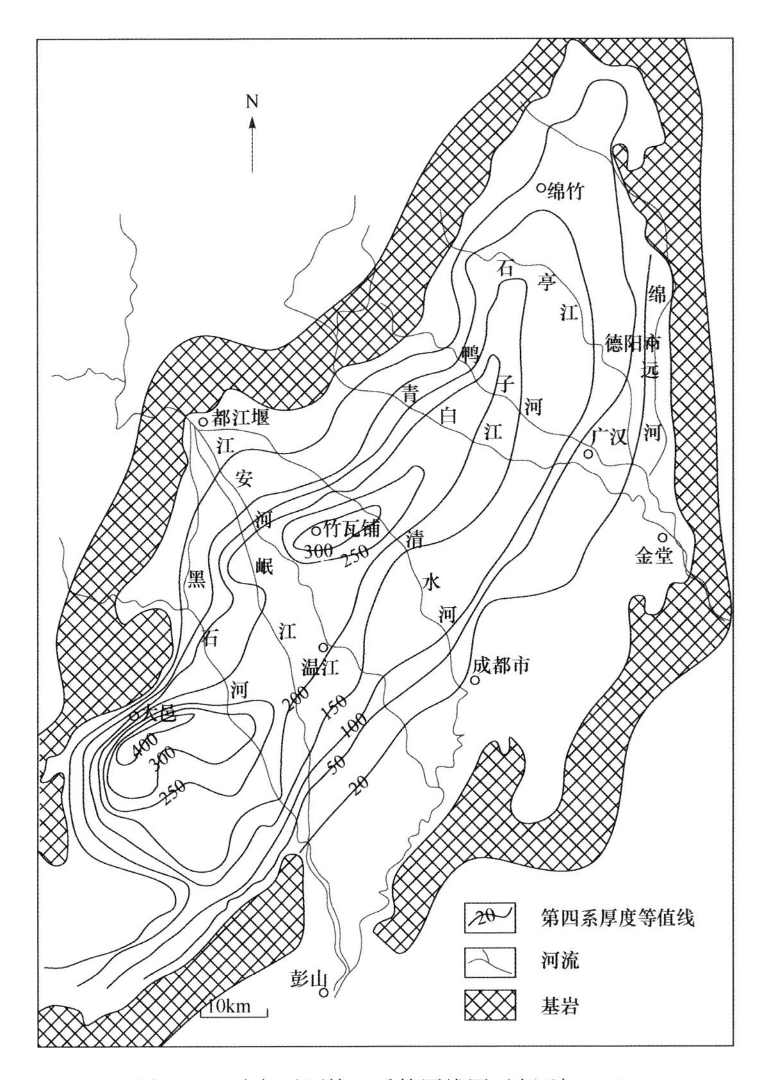

图 2.14 成都平原第四系等厚线图(刘兴诗,1983)

扇,在冲积扇以外,仅沿河两岸呈狭长条带状分布,构成高出当地河面 3～5m 的Ⅰ级阶地。由此可见,成都平原尽管土层表面零星分布有薄砂层,但其地层以砾性土层为主,这一宏观地质背景为该地区砾性土液化提供了必要条件。绵阳地区土层既有砾性土层也有砂层,分布很不均匀,这一宏观地质背景使得该地区不仅具备砂土液化条件,也具备砾性土液化条件。

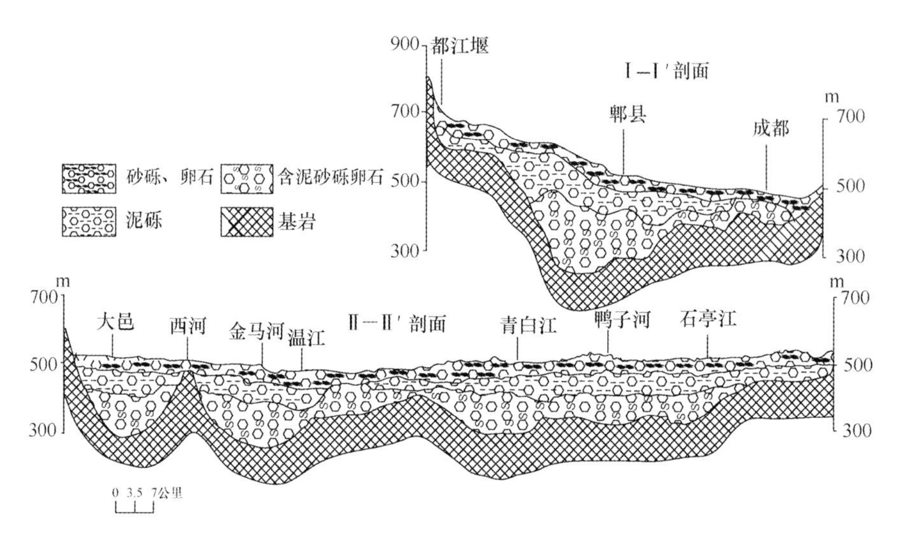

图 2.15　成都平原地层剖面(中国地质科学院,1979)

2.4.2　砾性土液化分布

为补充区域工程地质条件的分析结果,并对液化土层剖面得到更详细的了解,通过收集和现场勘察,得到了65个场地钻孔柱状图(附录A,其中34个为液化场地)。这些资料分析结果表明,对于成都平原,整个地层以砾性土为主,个别场地含有薄层中砂和粗砂,但同时同一孔中也含有砾石、卵石,且厚度和含量明显大于砂层;对于绵阳地区,地层表现出较强的不均匀性,土层中既含有较厚的砂层,也含有较厚砾性土层。

综合震害调查、区域地质条件和土层柱状图的分析结果,得到汶川地震砾性土液化主要分布区如图2.16所示。由图可见,砾性土液化点主要集中在成都和德阳两个地区,位于5个条形区域上,编号分别为A、B、C、D和E,长20～40km。在绵阳地区(编号F)的马蹄形液化区域,为低山丘陵地区,地层表现出较强的不均匀性,部分液化场地地表喷出大量砾石。钻孔资料显示,该区域液化土层中既有砂层也有砾性土层,是一混合型液化区,但至少部分区域(如江油地区)可以肯定为砾性土层液化。

在成都地区的砾性土层液化区呈2个条带分布(A和B)。第1条长约35km,主要沿岷江流域西岸分布,为都江堰—玉堂镇—青城山镇—石羊镇—温江区一带;第2条长约40km,为都江堰—天马镇—丽春镇—清流镇一带。

德阳地区砾性土层液化区呈3条带状分布(C、D和E)。第1条位于什邡市西侧,长约20km,为湔氐镇—师古镇—南泉镇—隐峰镇—马井镇一带;第2条则位于什邡市东侧,长约40km,为遵道镇—板桥镇—齐福镇—禾丰镇—兴隆镇—广汉市一带；第3条位于绵竹市东侧，长约35km，为拱星镇—富新镇—柏隆镇—德新镇—黄许镇一带。需注意的是，德阳地区的砾性土液化点并不沿现有河流分布，说明在这一带可能存在故河道。

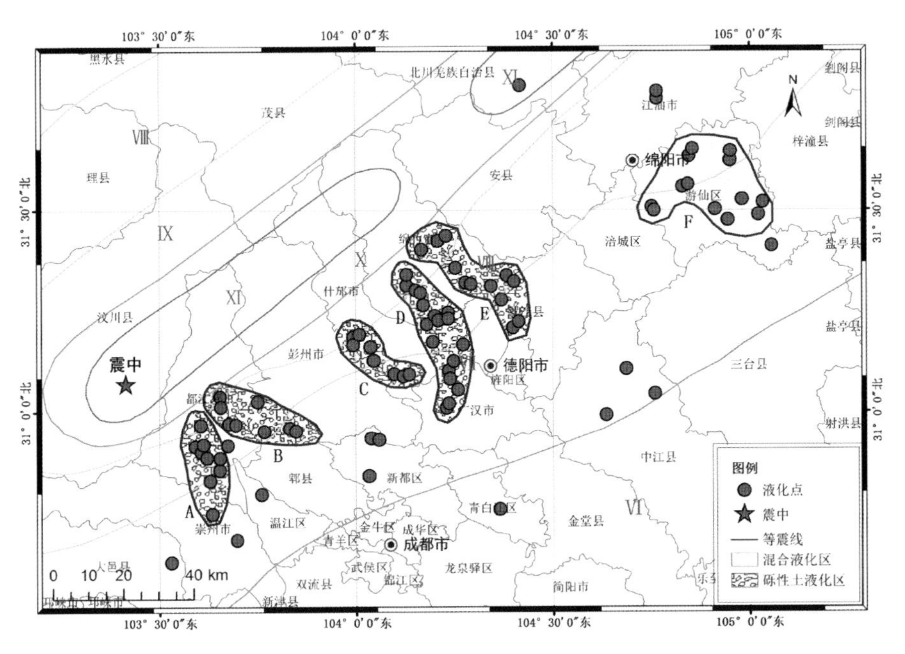

图2.16 汶川地震中砾性土液化分布区域

图2.16所示的砾性土层液化点包括成都平原（成都地区和德阳地区）的全部液化点以及绵阳地区1/3～2/3的液化点，约占本次地震液化点总数的70%，说明此次地震砾性土液化占主导地位。

虽然汶川地震的强度和持时都要超过以往的破坏性地震，地震引起的液化范围也超过以往，但调查发现此次地震中地表喷砂量及喷水冒砂的持续时间就平均水平来说远不及1975年海城地震和1976年唐山地震。我们认为，这种现象与汶川地震液化以砾性土为主的结果吻合，Wong等（1974）、Seed等（1976）的计算结果表明，渗透系数较大（粗砂以上）且排水通道畅通时，地震产生的超孔隙水压力消散迅速，可在地震作用的同时消散掉，同时，第4.4节分析结果显示，汶川地震砾性土液化场地的地下水位大多接近不透水黏土层的底面，排水通道严重受阻，但是约70%的液化场地均产生地裂缝，孔压可从裂缝中迅速消散、排水通道打开，因而喷砂量不大，喷水冒砂持续时间也不长。

2.4.3 液化砾性土的土性特征

对汶川地震中部分液化场地进行了钻孔取样、动力触探测试、剪切波速测试，统计结果统计结果见表2.7。

表2.7　汶川地震中部分液化砾性土的基本指标

烈度	7度	8度	9度
N_{120}/(击/30cm)	7.8	9.3	17.4
V_s/(m/s)	159	184	233
d_s/m	3.6	4.2	4.9
d_w/m	1.7	2.1	2.9
密实程度	松散	松散	稍密

注：N_{120}为超重型触探击数；V_s剪切波速；d_s为砾性土层深度；d_w为地下水位深度。表中统计结果均为相应的平均值。

由表2.7可以看出，随着烈度的增大，液化砾性土的超重型动力触探击数、剪切波速值均逐渐增大，7、8、9度时液化砾性土层的超重型动力触探击数平均分别为7.8击/30cm、9.3击/30cm、17.4击/30cm，根据《成都地区建筑地基基础设计规范》(DB51/T 5026—2001)，其密实程度分别为松散、松散和稍密。另外，随着烈度的增大，液化砾性土层的深度及地下水位均有所增加。

上述测试场地中，同时进行了超重型动力触探试验与剪切波速测试的场地为27个，建立剪切波速值与超重型动力触探击数之间的对应关系，如图2.17所示。

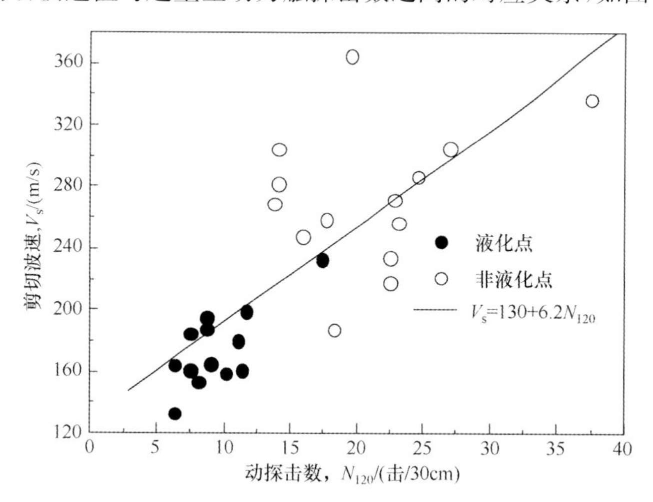

图2.17　剪切波速与超重型动力触探击数的对应关系

通过线性拟合，砾性土场地上剪切波速与超重型动力触探击数之间存在如下关系

$$V_s = 130 + 6.2N_{120} \tag{2.3}$$

目前评定砾性土密实程度，工程上只能通过超重型动力触探试验。《成都地区建筑地基基础设计规范》(DB51/T 5026—2001)给出了不同密实程度下的超重型

动力触探击数范围，根据经验关系式，可以得到不同密实程度下的剪切波速的变化范围，见表2.8。另外，目前国内外已有砂土不同密实程度下剪切波速的变化范围，统一列入表中。

表2.8 不同密实程度下砾性土、砂土的剪切波速变化范围

密实度	松散	稍密	中密	密实
砾性土 N_{120}/(击/30cm)	≤12	12～21	21～30	>30
砾性土 V_s/(m/s)	≤204	204～260	260～316	>316
砂土 V_s/(m/s)	150～180	—	180～220	220～250

从表2.8可以看出，相同密实程度下，砾性土的剪切波速均比砂土的相应值要大，当砂土的剪切波速大于220m/s时，砂土处于密实状态，而对砾性土来说，仍处于稍密状态，仍有很大的液化可能性，这也就是目前基于剪切波速的砂土液化判别方法不能应用于砾性土的主要原因。

上述场地进行钻孔取样时，对于液化场地，由于钻孔前不清楚液化层的深度和厚度，取样深度具有一定的随机性，仅有部分试样恰好取自液化层，选择取样深度与液化层深度一致的砾性土土样进行筛分试验，得到相应的筛分结果(表2.9)，相应的级配曲线绘于图1.4。

表2.9 汶川地震部分液化场地砾性土筛分结果

钻孔取样地点	D_{50}/mm	C_u	C_c	d_s/m	G_c/%	烈度
德阳市天元镇白江村	0.51	4.43	1.25	3.6	0.4	7
德阳市德新镇胜利村	0.70	16.13	0.71	5.0	22.8	7
德阳市黄许镇金桥村	0.50	5.08	1.31	5.6	0.5	7
广汉市南丰镇毗庐小学	0.98	18.89	0.94	5.7	26.1	7
绵竹市新市镇石虎村	0.32	3.90	1.03	4.4	0.5	8
绵竹市新市镇新市学校	22.00	119.67	0.56	2.1	64.1	8
德阳市孝德镇齐福小学	1.54	47.90	0.50	5.8	39.7	8
德阳市略坪镇安平村	0.15	3.00	0.42	2.9	0.5	8
绵竹市齐天镇桑园村	12.80	90.43	1.83	5.2	63.7	8
绵竹市富新镇永丰村	11.59	158.46	0.24	4.9	57.2	8
绵竹市板桥镇兴隆村	33.40	238.42	0.51	7.6	66.8	8
德阳市柏隆镇松柏村	6.15	41.38	0.58	2.1	53.0	8
绵竹市兴隆镇安仁村	30.57	73.10	3.99	5.8	75.4	9
绵竹市汉旺镇武都村	1.75	47.75	0.26	6.0	36.9	9
绵竹市拱星镇祥柳村	31.50	114.41	10.00	3.0	76.6	9

注：D_{50}为平均粒径；C_u为不均匀系数；C_c为级配曲线曲率系数；d_s为取样深度；G_c为粒径大于5mm的质量百分含量，即含砾量。

从表 2.9 可以看出，汶川地震液化砾性土的粒径范围变化较大，平均粒径 0.15～33.4mm，含砾量 0.4%～76.6%，曲率系数 0.24～10，不均匀系数 3～238.42，砾性土层液化深度 2.1～7.6m。平均曲线的平均粒径为 1.35mm，不均匀系数为 36.4，曲率系数为 0.37。

2.5 液化区地裂缝成因探讨

2.5.1 断层或断裂

汶川地震中，沿龙门山断裂带的北东向中央断裂长达 200km，附近相同走向数十公里不等的次断裂也十分发育(徐锡伟等，2008；李海兵等，2008)。

图 2.18 为绵阳市柏林镇次断层及所造成的震害情况。柏林镇地处 7、8 度交界，但该镇上几个街道砖混结构房屋毁坏严重(图 2.18(c))，根据中国地震烈度表(陈达生等，2004)，实际烈度应在 9 度以上，震害呈带状分布。调查发现，一条长约 10km 北东向的次断层穿越该镇(图 2.18(a))，并发现两处地表基岩破裂：柏林镇

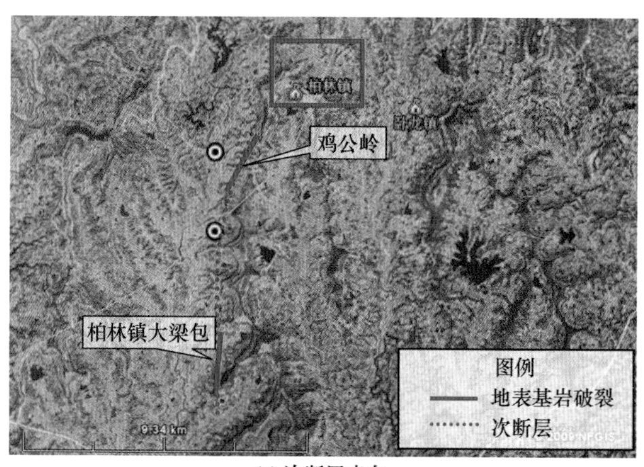

(a) 次断层走向

(b) 次断层引起的地表破裂(左:鸡公岭;右:大梁包)

(c) 破裂带上震害严重

图 2.18 次断层导致的地表破裂以及震害(7、8度交界处,绵阳市柏林镇)

圣水村鸡公岭,地震时一村民在山包上行走,听见地下发出低沉隆隆轰鸣声,随后形成一 NE30°宽约 10cm 的破裂,基岩出露;柏林镇大梁包山同样发现一 NE13°宽约 20cm 的地表基岩破裂(图 2.18(b))。该 2 处破裂方向较为一致,两处连成近 10km 的破裂带上震害均较周围严重。

图 2.19 为德阳市中江县杰兴镇连山村次断层所造成的震害。该村地形为低山丘陵,三面环山,村庄主要位于狭长河谷地带。该村地震烈度属于 7 度区,但根据其震害特征至少应归于 8 度区。该村总共 660 户,其中 230 户房屋倒塌。建筑类型主要有 3 种:砖木、砖混、土坯结构,其中土坯房屋约占 1/2。倒塌的范围之

(a) 次断层穿越村庄

(b) 次断层穿越地带震害严重

图 2.19 次断层导致的地表破裂以及震害(7 度区,德阳中江县)

中，40%为土坯房，主要位于山腰、山包，60%为砖木、砖混结构，主要位于河谷地带。调查发现，造成低烈度区域震害严重的主要原因是一条北东向约 30°的次断层穿越该村(图 2.19(a))，而并非所谓的盆地效应。需要指出的是，照片中房屋的倒塌程度，是村民为了安全考虑，将损毁严重的房屋进行了拆除。

由以上两个典型例子可以看出，地裂缝或破裂带会导致房屋严重破坏，明显加重震害现象，在明确有次断层或断裂通过时，若该地裂缝或破裂带上发现了液化现象，那么此时所谓的加重震害不应归咎于液化。

2.5.2 液化区地裂缝

如前所述，70%～80%的液化点均伴随地裂缝，长度 100～200m 至数千米不等，液化伴随地裂缝加重震害。

地裂缝产生的原因很多，其中断裂以及次断层会产生地表破裂，若液化场地上的地裂缝由断裂或次断层导致，则该破裂带上的震害应归于震动破坏，液化不起主要破坏作用，与一般液化场地上的震害应区别对待。另外，破裂带上的液化场地，很难估计其地震作用强度，而在液化评价时，地震强度是一个极其重要的参数，直接影响到抗液化强度的分析结果。

Youd (1984)对液化如何产生地裂缝进行了初步解释。首先将地层简化为上覆非液化层及液化层，液化发生时冲破上覆非液化土层，并将其分割成若干块，图 2.20 中 A、B、C、D 非液化土块将悬浮在液化层上，在地震往返作用下，被分割的非液化土块往返运动，从而产生地裂缝。德阳市柏隆镇松柏村村民的描述也证实了这一液化现象，“伴随着裂缝的一张一合，从裂缝中源源不断地喷水冒砂”，裂缝的一张一合正是被分割的非液化土块在地震作用下的往返运动。Youd(1984)认为，地表较为平坦(<3%)是液化产生地裂缝的基本条件，若有坡度及堤岸的存在，则产生另外的液化破坏形式：侧移和流滑。然而，Youd 对液化土层自身特征如分布特性未做解释和分析。

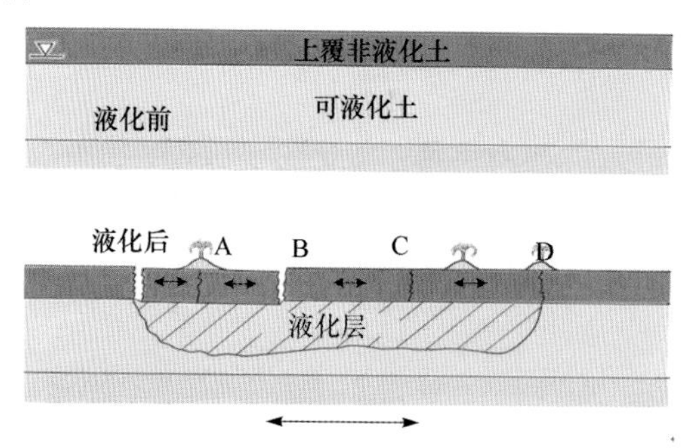

图 2.20　液化产生地裂缝的过程(Youd,1984)

此次地震中,70%~80%的液化场地上均出现明显的地裂缝,首先应该排除断层的存在,其次应该查明垂直地裂缝横断面的土层分布情况。鉴于此,采用高密度电法测试以查明液化场地上地裂缝的成因,为进一步的液化评价提供依据。共选取20个典型场地进行测试,液化场地15个,均产生不同程度的地裂缝,非液化场地5个,无喷水冒砂以及明显地表破裂现象。液化场地中,7度区1个,8度区11个,9度区3个,见表2.10。

表2.10 高密度电法测试点目录

编号	地理位置	烈度	砾性土层深度/m	地下水位/m	视电阻率/Ω·m	是否液化
1	德阳市柏隆镇果园村	7	1.5~2.2	1.5	46.9	是
2	绵竹市板桥镇板桥学校	8	3.0~6.1	3.0	234.0	是
3	德阳市柏隆镇松柏村	8	0.8~8.3	0.8	128.8	是
4	绵竹市玉泉镇桂花村	8	0.6~3.7	0.6	130.2	是
5	绵竹市齐天镇桑园村	8	2.8~4.2	2.8	81.8	是
6	绵竹市富新镇永丰村	8	4.0~8.0	2.8	108.1	是
7	德阳市略坪镇安平村	8	1.8~2.8	1.8	83.1	是
8	绵竹市板桥镇白杨村	8	1.5~6.1	1.5	63.0	是
9	绵竹市土门镇林堰村	8	6.0~8.0	6.0	42.6	是
10	德阳市德新镇清凉村	8	1.0~5.0	1.0	125.0	是
11	什邡市师古镇思源村	8	2.0~4.0	1.5	127.8	是
12	江油市江油火车站	8	2.4~7.0	2.4	272.7	是
13	绵竹市拱星镇祥柳村	9	3.4~6.2	3.4	64.5	是
14	绵竹市湔底镇白虎头村	9	1.2~3.2	1.2	74.1	是
15	绵竹市遵道镇双泉村	9	2.5~5.0	2.5	69.7	是
16	德阳市柏隆镇南桂村	8	9.8~14.0	4.7	119.8	否
17	绵竹市区某制药厂	8	3.4~7.4	3.4	159.2	否
18	德阳市孝感镇和平村	8	9.6~12.0	3.7	133.0	否
19	德阳市孝德镇大乘村	8	5.7~7.8	4.5	345	否
20	德阳市孝泉镇民安村	8	7.3~9.0	3.7	97.4	否

测试采用重庆地质仪器厂DUK-2A型高密度电法测试仪,电极总数60,电极间距5m,跑极方式采用温纳剖面,电极排列如图2.21所示,其中A、B是供电电极,M、N是测量电极。通过电极转换器自动跑极并对固定断面扫描测量,通过软件自动生成一倒梯形视电阻率剖面图。

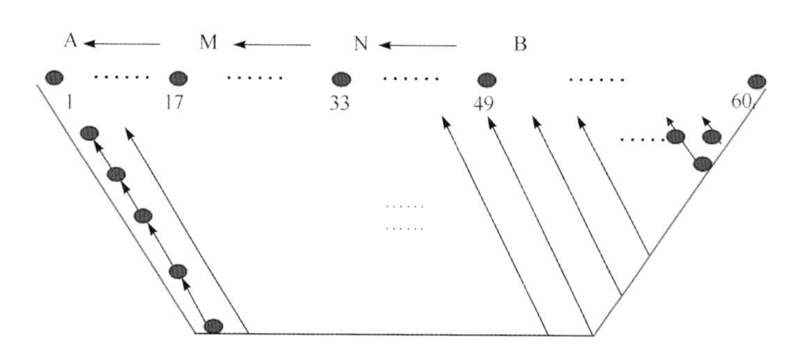

图 2.21　高密度电法对称四极装置方式(WN)

图 2.22 为绵竹市拱星镇祥柳村高密度电法测试结果。地震时该村方圆 300 亩范围内有喷水冒砂现象，水柱高约 10m，直径 3～4m、深 1～2m 坑陷 7～8 处，至 2008 年 6 月调查时会有新塌陷形成。液化造成地裂缝 5～6 条，其中明显的一条长 50～100m、宽 20～30cm，并形成一个直径 1～2m 的坑陷，水从坑中流失，坑边有砾石喷出(照片 DY-03)。

高密度电法试验测线总长 300m，测线横跨 5～6 条液化地裂缝，探测有效深度约 60m。测试结果表明，该剖面地层土性水平向分布十分不均匀，出现 5～6 处较明显 U 形低视电阻率的区域，其位置与地表液化地裂缝分布对应关系良好，基本上一个 U 形低视电阻率区域对应一条地表液化地裂缝(图 2.22 箭头所示)，其中照片 DY-03 中地裂缝对应测线 75～85m 处的 U 形低阻区，15m 以上土层的视电

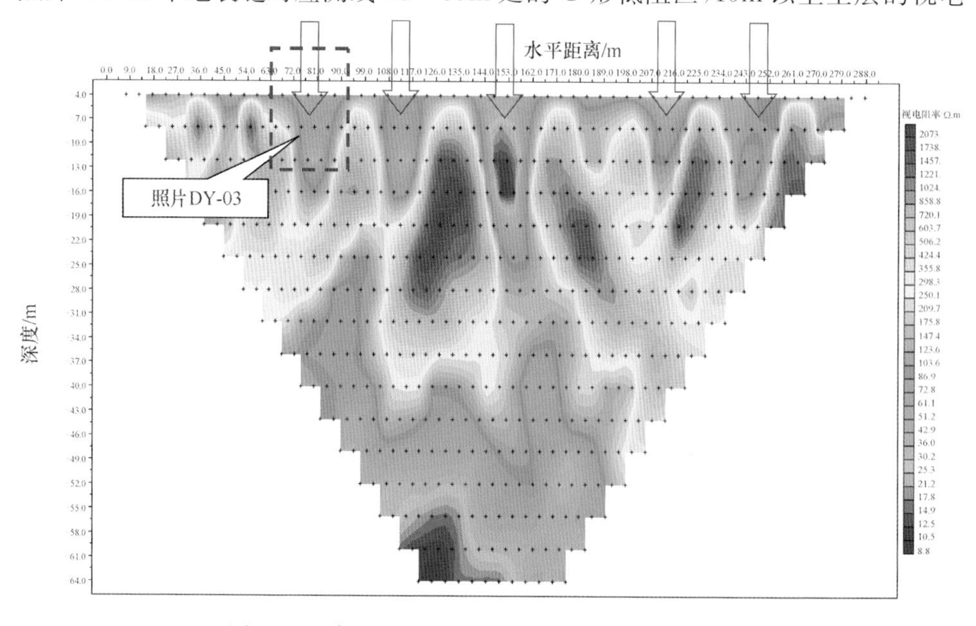

图 2.22　绵竹市拱星镇祥柳村高密度电法测试结果

阻率在 53Ω·m 左右。由于土层水平向分布十分不均匀，仅在 U 形的低阻区域发生液化，该区域土层强度降低或丧失，周围未发生液化的土层会向液化区域发生侧向移动，局部区域的液化以及局部区域的侧移最终导致地裂缝的形成。另外从图上 U 形低阻区的形状以及电阻率特性，可以推断出该 U 形区域可能为故河道。

图 2.23 为德阳市师古镇思源村高密度电法测试结果。该村 2～3km 长、1km 宽的范围内均有喷水冒砂现象，其中一长约 500m、宽 20～30cm 地裂缝有砾石、卵石喷出，裂缝中 1m 处能见水（照片 DY-11）。该场地 15m 以下视电阻率等值线水平向较连续，未发现有破碎带，排除断层的存在。15m 以上土层水平向分布不均匀，这是产生液化地裂缝的主要原因。

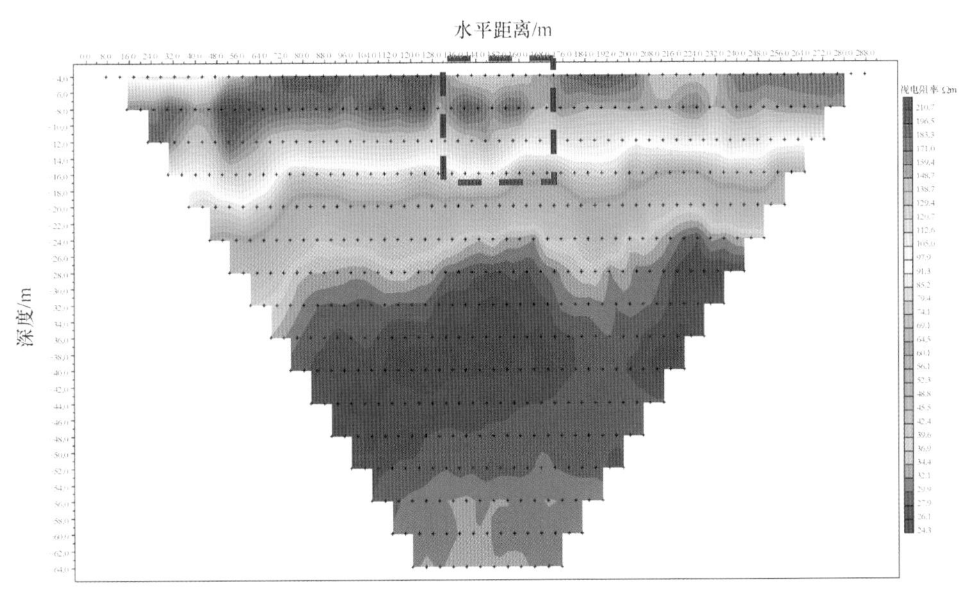

图 2.23　德阳市师古镇思源村高密度电法测试结果

高密度电法测试手段目前已经较为成熟，若场地有次断层或破裂带穿过时，破碎带与周围岩层的视电阻率会有明显差异，在垂直向会形成视电阻率异常区，垂直穿越整个剖面。上述典型场地的高密度电法测试结果表明，未发现有类似的异常区，其他 20 个测试点亦有同样的结果，可以初步排除断层的存在。另外，液化产生地裂缝的地方，土层分布很不均匀，综合 Youd(1984)的解释以及高密度电法测试和分析结果，可以认为液化产生地裂缝的两个基本条件是：地表较平坦（<3%）；液化土层水平分布不均匀。

2.6　典型液化震害剖析

2.6.1　板桥学校

板桥学校是绵竹市板桥镇一所拥有 2000 多名师生较大规模的中心学校，汶川地震中板桥学校的喷水冒砂、地裂缝以及结构破坏现象，在此次地震的液化震害实例中具有典型性（曹振中等，2011）。

汶川地震中，板桥学校场地液化规模较大，3km 长、300～500m 宽的液化带穿越板桥学校，操场、道路被 3～5cm 厚的浅黄色细砂覆盖，校园内地裂缝十分发育，地裂缝主要延伸方向与液化带方向一致。板桥学校三层教学楼 2003 年修建（图 2.24，教学楼 A），地震后基础处喷水冒砂现象严重，基础一侧下沉约 20cm，导致墙体倾斜、开裂（图 2.25(b)），教室内桌椅、书籍没有倾倒、散落（图 2.25(c)），说明振动强度不大，但液化却导致整栋楼报废。教学楼全部拆除，准备重新修建（图 2.25(d)）。

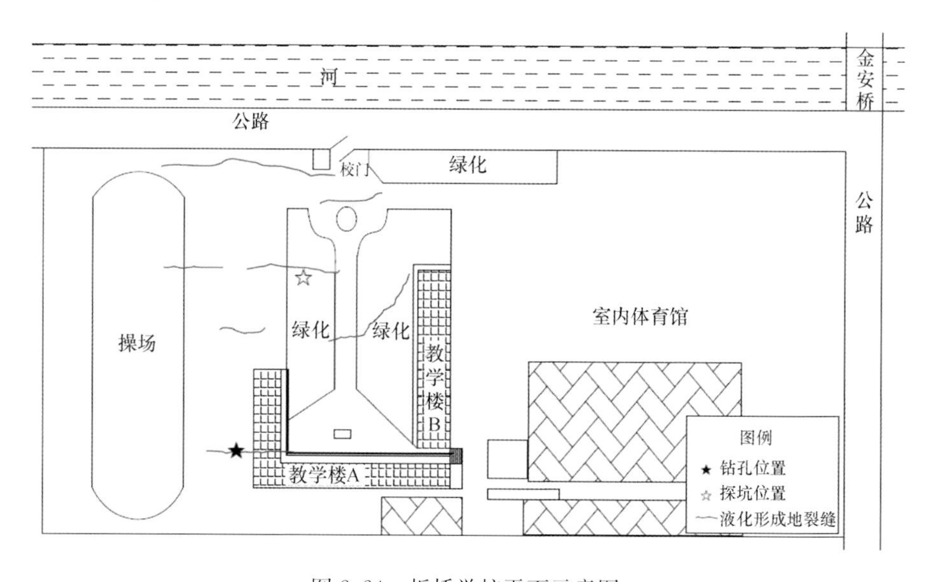

图 2.24　板桥学校平面示意图

板桥学校土层液化有两个重要问题需要研究。

(1)地裂缝成因问题。板桥学校地震时场地液化地裂缝十分发育，延伸较长，且具有方向性，主要延伸方向与液化带方向一致。曾有观点认为地裂缝是断裂或次断层通过导致的，若该液化场地上的地裂缝由断裂或次断层导致，则该破裂带上的震害应归于震动破坏，液化不起主要作用，与一般液化场地上的震害应区别对待。

(a) 校园内喷水冒砂 (2008.6.1拍摄)

(b) 液化导致基础下沉(教学楼A)

(c) 地震时教室内课桌仍完好

(d) 三栋教学楼全部拆除 (2008.10.24拍摄)

图 2.25 绵竹市板桥镇板桥学校液化震害

(2) 液化土类问题。板桥学校地震时被喷出的细砂覆盖，按传统经验容易认为该场地是砂土液化，也有一些研究工作将现有砂土液化判别方法用于该场地，作为检验现有砂土液化判别方法的新实例。

对于地裂缝成因问题，为排除次断层或破裂，对该场地进行高密度电法测试。测线布置时横跨地裂缝，其中一主要地裂缝位于 30～50m 测线。测试结果表明，10m 以上土层分布很不均匀，视电阻率变化为 100～500Ω · m 不等，图 2.26(a)所示地裂缝对应的土层分布呈 V 字形(图 2.26(b)中虚框)，为液化地裂缝的形成提供了条件。另外，从视电阻率剖面图上未发现破裂带等异常区，可以排除次断层或破裂的存在。

(a) 地裂缝及喷砂

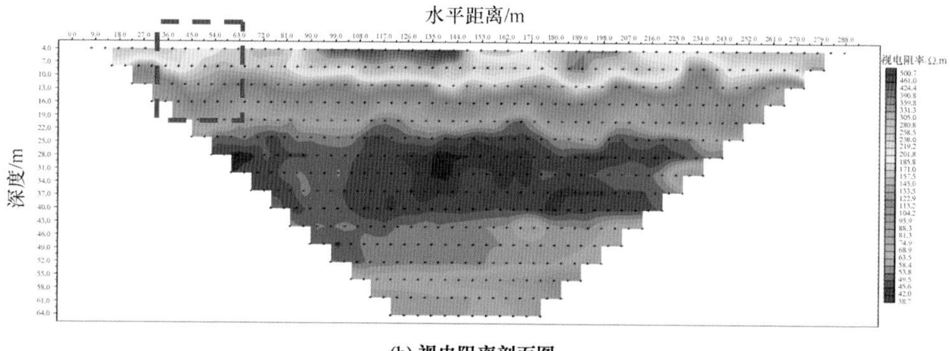

(b) 视电阻率剖面图

图 2.26　板桥学校场地高密度电法测试结果

板桥学校教学楼在修建时对场地已做了相应的勘察，从勘察报告来看，地下 3m 左右夹有 1m 左右的中、细砂，10m 以上其他土层均为卵石层，报告最后给出的结论是，不存在不利地质现象，7 度设防时不会发生砂土液化。为查明该校液化土层特性，在教学楼 A 拐角处进行回旋钻孔，该拐角处地表裂缝穿越基础，大量喷水冒砂，并导致基础下沉，另外进行了超重型动力触探、表面波横向剖面测试以及采用大型挖掘机挖掘探坑(图 2.27)，勘测结果否定了 3m 左右存在中、细砂的结论，板桥学校校址和操场下部 22.5m 以内的土层基本分布见附录 A(序号 13)，地下水位为 3m，0～1.5m 为素填土，1.5～22.5m 为砾性土层，卵石最大粒径可达 15～20cm，未见细砂层存在，其中 6.1m 以上砾性土级配不良、抗风化能力强，6.1m 以下砾性土为中～强风化冰碛物。因此，可以认定该场地是砾性土液化，从超重型动力触探试验结果的表现上，进一步可以判定 3.0～6.1m 为液化层。

图 2.27　板桥学校液化场地地裂缝附近探坑

板桥学校教学楼修建前的场地勘察中进行了超重型动力触探试验，震后再次进行了超重型动力触探测试，将两次结果绘制于图 2.28。对比发现，两次结果整体趋势较为一致，即 6.1m 以上触探值均较低，且比较平稳，6.1m 以下触探值迅速增大，震后值在 6.1m 以下稍有波动，可能动力触探探头贯入时遇到较大直径的卵石。另外，在 3～6.1m 的范围内(图 2.28 中虚框)土层的触探值地震前后发生较大变化，震后的触探值较震前大。

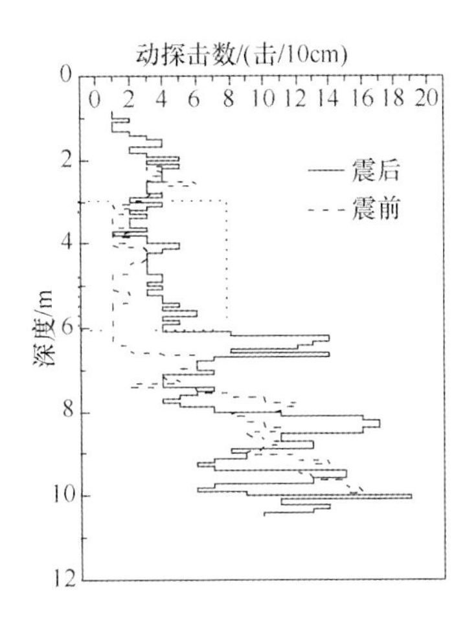

图 2.28　板桥学校教学楼震前后超重型动力触探试验结果对比

将板桥学校地震后地表喷出物与钻孔液化层土样的级配绘制于图 2.29。由图可以看出，钻孔液化层土样与地表喷出物级配曲线差别显著，不能以地表喷出物类型判断地下液化层的土类。也就是说，板桥学校地震时场地虽然喷出细砂，但实际液化土类却为砾性土，并且砾性土液化造成了教学楼的破坏。

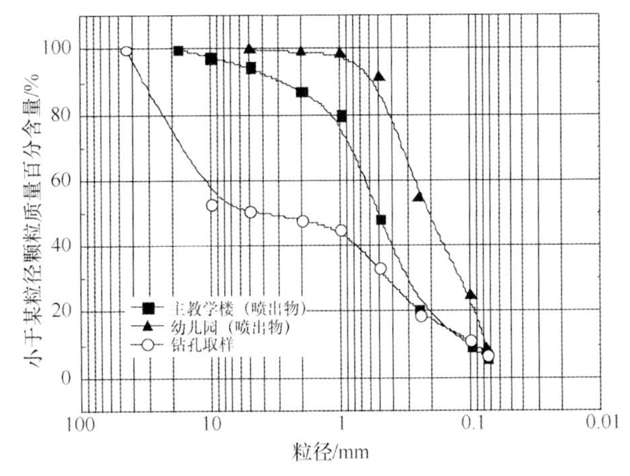

图 2.29　板桥学校场地地表喷出物与钻孔土样级配曲线对比

2.6.2　松柏村

1. 液化震害现象

2008 年汶川地震时，德阳市柏隆镇松柏村及其附近出现明显的液化现象，地表喷砂类型丰富，地裂缝十分发育，液化震害显著，在此次地震的液化震害实例中具有典型性。

地震时，松柏村南北向长 7km、宽 3km 范围内都有不同程度的喷水冒砂现象，喷出物类型丰富，从粉砂至砾石均有发现，喷出物中中砂和粗砂占绝大多数，其中一农田里有3～5cm的卵石喷出地表(照片DY-45)。

松柏村位于7度和8度交界处,但震害十分严重,属烈度异常区。地震时松柏村液化带上地裂缝十分发育,地裂缝穿越的民房基本上倒塌。液化带上其他房屋震害也十分严重,经济损失很大。松柏村周围村庄房屋震害较轻,喷水冒砂这一奇特现象也造成松柏村居民恐慌,因此社会影响很大,德阳市电视台震后不久有专门报道。

松柏村土层液化现象严重,液化带上地裂缝十分发育,房屋破坏严重,有3个重要问题需要研究。

(1) 液化土类问题。松柏村地表喷出直径3～5cm的卵石,以此推论可能是砾性土发生了液化,但喷出物中中砂和粗砂又占绝大多数,也有砂土液化的可能。

(2) 地裂缝成因问题。液化带穿越松柏村,地裂缝十分发育,导致大量的房屋直接倒塌,也有观点认为这是断裂或次断层通过导致的,因此地裂缝成因问题同样需要查明。

(3) 液化加重震害问题。松柏村位于7度和8度交接处,而该村30%～40%的房屋直接倒塌,大部分的房屋震害十分严重,实际烈度在9度以上,液化加重震害的机理需要解释。

为了查明松柏村液化点的土层埋藏条件、土性特征,对该村喷水冒砂严重的地点进行了钻孔和取样。钻孔结果表明(附录A,序号14),松柏村地层结构简单:0～0.8m为灰色素填土,偶夹卵石;0.8～15.4m为灰色至褐黄色卵石,11.0m以下的底部卵石层风化严重,沉积年代相对比较久远;15.4～18.0m为褐黄色黏土,均质致密硬塑;18.0m以下为暗紫红色粉砂岩。

钻孔结果表明,松柏村未发现砂土等细颗粒土,液化土类主要为砾性土。同时,根据钻孔柱状图上的土层分布,排除像黏土、地下水水位之上等不可能发生液化的土层,即液化层位于0.8～15.4m砾性土层。根据钻孔柱状图,该砾性土层可分为两层,上层砾性土层较为松散,沉积年代相对年轻,下层砾性土层风化较严重,沉积年代相对较老,液化可能性较低。从超重型动力触探击数曲线可以看出,0.8～15.4m的砾性土层也明显分为两层,即上层较为松散,下层较为密实。综合钻孔柱状图及超重型动力触探击数曲线,0.8～8.3m砾性土层沉积年代较近,且较为松散,最具有液化可能性,判定该层为液化层。

在确定液化土深度及厚度后,在液化层中2.1m处通过钻机获取土样,将获取的松柏村3处地表喷出物,一并进行筛分试验,将实际液化土类与地表喷出物进行对比,对比结果如图2.30所示。该村3种地表喷出物分别为中砂、粗砂、砾石,地下液化土为砾石,地表喷出物与地下液化土差别较大。由于普通钻机的岩芯管取样直径为9～10cm,超过该直径的卵石则会被切断,为了更加全面了解液化场地的特性,2014年8月在出现喷水冒砂、地裂缝最严重的地方,采取人工探坑取样的方式,获取了约800kg的砾性土样(图2.31),取样深度0.8～1.4m,钻孔取样、人工探坑、地表喷出物的级配曲线均绘制于图 2.30。因此,实际土的粗颗粒更大,卵石含量更高,地表喷出物与地下实际液化土差别更大。

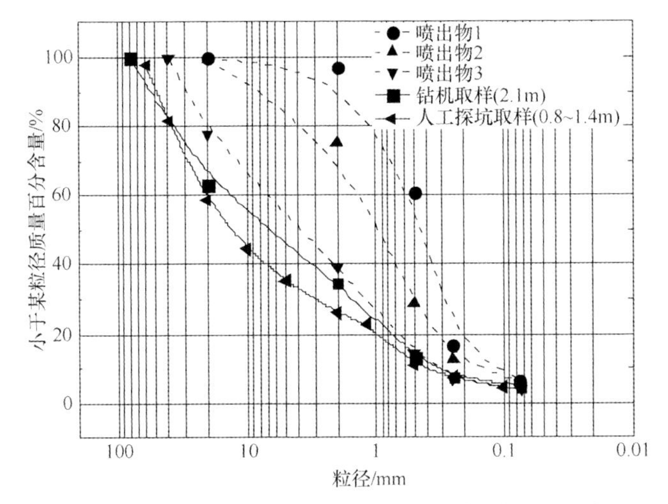

图 2.30 松柏村实际液化土与地表喷出物颗粒级配对比

图 2.31 松柏村液化场地人工探坑取样

2. 液化地裂缝成因分析

为了查明是否有断裂或次断层穿越,采用高密度电法测试手段,结果如图 2.32 所示。由此可以看出,12~28m 相同深度的地层视电阻率等值线水平较连续,表明地层较连续,未发现破碎带,排除断裂或次断层的存在。而 12m 以上土层视电阻率等值线不连续,土层不均匀,而其恰好位于液化层(0.8~8.3m)中。由于土层水平不均匀，液化的土深度、厚度以及液化严重程度均不一致，由此产生的变形、沉降均不相同，地表表现为地裂缝十分发育。因此，12m以上土层水平向分布不均匀是产生液化地裂缝的主要原因。

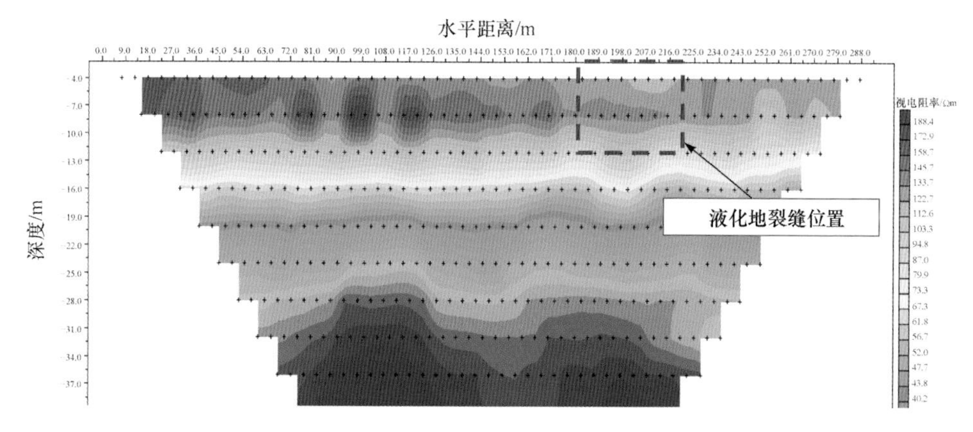

图2.32　松柏村液化场地高密度电法测试结果

3. 液化加重震害分析

德阳市柏隆镇松柏村位于7度和8度交接处，但实际烈度在9度以上，房屋受损严重的区域均发生了不同程度的液化现象，液化明显加重了震害。根据钻孔、分析确定的液化层位置，结合剪切波速测试结果，德阳市松柏村液化场地的地质基本条件见表2.11。

表2.11　松柏村液化场地埋藏条件

非液化层厚度/m	非液化层波速/(m/s)	液化层厚度/m	液化层波速/m
0.8	164	7.5	185

从此表看出，松柏村的上覆非液化层厚度非常薄，仅0.8m，而且相对松软，剪切波速为164m/s。汶川地震时，下面厚达7.5m的液化层发生了液化，造成土层强度降低或丧失，而上覆非液化层因为薄且松软而无法支撑上部结构，地表变形、沉降严重，从而加剧了房屋的震害。

2.7　几点重要认识

地震现场调查是获取工程震害资料和经验最重要的手段，也是工程抗震理论和应用技术发展最重要的基础。作者及所在团队历时几年，通过地震现场考察、区域工程地质条件调查、场地勘察测试、土样室内试验和典型液化场地剖析，得到了

2008年汶川地震中土体液化的主要特征，可总结为如下几条。

（1）液化区分布方面，汶川地震场地液化分布特征为分布广、距离远，是国内有液化资料记载以来液化涉及区域范围最广的一次，液化区涉及范围和震中距明显大于我国以往地震。目前发现液化区（带）118处，分布在长约500km，宽约200km的广大区域，烈度6～11度区内均有发生。液化区主要集中在成都平原长约160km、宽约60km长方形区域，长边方向与等震线长轴方向一致，且主要分布在6个条带上。

（2）汶川地震土层液化分布不均匀，与区域水文地质和工程地质条件呈良好对应关系，特别是地层年代在很大程度上影响液化点的分布，液化主要发生在第四纪全新世冲积层、洪积层，第四纪更新世（含更新世）以前地层很少出现液化现象。

（3）液化宏观特征方面，汶川地震液化宏观特征为喷水高、持时短、喷砂量小但喷出物土壤类型丰富。此次地震喷水高度以1～3m居多，位于不同地区的4个场地主震时地表喷水高度超过10m。此次地震液化喷水时间一般仅为几分钟，平均意义上远比1975年海城和1976年唐山地震时短；此次地震液化喷砂量远少于以往地震，但喷出物种类较以往地震明显丰富，包括了粉砂、细砂、中砂、粗砂、砾石甚至卵石等各种土类，其中50%～60%的地表喷出物为粉细砂，20%～30%的地表喷出物为中砂、粗砂，砾石～卵石喷出10余处，最大直径在3～15cm。

（4）液化震害特征方面，汶川地震液化震害特征为液化区无减震、6度区内出现液化且液化大多伴随地裂缝。与1975年海城地震和1976年唐山地震不同的是，汶川地震中只要液化出现地方，震害均比周围重，没有减震现象。汶川地震中6度区内10余处液化点，分布在5个不同地区，液化现象及其震害明显，这也是我国6度区内自由场地出现液化及其震害的第一次正式报道。此次地震70%～80%的液化点伴随地裂缝，裂缝从一二百米到数千米，是此次地震液化震害的主因。

（5）上覆非液化层足够厚而且密实是液化减震的条件之一，汶川地震中的液化场地不具备这一条件，这是汶川地震中液化没有减震现象的原因；汶川地震中液化产生地裂缝的基本条件为地表较平坦（<3%）以及液化土层水平分布不均匀。

（6）汶川地震中地表喷出物大多与实际液化土类差异显著，地表喷出物为砂土，但实际液化土大多为砾性土，这一点与现有认识大相径庭，即使地表喷出物含有砾石和卵石，土层中实际液化土组成也与地表喷出物有较大差异。

（7）汶川地震土体液化以砾性土液化为主导，砾性土液化占全部液化约70%，砾性土液化规模远大于国内外其他地震，是目前国际上最大规模的砾性土场地液化现象，同时也是中国大陆第一次发现并确认的天然砾性土场地液化实例，这将改变砾性土层为非液化安全场地的认识。

第3章 以汶川地震为背景的砾性土动力特性试验研究

3.1 引 言

国内外其他历史地震中曾零星出现了10余例砾性土液化实例，2008年汶川地震118个液化场地中约70%为砾性土液化的现象十分罕见，已经引起了国内外学者和工程界的关注，学术界对砾性土液化的可能性已达成一定的共识，但对砾性土液化产生的阈值条件、控制因素、抗液化强度、孔压增长与消散以及判别方法等问题存在较大的争议，相关研究不够充分，工程界直接将砾性土划定为没有液化的可能，而不采取任何抗液化措施。

砾性土的动力特性研究是解释其液化发生机理和建立砾性土液化判别方法的基础。土体自身的物理特征，如颗粒成分、级配等，对土的动力特性影响尚不明确。对于砾性土，含砾量是决定砾性土物理特性的重要参数，但由于现场砾性土液化资料有限，且相应的工况不能预先设定，所以仅通过现场资料很难得到含砾量影响的定量分析结果，目前只能通过室内试验得到。

本章较为系统地阐述作者及所在研究团队2008年汶川地震后进行的与砾性土液化有关的动力特性方面的工作，主要涉及含砾量对砾性土液化势和动力特性影响的相关研究，采用不同含砾量的砾性土与砂土的振动台、室内弯曲元剪切波速测试、GDS大直径动三轴对比试验，初步揭示砾性土液化机理以及与砂土液化的区别和联系，以便更好地了解和掌握砾性土的动力特性。

3.2 振动台试验

3.2.1 试验土样

振动台对比试验仅是为了进行砾性土的一般性试验，定性了解砾性土的物理特性、动力变形特征、孔压增长方式等，旨在考察砂土、砾性土在不同荷载下的剪切变形、孔压发展情况及差异。

普通钻机的岩芯管直径一般在10cm左右，每一深度所取的砾性土土样十分有限，仅够进行室内筛分试验，远远无法满足小型振动台对土样总量的试验要求。现场砾性土液化场地的液化深度一般在2～3m及以上，且在地下水位之下，水下人工挖掘难度大、危险度高，要获取小型振动台所需砾性土土样，必须采用大型挖掘设备才能完成。作者在黑龙江省拉宁河河滩上获取近200kg的砾性土土样，以汶川地震典型场地的液化砾性土级配平均曲线，人工筛分并制备出砾性土土样80kg，制备的砾性土土样级配曲线如图3.1所示。

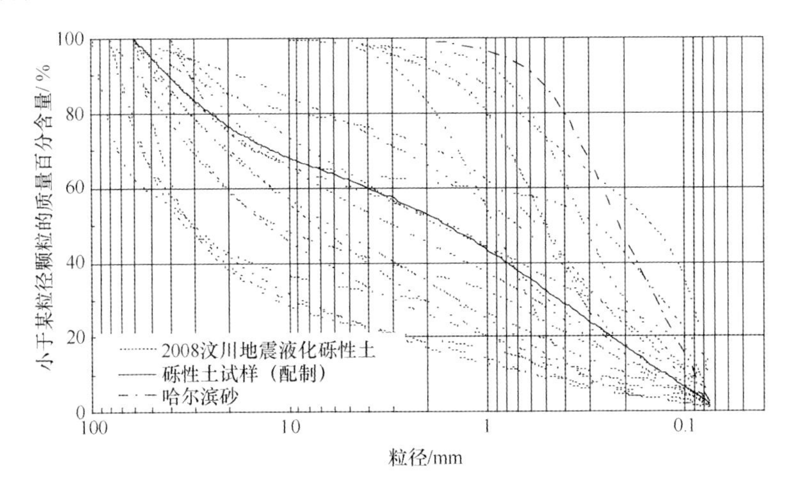

图3.1　振动台对比试验试样级配曲线

按《土工试验规程》(SL 237—1999)的技术要求，将制备的砾性土土样分别采用湿法、干法测定最大、最小干密度。其中最大干密度采用的砾性土筛分HDZDT-I型调频振动台(图3.2)，振动频率0～60Hz内任意调节，振动台台面尺寸为600mm×800mm，电源电压380V，总功率1.5kW，垂直振幅0～2mm，振动时间0～99h可调，净重240kg。最小干密度试验，土料用小铲均匀地撒入试样筒内，将落距控制在20mm，制成最小干密度土样。最大、最小干密度试验结果见表3.1。

表3.1　振动台试验中试样最大、最小干密度试验结果

	w /%	$\rho_{d\max}$ /(g/cm^3)	$\rho_{d\min}$ /(g/cm^3)	D_{50} /mm	C_u	C_c	G	G_c /%
湿法	0.4	2.11	1.89	1.58	30.8	0.36	2.89	38
干法	0.4	2.11	1.93					

注：w为天然含水量；$\rho_{d\max}$为最大干密度；$\rho_{d\min}$为最小干密度；D_{50}为平均粒径；C_u为不均匀系数；C_c为曲率系数；G为比重；G_c为粒径大于5mm的颗粒质量百分含量，即含砾量。

3.2.2　试验方案

以汶川地震典型场地的液化砾性土级配平均曲线，分别制备相对密度为30%、50%、70%的砾性土土样，埋置光纤光栅(Fiber Bragg Grating，FBG)侧向变形测试仪，测定砾性土土体的剪切变形情况，测定0.05g、0.10g、0.15g的振动强

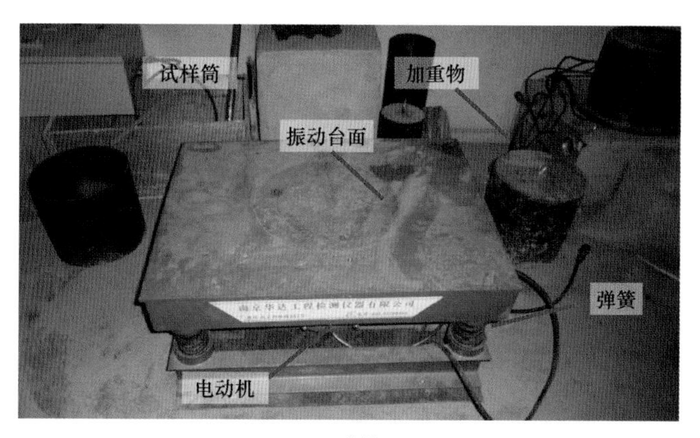

(a) 实物

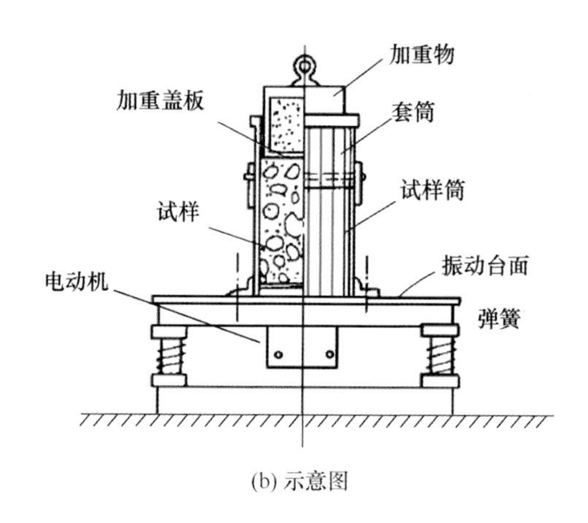

(b) 示意图

图 3.2　砾性土最大干密度试样装置

度下不同深度的孔压、加速度，初步掌握砾性土液化过程中孔压和变形发展特征。采用哈尔滨砂，分别制备相对密度为 30%、50%、70% 的砂土土样，测定 0.05g、0.10g、0.15g 的振动强度下不同深度的孔压、加速度、侧向变形。

试验采用的小型振动台的台面尺寸为：长×宽＝0.9m×0.7m。台面采用液压伺服驱动，可以输入矩形波、三角波、正弦波以及地震波等波形。振动输出频率为 1～10Hz，台面允许最大位移为 8mm，最大载重不超过 100kg，水平向最大激振加速度为 0.5g。试验振动台面和模型箱如图 3.3 所示。

振动台模型箱采用刚性容器，尺寸为 510mm×340mm×270mm，两个侧面装有有机玻璃，以便观察试样在激振过程中的变化规律。台面和模型箱如图 3.4 所示，箱底放置厚约 5cm 的橡胶垫，用于固定光纤光栅侧向变形测试条，用以测定砂土、砾性土的剪切变形，箱底、中部分别布置了加速度计、孔压计，土表黏土层中布置 1 个加速度计，箱中部位置布置 1 个弯曲元片，用以测定振动前后的剪切波速。

图 3.3 小型振动台面和模型箱

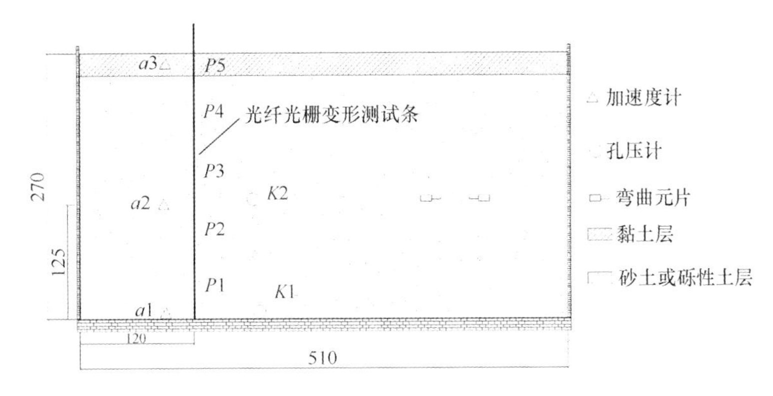

图 3.4 振动台试验中模型箱传感器布置

3.2.3 液化特征对比

本次试验旨在考察砂土、砾性土在不同荷载下的剪切变形、孔压发展情况及差异。为了保证砂土、砾性土试样的饱和度，先在土箱中注入半箱的水，然后轻轻撒入试样，并静置4h左右，静置后在试样表面铺设3～5cm的黏土，将土表多余水排出，饱和砂土、砾性土装样完成后分别施加加速度为0.05g、0.10g、0.15g，振动频率均为5Hz的正弦波，振动前及每次振动后分别测试土样表面的沉降量，计算每次振动后砂土或砾性土的体积，土样装入前已经称重，因此可计算每次振动后的密度、相对密度，结果见表3.2。

表 3.2 振动台对比试验工况

状态	编号	输入	土样高度/cm	干密度/(g/cm³)	相对密度/%
饱和砂土	振前		19.8	1.70	62
	BS-1	正弦波 0.05g,5Hz	19.8	1.70	62
	BS-2	正弦波 0.10g,5Hz	19.7	1.70	65
	BS-3	正弦波 0.15g,5Hz	19.3	1.74	77
饱和砾性土	振前		20.3	2.00	51
	BL-1	正弦波 0.05g,5Hz	20.3	2.00	51
	BL-2	正弦波 0.10g,5Hz	20.2	2.01	55
	BL-3	正弦波 0.15g,5Hz	20.1	2.02	60

土体中的动剪应变无法直接测试，通过水平位移除以竖向距离得到。土体中的水平位移过去往往通过埋设加速度计，对不同深度处的加速度记录进行二次积分得到，由于噪声、零漂等问题，这种积分得到的位移往往会存在较大的不确定性。本次试验采用光纤光栅测试技术。光纤光栅传感技术是近 10～20 年来迅速发展起来的新兴技术。光纤光栅采用紫光写入方法在普通的光纤上刻画出若干条栅格，对温度和应变极其敏感，其本身就是传感器，外观上跟普通光纤没有两样，具有体积小、质量轻、耐水性、电绝缘好、耐腐蚀、抗电磁干扰等优点。光纤光栅传感技术于 20 世纪 80 年代初起步，至 90 年代开始并逐步应用于实际房屋建筑、桥梁等结构工程中，主要针对结构的静应力、振动的测量以及结构应变的健康监测等(李宏男等，2002)，目前正处于从萌芽到发展的过渡期，在岩土工程中应用报道尚少(裴华富等 2010；朱鸿鹄等 2010)。

光纤是以不同折射率的石英玻璃包层及石英玻璃细芯组合而成的一种新型纤维，直径仅有头发丝粗细，容易脆断，不可直接埋置于土层之中。试验选择 ABS 塑料作为媒介材料，将光纤光栅粘贴在 ABS 媒介材料表面，制作成柔软的光纤光栅水平位移测试条，图 3.5 中 $P1$、$P2$、$P3$、$P4$、$P5$ 为串联的光纤光栅(传感器)，其间距均为 5cm，将该测试条埋置于土层之中，保证与测试条协调变形，光纤光栅所测得 $P1$、$P2$、$P3$、$P4$、$P5$ 处的变形，即代表周围土体不同深度处的变形。

当一束一定光谱带宽的光入射光纤光栅时，满足光纤光栅布拉格条件的波长的光将产生反射，该反射光的中心波长值 λ_{B0} 与光栅所受的轴向应变和温度有关(吴朝霞和吴飞，2011)：

$$\frac{\Delta\lambda_B}{\lambda_{B0}}=(1-p^{eff})\varepsilon+(\alpha+\zeta)\Delta T \tag{3.1}$$

式中，$\Delta\lambda_B$ 为光纤光栅中心波长变化量；λ_{B0} 为光纤光栅初始中心波长；ε 为光纤光栅的轴向应变；ΔT 为周围环境的温度变化；p^{eff}、α、ζ 分别为光纤光栅的光弹系数、

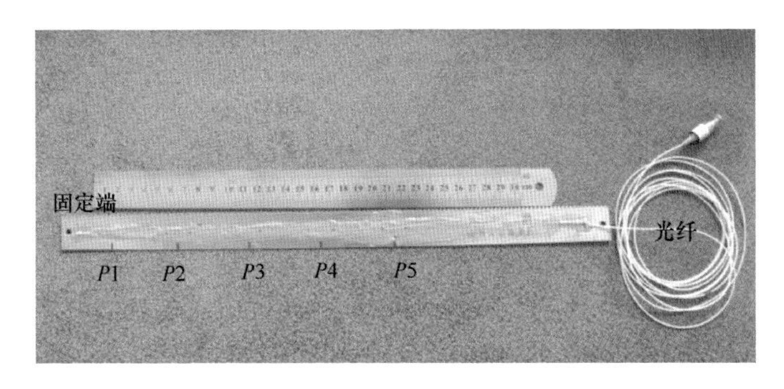

图 3.5　光纤光栅水平位移测试条

热膨胀系数、热光系数，为光纤光栅自身特征参数。

根据式(3.1)可以看出，测试光纤光栅中心波长的变化量与光纤光栅受到的轴向应变和周围环境的温度呈线性关系。由于振动试验时间仅有数十秒钟，环境温差的变化可以忽略不计，光纤光栅测试的唯一指标为中心波长 λ_B，根据式(3.1)可计算 ABS 塑料测试条表面的轴向应变 ε。

将 ABS 塑料测试条的一端固定于箱底，并视为悬臂梁模型，悬臂梁距箱底不同位置 $P1$、$P2$、$P3$、$P4$、$P5$ 处的挠度即为土样不同深度处的水平位移。

若 ABS 塑料测试条变形较小，存在如下关系(Todd and Overbey，2007)(图 3.6)：

$$\frac{\mathrm{d}y}{\mathrm{d}x}=\tan\theta\approx\theta \tag{3.2}$$

$$\varepsilon=-z\frac{\mathrm{d}\theta}{\mathrm{d}r}=-z\frac{\mathrm{d}^2 y}{\mathrm{d}x^2} \tag{3.3}$$

挠曲线方程可以表示为

$$y(x,t)=-\frac{1}{z}\sum_{m=0}^{N-1}a_m(t)\iint\phi_m(x)+c_1x+c_2 \tag{3.4}$$

式中，N 为应变测试点个数；$a_m(t)$ 为待定系数；$\phi_m(x)$ 为应变模型。

由于悬臂梁的固定端位移和转角均为 0，即 $y(0)=0$，$\theta(0)=0$。根据这一边界条件，可以求得系数 c_1、c_2，最终可获得光纤光栅测试条不同位置处的挠度，即代表土样水平位移。由于 $P5$ 光栅点接近地表，受出露的 ABS 塑料惯性影响较大，剔除 $P5$ 光栅点的数据，距箱底不同位置 $P1$、$P2$、$P3$、$P4$ 饱和砂土、砾性土分别在 0.15g 正弦波作用下的动态水平位移结果如图 3.7 和图 3.8 所示。

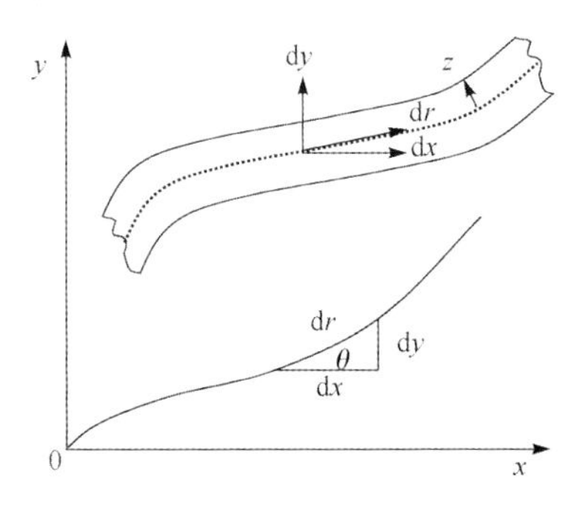

图 3.6　光纤光栅条水平位移求解模型(Todd，2007)

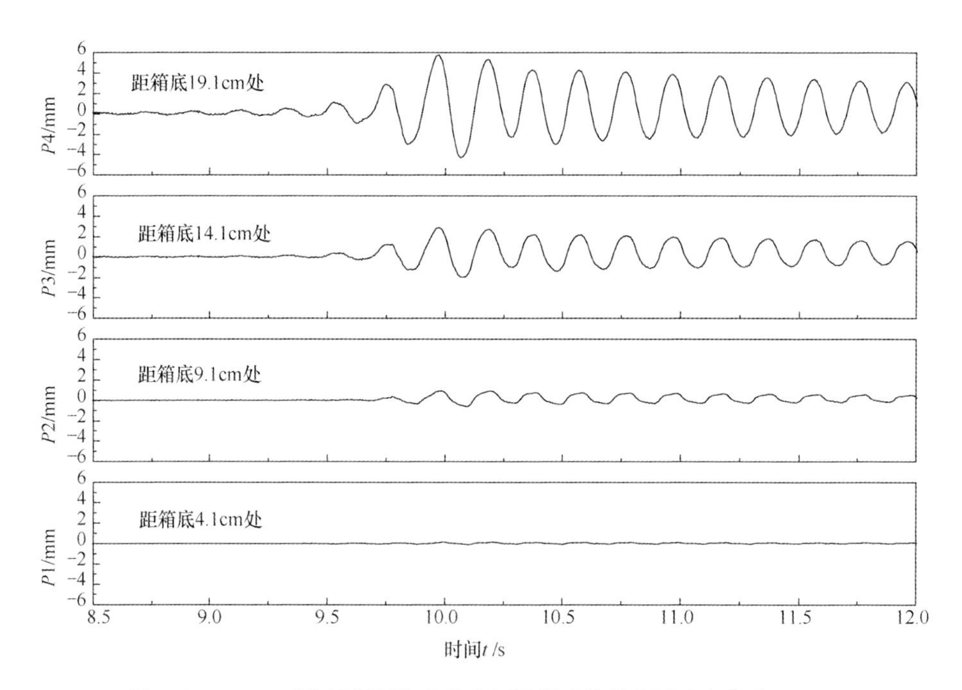

图 3.7　0.15g 正弦荷载下饱和砂土不同深度处的水平动态位移(BS-3)

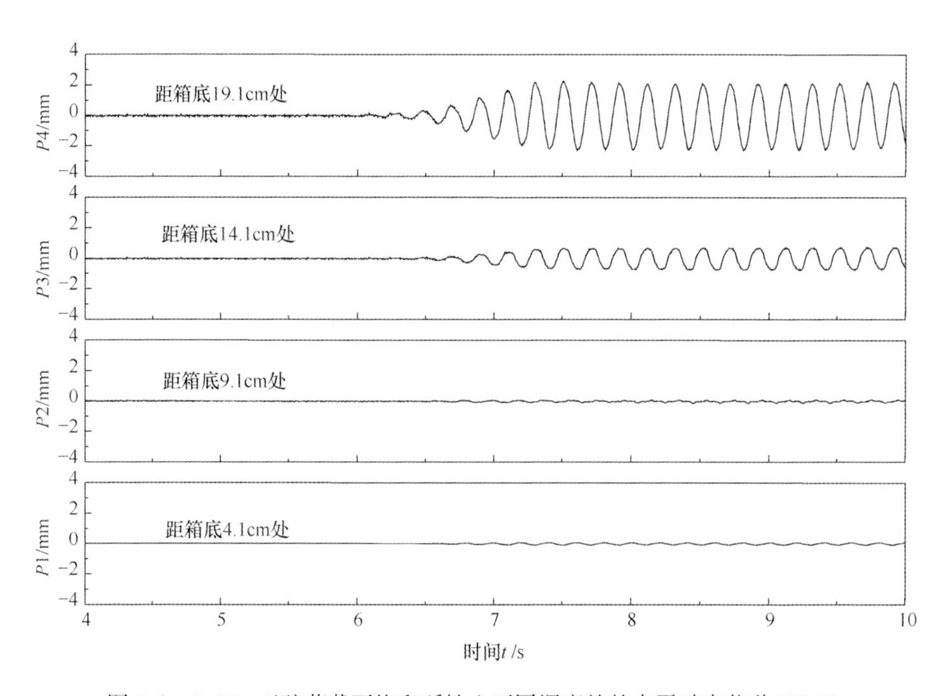

图 3.8　0.15g 正弦荷载下饱和砾性土不同深度处的水平动态位移(BL-3)

从图3.7和图3.8可以看出，在相同荷载0.15g的作用下，砂十不同深度的动态水平位移均较砾性土的大，为便于对比，分别取砂土、砾性土最大水平反应进行对比，如图3.9所示。另外，水平位移沿深度并非均匀变化，距离土表越近水平位移越大，水平位移除以竖向距离即为剪应变，因此，剪应变随着土样深度的增大而急剧减少，而砂土最大剪应变是砾性土的4～6倍。

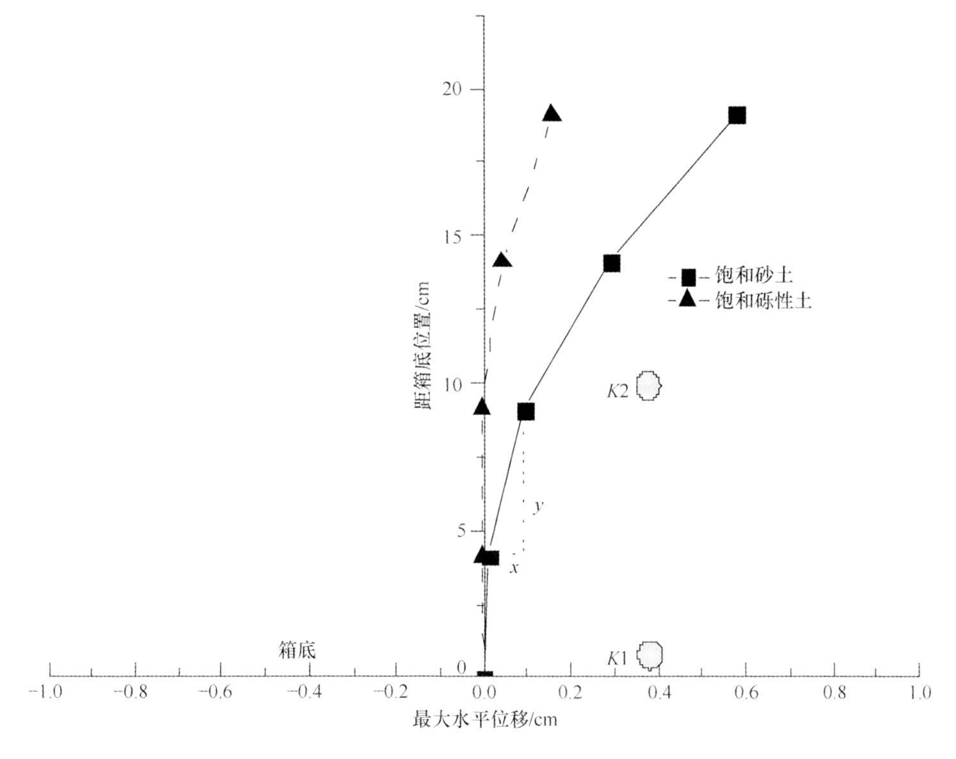

图3.9　0.15g正弦荷载下不同深度处最大水平位移对比

试验中共布置2个孔压传感器$K1$、$K2$，分别布置在箱底及土样中间。从图3.9可以看出，箱底$K1$处的剪应变非常小，$K1$所测得的超静孔隙水压力是由上层土产生的；$K2$位于光纤光栅点$P2$与$P3$之间，平均剪应变可由$P3$与$P2$点水平位移之差除以竖向距离得到。为便于对比，仅选取出现了明显喷水冒砂现象的BS-3(饱和砂土0.15g、5Hz输入)、BL-3(饱和砾性土土0.15g、5Hz输入)试验工况的结果，台面加速度、平均剪应变及$K2$孔压比绘制于图3.10和图3.11。

图3.10和图3.11分别给出了每次循环荷载结束时对应的孔压比，即残余孔压比。结果表明，循环荷载开始时砾性土残余孔压便开始缓慢累积，振动5周时剪应变开始发展，此时孔压比接近0.17，振动10周时孔压比达到最大的0.38，此时剪应变也达到最大的2.5%；而砂土的残余孔压比直到振动11周之后才开始发

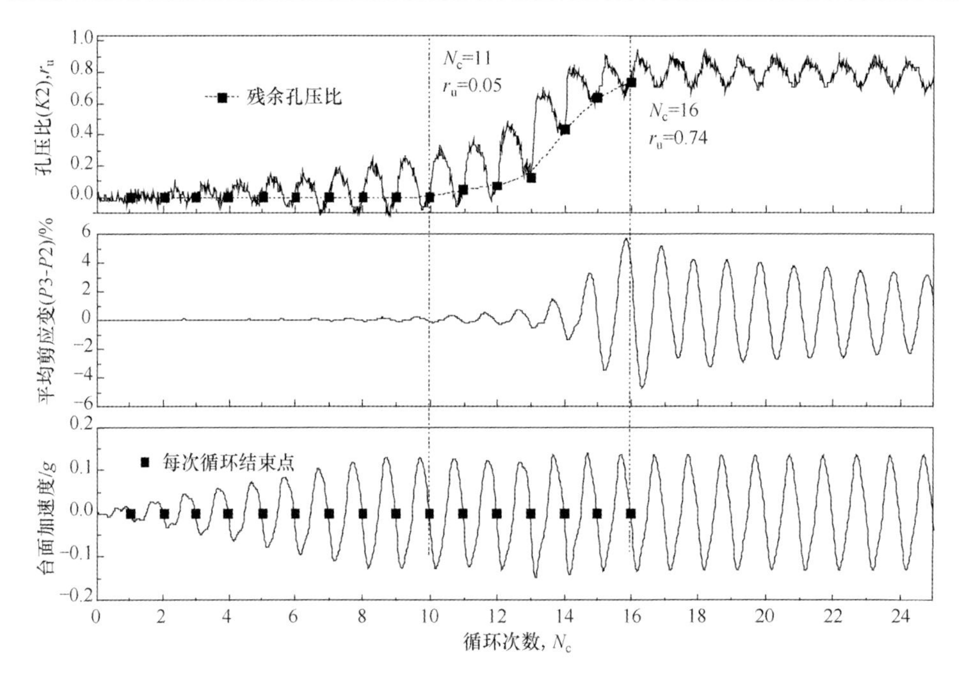

图 3.10 0.15g 荷载下饱和砂土(BS-3)动力反应

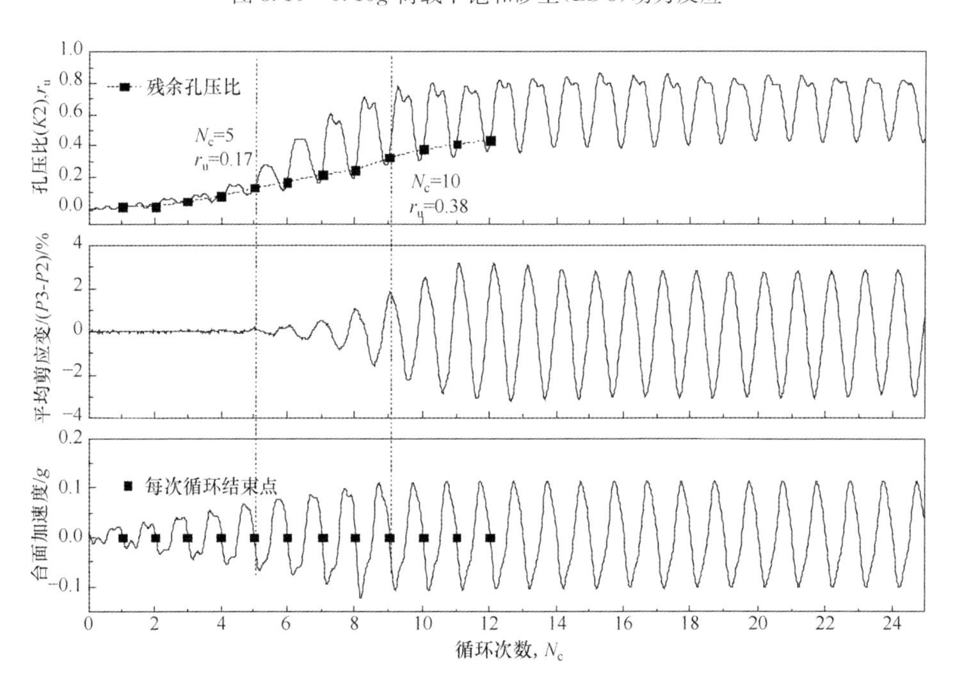

图 3.11 0.15g 荷载下饱和砾性土(BL-3)动力反应

展，振动16周时残余孔压达到0.74，此时剪应变达到最大的5%。因此，砂土的残余孔压、剪应变的发展速度明显较砾性土的慢，这一发展规律与大直径动三轴的对比试验结果较为接近。

饱和砂土、砾性土试样均逐级进行了0.05g、0.1g、0.15g三级振动试验，每次振动结束后静置2～3h待超静孔压几乎完全消散后开始下一级试验，每级试验均记录、计算了孔压比时程、剪应变时程，提取每级试验荷载下所产生的最大累积孔压比及达到振动动态稳定时的最大剪应变，同时绘制Dobry(1986)、Cox(2006)的孔压增长曲线以及门槛剪应变，如图3.12所示。结果表明，砂土、砾性土达到某一累积孔压比，所需要的剪应变较为一致，从小应变方向延长趋势来看，砾性土、砂土的门槛剪应变接近于Dobry的试验结果(约0.02%)，即低于该应变下孔压不会发展，当剪应变超过0.1%时，砂土、砾性土的孔压比均迅速增大，第4.4节将进一步讨论门槛剪应变等发生条件对砾性土液化的影响。

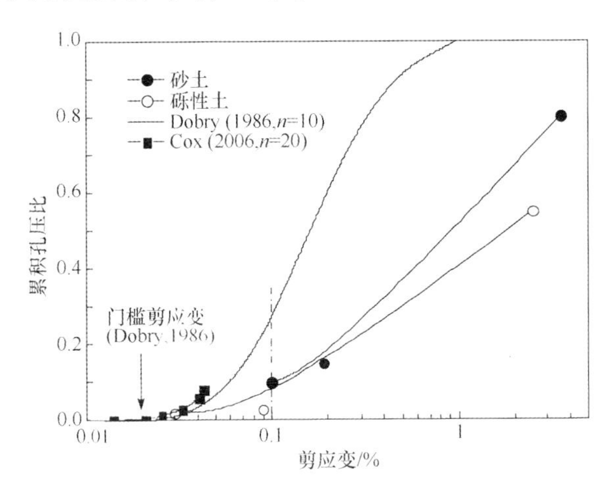

图3.12　累积孔压比与剪应变相互关系

3.3　大直径动三轴试验

3.3.1　试验设计

试验所用设备为英国GDS(Geotechnical Digital Systems Instruments)公司根据中国地震局工程力学研究所的指标要求定制的DYNTTS-60KN大直径动三轴(图3.13)，试样直径39.1mm、150mm、200mm、300mm可选，可测试土类从黏土到最大粒径小于60mm的砾性土试样。配有弯曲元剪切波速测试系统，可以对直径150mm、高300mm的试样进行剪切波速测试。该仪器还预留数据接口，可以根据研究需要将设备功能升级，增加传感器，如中平面孔压测试装置、试样局部应变测量系统等。

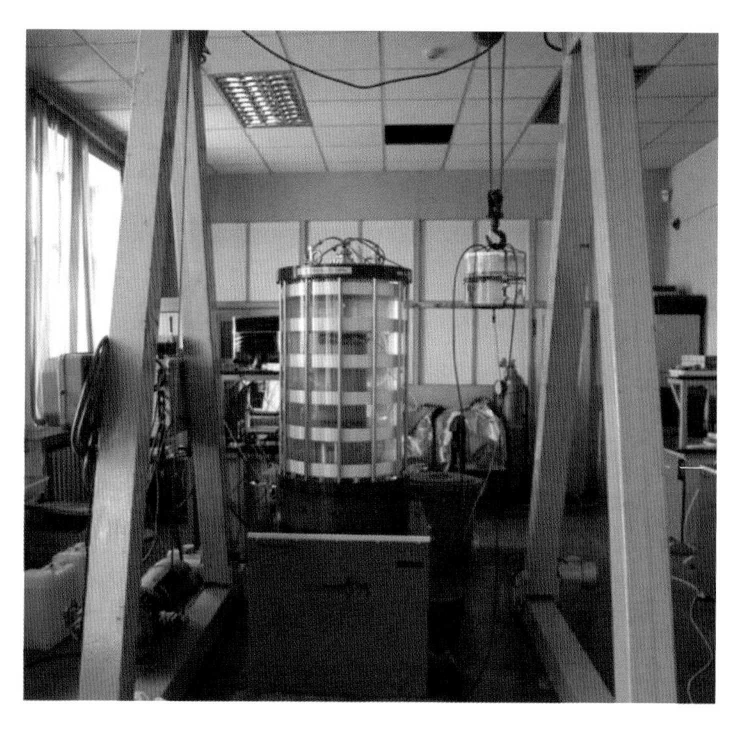

图 3.13　英国 GDS 大直径动三轴测试系统

GDS 大直径动三轴测试系统由动力系统(伺服电机,可应力或应变控制)、试样内压力控制系统、压力室压力控制系统、弯曲元剪切波速测试系统和软件操作平台组成,并辅助以气、液循环系统和室内自行迷你龙门吊,完成试样安装、压力室封闭和试样的饱和。GDS 动三轴测试系统的各项基本参数见表 3.3。

表 3.3　GDS 大直径动三轴测试系统基本参数

工作指标	参数及精度
轴向最大静应力	1.5MPa,精度 0.1%
轴向最大行程	10cm,精度 0.1%
最大动应力	320kPa(直径 15cm),精度 0.1%
最大围压	1.0MPa,精度 0.2%,分辨率小于 0.1kPa
最大反压	400kPa,精度 0.1% ,分辨率小于 0.1kPa
试样直径	39.1mm,150mm(配弯曲元),200mm,300mm
工作频率	0.1~5Hz
输入波形	正弦波、地震波、自定义波

注:该系统同时具有动力试验完成后向静力试验切换功能,应力应变软切换;独立测量试样中平面孔隙水压力功能;独立体应变测试功能;地震波失真度<5%。

大直径动三轴对比试验共选取了3种试样：福建标准砂；粒径1～2cm的白色花岗岩圆砾与福建标准砂配制的含砾量为20%的混合料；德阳松柏村人工探坑获取的实际液化砾性土(图2.31)，最大粒径60mm，为了消除试样直径对结果的影响，对于级配良好的试样，试样直径与最大粒径之比应大于6(Banerjee et al.，1979)，将人工探坑获取的实际液化砾性土粒径大于20mm的颗粒剔除，剔除后砾性土的含砾量为35%，命名为探坑剔除料。3种试样及人工探坑获取的液化砾性土原料的级配曲线绘于图3.14。

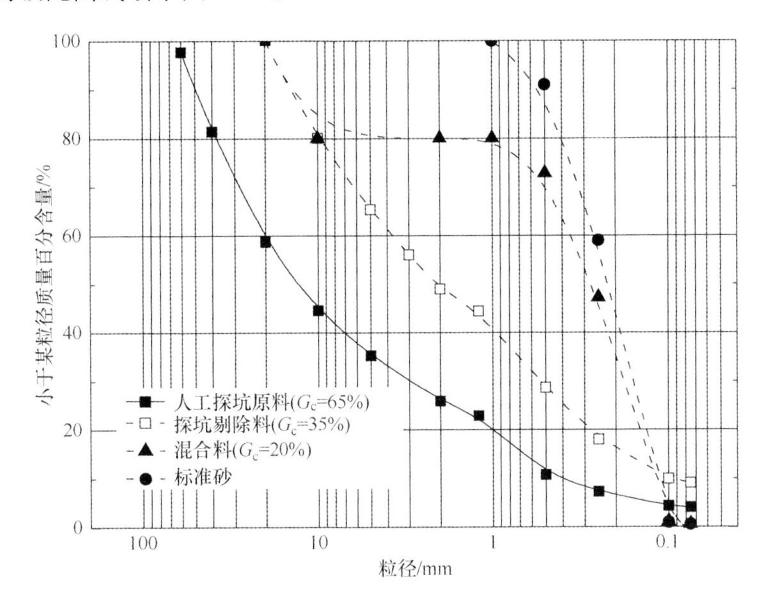

图3.14　大直径动三轴试验试样级配曲线

动三轴试验时，在试样的顶部、底部与设备接触的地方，材料特性、尺寸存在突变，因此试样的两端会存在较为明显的应力集中现象，应力集中的程度与试验的尺寸存在很大的关系，试样的高度与直径之比在2.0～2.5较为适宜(Bishop，1965)，可以有效消除应力集中现象。由于砾性土颗粒较粗，装样时容易出现较明显的粗、细颗粒分离现象，为保证二氧化碳的通气效果以及试样的均匀性，采用干法制样，分5层装填，将试样进行筛分、分组，根据目标相对密度，每一层按原级配曲线配比相应质量的试样并夯实到目标高度，表层刮毛后装填下一层试样直至结束。试样先进行二氧化碳通气，然后采用反压饱和法对试样进行饱和，所有试样孔压系数$B>0.95$。本次试验试样直径为150mm、高为300mm，试样的高度与直径之比为2.0，有效固结压力为100kPa，固结比为1.0，输入波形为正弦波，频率为1Hz，应力控制方式加载。试样基本参数及试验条件见表3.4。

表 3.4　试样基本参数及试验条件

试验编号	G	$\rho_{d\max}$ /(g/cm³)	$\rho_{d\min}$ /(g/cm³)	G_c /%	D_r /%	σ_0' /kPa	C_c	C_u	K_c
标准砂	2.64	1.71	1.44	0	50	100	0.83	2.31	1.0
白色圆砾	2.96	1.84	1.71	100	—	—	—	—	—
混合料	2.70	1.78	1.64	20	50	100	0.77	1.54	1.0
探坑剔除料	2.79	2.15	1.86	35	50	100	0.81	39.8	1.0

注：G 为比重；$\rho_{d\max}$ 为最大干密度；$\rho_{d\min}$ 为最小干密度；G_c 为含砾量；D_r 为相对密度；σ_0' 为有效围压；C_c 为曲率系数；C_u 为不均匀系数；K_c 为固结应力比。

3.3.2　抗液化强度特征

国内外有限的砾性土大直径动三轴试验，试验结果存在较大的偏差，很大程度上是没有考虑橡皮膜嵌入效应或是考虑的方法不同造成的。Evans 和 Seed(1987) 指出进行砂土充填以及级配良好的砾性土，用橡皮膜封装的试样表面较为光滑，橡皮膜的嵌入效应可以忽略，对橡皮膜嵌入效应修正时，以进行砂土充填的砾性土的试验结果为基准，即进行砂土充填的砾性土橡皮膜的嵌入效应为零。本次对比试验中，混合料的含砾量为 20%，砂土的质量占大部分，相当于进行砂土充填，而探坑剔除料的曲率系数 C_c 为 0.81，不均匀系数 C_u 为 39.8，接近级配良好的划分标准($C_u>5$、$C_c=1\sim3$)，从制样效果来看，混合料、探坑剔除料试样橡皮膜表面较光滑，没有出现橡皮膜压入等凹凸不平的现象。因此，混合料、探坑剔除料的橡皮膜嵌入效应较小，可以忽略。

分别对表 3.4 的标准砂、混合料、探坑剔除料进行抗液化强度试验，3 种不同试样的相对密度均为 50%，试样尺寸为直径 15cm、高 30cm，有效围压均为 100kPa，固结比均为 1.0，在不同的动应力水平下共进行了 10 次试验，图 3.15 给出了循环应力比均为 0.2 下标准砂、混合料、探坑剔除料的孔压比和轴向应变的测试结果。

受试验设备的限制，试样孔压比达到 0.6 左右时，施加的动应力比无法与预设的保持一致，存在一定的衰减趋势。标准砂、混合料孔压比达到 1.0 左右时，施加的动应力比接近 0，轴向双应变幅值分别达到约 0.7%、1%之后便不再增长，然而，探坑剔除料孔压比达到 1.0 时，施加的动应力仍保持为原来的 50%左右，在这约 50%的动应力比继续作用下，轴向双应变幅值达到 0.7%后继续缓慢增长，表明探坑剔除料即使孔压比达到 100%的初始液化状态，仍具有一定的承载能力，实际震害调查也表明，砾性土的抗液化性能表现要优于砂土(Wong et al.，1974)，因此，不能仅根据室内试验抗液化强度指标对砾性土的液化特性进行评价。

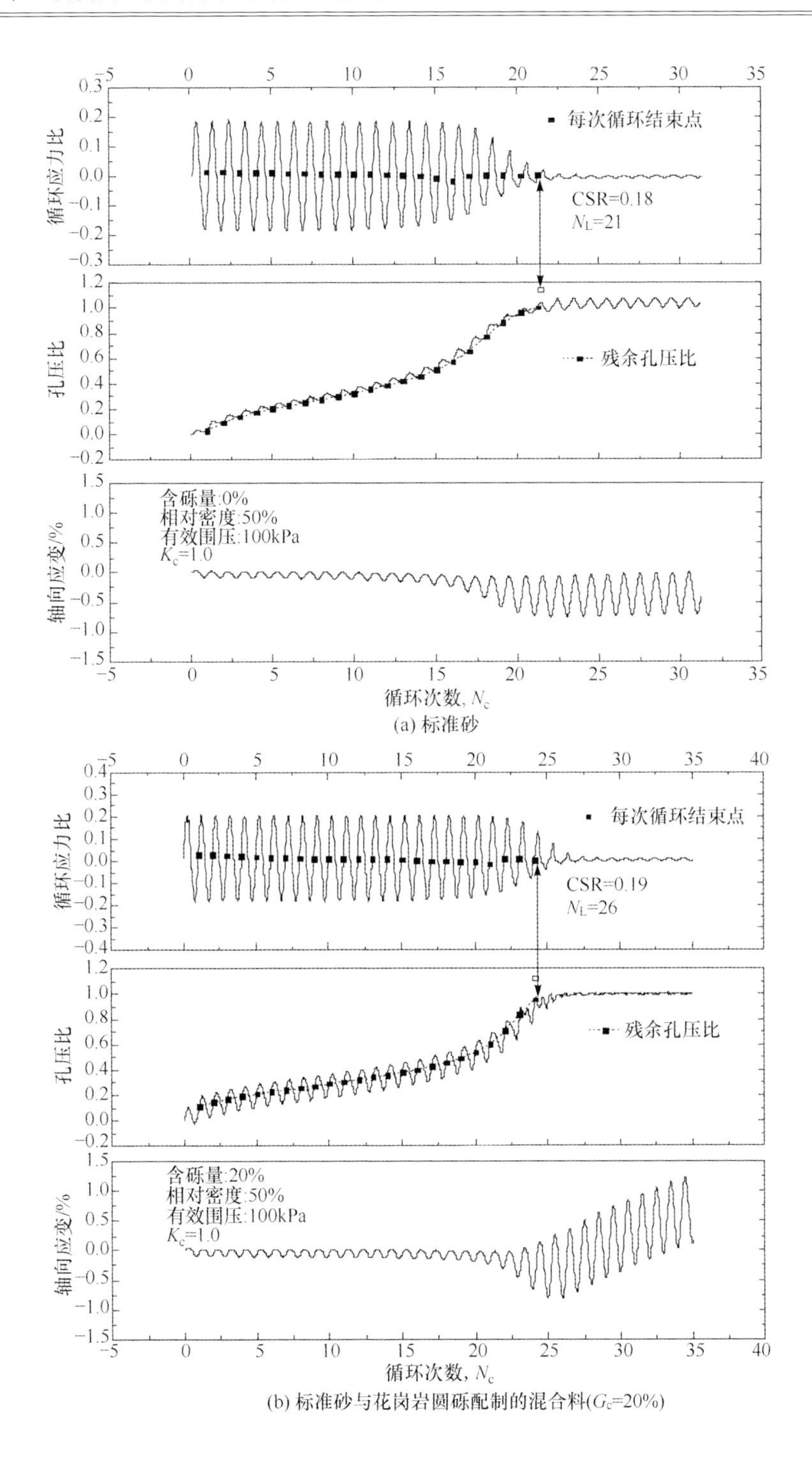

(a) 标准砂

(b) 标准砂与花岗岩圆砾配制的混合料(G_c=20%)

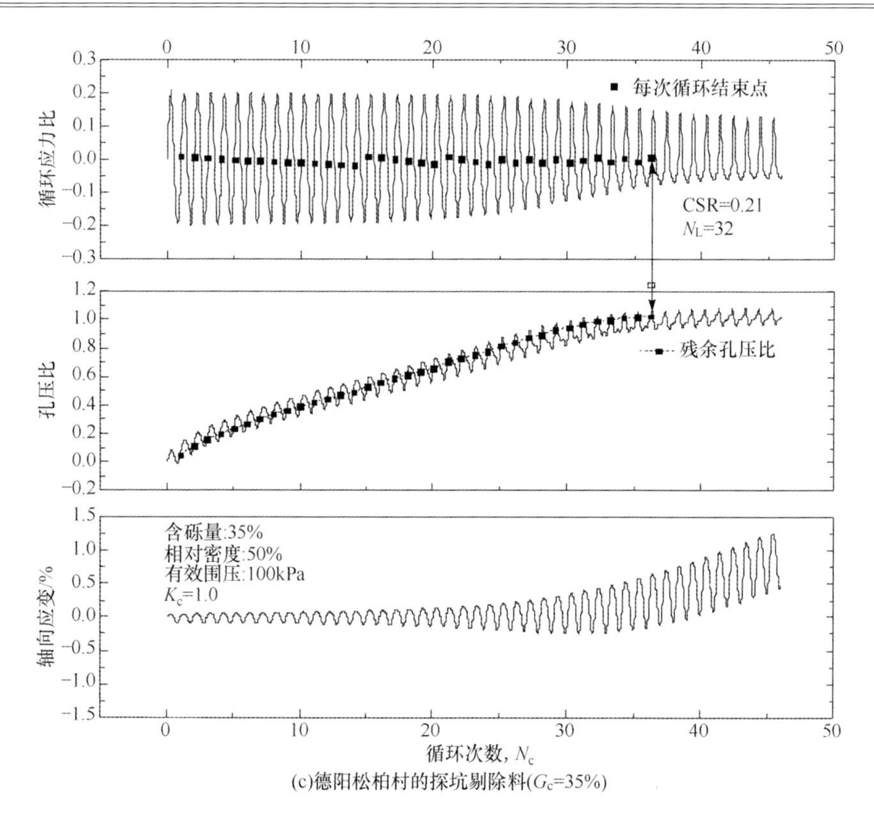

(c)德阳松柏村的探坑剔除料(G_c=35%)

图 3.15　3 种试样在循环应力比 0.2 作用下的试验结果对比

如前所述，受试验条件的限制，施加的动应力比无法与预设的保持一致，导致轴向双应变幅值的增长有限，即使孔压比达到 100%时，双应变幅值也仅达到 1%左右之后便不再增长。因此，以孔压比达到 100%的初始液化作为判断是否液化的标准，给出了 3 种试样的抗液化强度曲线。

从图 3.16 可以看出，在相对密度均为 50%的情况下，标准砂、混合料、探坑剔除料的循环应力比较为接近，尽管 3 种试样的粒径组成、级配、矿物成分都存在较大的差异。表明在不排水条件下，橡皮膜嵌入效应可以忽略或者进行有效消除后，抗液化强度受颗粒、级配、矿物组成的影响不大。

3.3.3　残余孔压发展规律

到目前为止，国内外学者已经提出了多达数十个计算不排水条件往返荷载作用下饱和砂土的孔隙水压力增长模型，其中最具影响力的为 Seed 等(1976)以试验数据为基础提出的经验公式：

$$r_u=\frac{1}{2}+\frac{1}{\pi}\arcsin\left[2\left(\frac{N_c}{N_L}\right)^{\frac{1}{\theta}}-1\right] \tag{3.5}$$

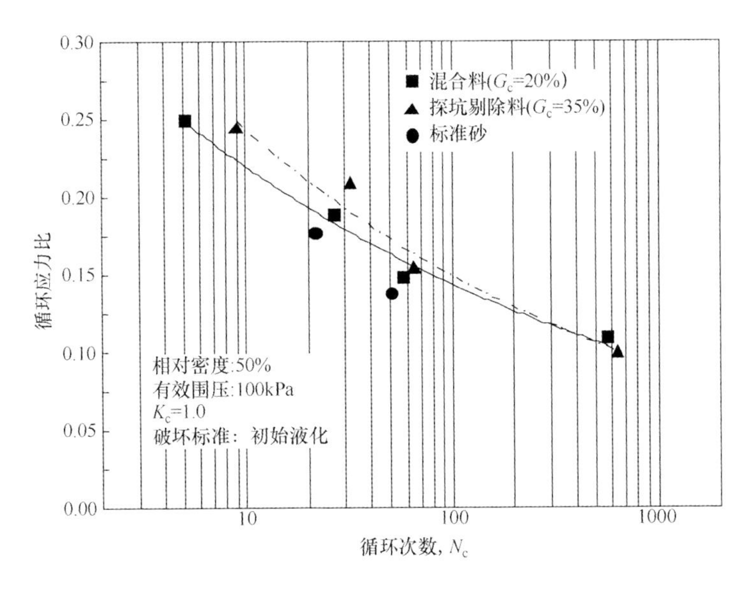

图 3.16　3 种试样相对密度为 50%的抗液化强度曲线

式中，r_u 为第 N_c 次振动后的残余孔压比；N_L 表示达到初始液化所需要的振动次数；θ 是试验参数，与土的性质有关，对于一般砂土试样，Seed 建议取 0.7。残余孔压是指每次循环结束时刻的孔隙水压力，即试样在每次轴向动应力为“0”时刻的孔隙水压力。

采用 Seed 等(1976)的孔压计算模型，张建民和谢定义(1991)指出，对等应力幅的循环荷载作用，饱和砂土的孔隙水压力发展变化可用图 3.17 所示的几种变化形态表示，并将这簇曲线的上部、中部和下部三类曲线形态分别称为 A 型、B 型和 C 型曲线，不同类型的孔压增长过程主要取决于土的密度、固结比以及动荷载作用

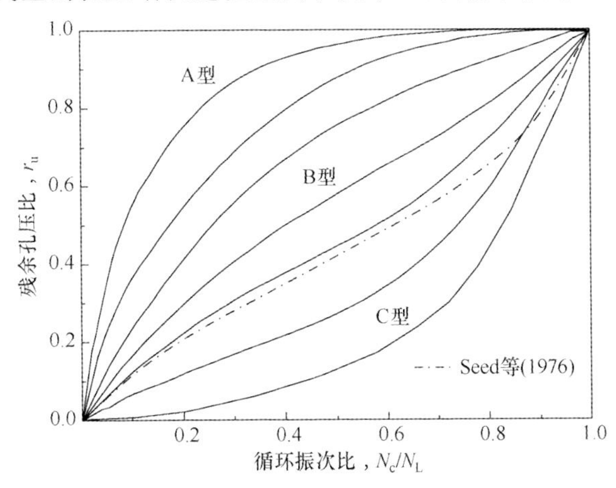

图 3.17　砂土孔压增长基本形态(张建民和谢定义，1991)

强度等，在低的相对密度、低的固结比和高的动应力水平时，常出现A型孔压变化形态，相反常出现C型孔压变化，其他条件时常出现由A型到C型(B型左右)的孔压变化。对等应变幅的循环荷载作用，孔压发展过程的变化形态接近于A型。同时将Seed等(1976)给出砂土($\theta=0.7$)的残余孔压增长模型绘制于图3.17，Seed的砂土孔压模型介于B型与C型之间。

孔隙水压力的增长受到土性特征以及固结比、有效围压、动应力水平等试验条件的影响，在相同的试验条件下，振动台、动三轴对比试验均显示，砾性土的孔压增长形态与砂土的存在一定的差异，砾性土的孔压在刚开始几周循环荷载便迅速增长，之后便缓慢增长直至液化，而砂土(或混合料)的孔压在刚开始几周循环荷载增长缓慢，孔压比缓慢增长至0.6之后便迅速增长直至液化。为便于对比，将孔压比进行归一化，绘制标准砂、混合料、探坑剔除料孔压比与振次比的关系，如图3.18所示。

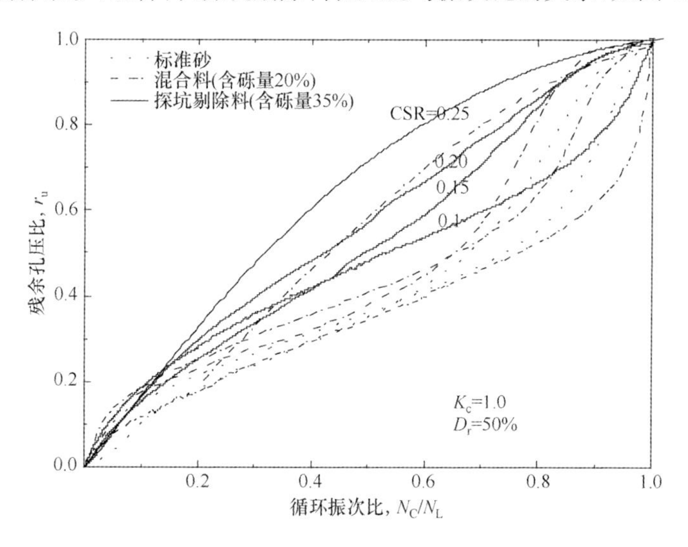

图3.18　3种试样的归一化残余孔压发展规律

如图3.18所示，砾性土(探坑剔除料)在动应力水平$\sigma_d/2\sigma'_0$(CSR)=0.1、0.15、0.2、0.25下归一化的残余孔压，遵循张建民和谢定义(1991)指出的饱和砂土残余孔压发展形态的一般规律，即在其他试验条件一致的情况下，随着动应力的水平逐渐增大，孔压发展越趋向于图3.17中的A型曲线。混合料、标准砂孔压发展形态也遵循这一基本规律，混合料施加的动应力水平CSR=0.1、0.15、0.2、0.28，标准砂施加的动应力水平CSR=0.15、0.2。整体上，砾性土的孔压发展形态更加接近于A型曲线，砂土、混合料更加接近于C型曲线。需要指出的是，砂土在高的动应力水平下，孔压发展形态同样有可能接近于A型曲线，与砾性土的孔压形态发生重叠，Seed等(1976)给出的$\theta=0.7$，也是砂土的一个平均水平，孔压模型计算时，孔压的具体发展形态需要根据实际的试验条件合理确定。

3.4 弯曲元剪切波速试验

正确估计含砾量对砾性土液化势的影响，是最基本也是非常关键的研究内容，对于揭示砾性土液化机理以及与砂土液化的本质区别和建立合理可靠的砾性土液化判别方法至关重要。

含砾量是一个综合指标，也是无黏性土进行土类划分的决定指标。试验中，对标准砂、标准砂与直径1～2cm的花岗岩圆砾配制成不同含砾量的混合料、德阳松柏村人工探坑获取的液化砾性土进行相对密度、剪切波速测试，旨在查明相对密度、剪切波速、液化势、颗粒组分等的相互关联影响。

3.4.1 弯曲元剪切波速测试原理

弯曲元(bender element)在电压信号作用下能发生横向弯曲变形(逆压电效应)，即电能转化为机械能，受到外力发生横向变形时则可以产生电荷(压电效应)，即机械能转化为电能。前者称为激发元(actuator)，后者称为接收元(sensor)。当有电压信号(一般使用适当频率的单周期正弦脉冲或方波脉冲)施加在激发元的电极上时，两侧极化方向相反的压电陶瓷晶片，一个伸长，另一个缩短，从而引发自由端的横向位移，激发元的横向移动迫使周围耦合的土体产生横向振动，实现在土体中激发振动方向与传播方向垂直的剪切波(S波)。当剪切波速传递至接收元的自由端时，使其产生横向变形，从而引起一侧压电晶体拉伸，另一侧晶体压缩，产生电荷信号，经放大等处理，作为测试的接收信号，与激发信号一起显示出来。激发元与接收元组合使用可实现电压信号、机械振动相互转化，图3.19给出激发元、接收元的基本工作原理。

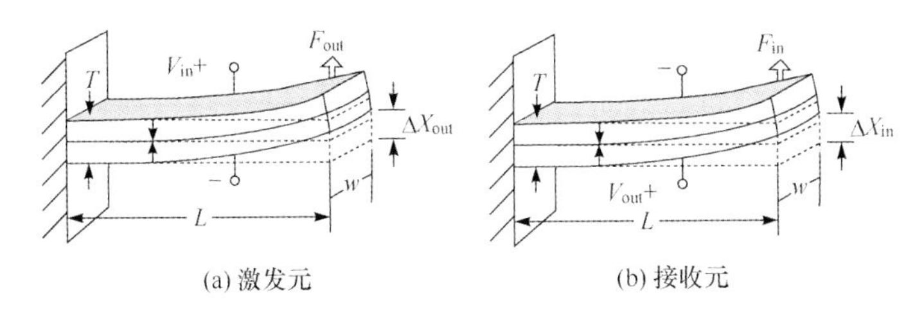

图3.19 弯曲元电能-机械能转化原理(Piezo Systems，Inc)

剪切波速根据有效传播距离(即对称弯曲元片自由端前沿之间的距离)和有效传播时间(即总的到时差减去系统延时)确定。

$$V_s=\frac{L_0}{\Delta t} \tag{3.6}$$

$$\Delta t=\Delta t_1-\Delta t_2 \tag{3.7}$$

式中，Δt_1 为测试系统示波器确定的信号到时差，即总时间差；Δt_2 为信号在各仪器部件中的运行时间,即系统延时,通过将激发元与接收元对接的方法测定;L_0 为土样中剪切波传播的有效距离,即激发元与接收元自由端前沿之间的距离。

3.4.2 试样筒弯曲元剪切波速测试系统

1. 系统组成

为了研究砾性土的相对密度、剪切波速特性,在粗粒土的振动台最大干密度测试系统的基础上,设计开发弯曲元剪切波速测试系统,即在振动台最大干密度测试系统的试验筒的上下两端安装 1 对大尺寸弯曲元片。整套系统振动台由最大干密度测试系统和弯曲元量测系统组成,包含竖向振动台、试样筒、压重、信号发生器、信号放大器、示波器等。图 3.20 为该剪切波速测试系统的基本组成。

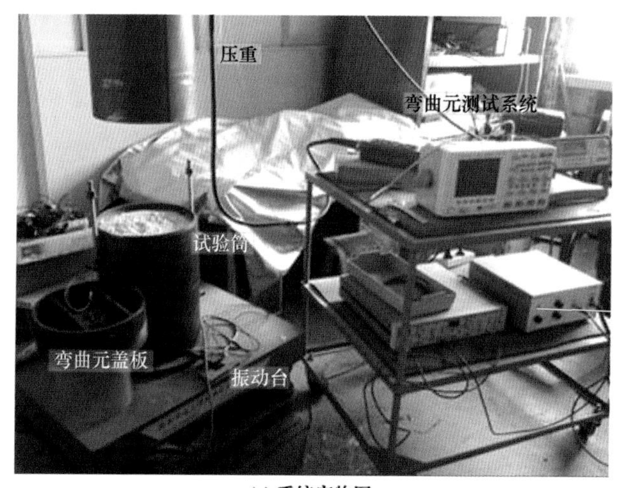

(a) 系统实物图

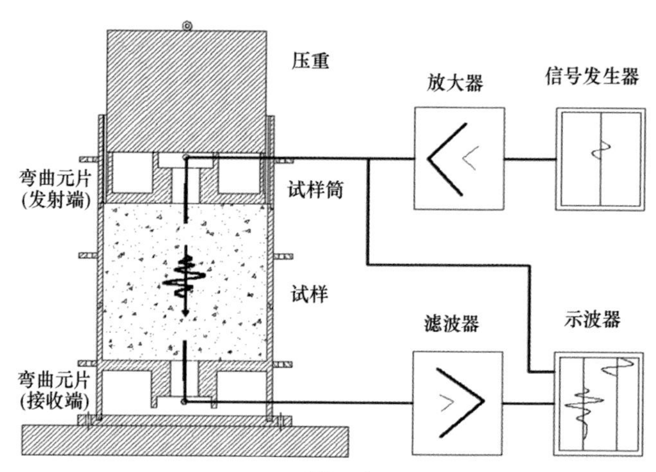

(b) 结构示意图

图 3.20 试样筒弯曲元波速测试系统(汪云龙,2014)

振动台、试样筒和压重的设计符合《土工试验方法标准》(GB/T 50123—1999)要求，振动台为偏心转子激励的竖向振动台，试样筒是在保证试样体积和高度的条件下根据安装弯曲元的需要设计的。主要参数见表3.5。

表3.5　振动台、试样筒和压重的主要指标

参数名称	额定值
振动台工作频率	0～60Hz
振动台振幅	±2mm
压重	110kg
试样筒容积	ϕ280mm×300mm

采用美国加州大学(University of California)弯曲元剪切波速量测系统，系统主要由信号发生器、放大器、示波器及一对弯曲元片组成，信号发生器可激发幅值±10V的正弦波、矩形波、三角波等信号，激发信号从弯曲元发射端以剪切波的形式在土样中传播，弯曲元接收端将传递过来的微弱振动转换成电信号，放大器用于弯曲元接收到的信号滤波、放大，示波器用于记录激发信号和接收信号，并且识别、获取到时差。

2. 系统延时的标定

由于对称弯曲元之间的距离较短，剪切波从弯曲元激发端传递至接收端所需的时间为毫秒级别，系统延时对剪切波速的最后计算结果影响很大，特别是经电荷放大器的时间，具有一定的频散性，必须在试验结果分析中排除。鉴于此，将激发元与接收元对接，剪切波速的传递距离可视为零，此时获取的到时差即为系统延迟Δt_2，表示信号在各仪器部件中的运行时间。操作中，首先令弯曲元片的自由端接触而不挤压，然后调整激发频率，采集信号，读取信号到时差，图3.21为5kHz下的标定结果，到时差约为0.052ms。

图3.22给出了不同激发频率下试样筒弯曲元剪切波速测试系统的系统延时。结果表明，随着激发频率的增加，系统延时逐渐减少。采用同样的方法，给出GDS弯曲元剪切波速测试系统的系统延时，得到了基本一致的趋向，即系统延时随激发频率增加而减少，但绝对值相对较小，与土样有效距离的传播时间相比基本可以忽略。

3. 剪切波到时差的判读

确定弯曲元信号的到时差是测试的关键，一般分为直接确定法和计算分析法。直接确定法包括时域初达波法等，计算分析方法包括动力有限元分析法、互相关分析法、相速度分析和相敏监测等方法。计算分析方法虽然可以克服直接确定法主观性过强的缺点，但是计算中需要假设介质的简化力学模型或对激发信号和接收

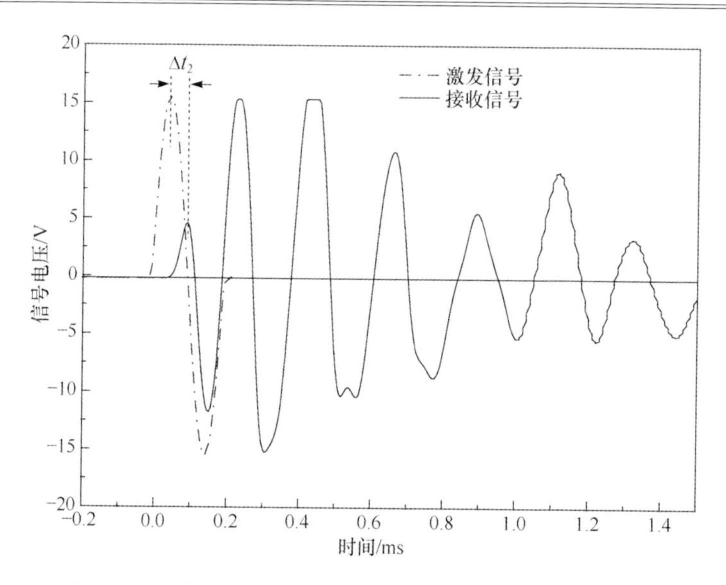

图 3.21　试样筒弯曲元剪切波速测试系统延迟示例(5kHz)

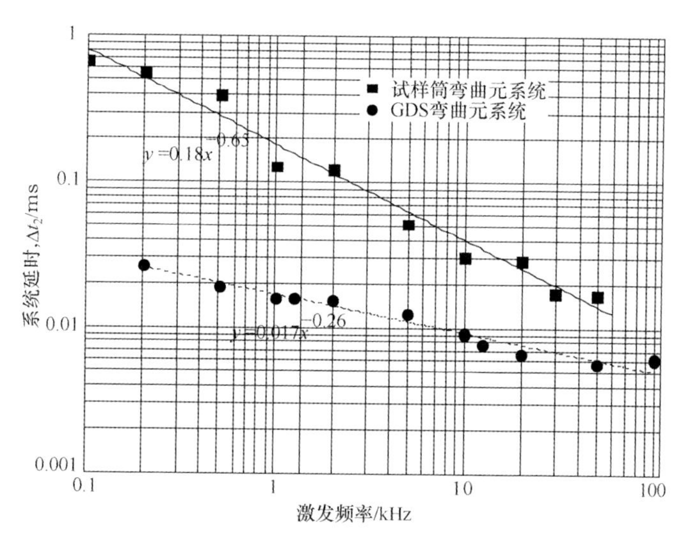

图 3.22　系统延时与激发频率的关系(汪云龙，2014)

信号做“同一性”假设，也造成一定的测试误差。在确定到时差时采用 Jovicic 等(1996)建议的方法：利用正弦单脉冲作为激发信号，通过函数发生器，改变激发频率，获得清晰的剪切波传播信号后，利用激发信号与接收信号的正弦模式相似性，采用激发信号与接收信号峰—峰之间的时间间隔作为到时差，并根据激发频率按图 3.22 对到时差进行修正。由于对峰值的确定主观性相对较低，一定程度上克服了直接确定法的主观性。为了进一步降低到时差判读时的主观性，增强工程上的可操作性，试验中采用正、反激励的方式(即同一频率的激发信号采用180°的相位差)分别激发剪切波信号并采集，再通过后期数据处理，在同一坐标系中作图，以获得清晰的剪切波信号。图3.23给出了正反激励的激发与接收信号，并给出到时差的判读位置。

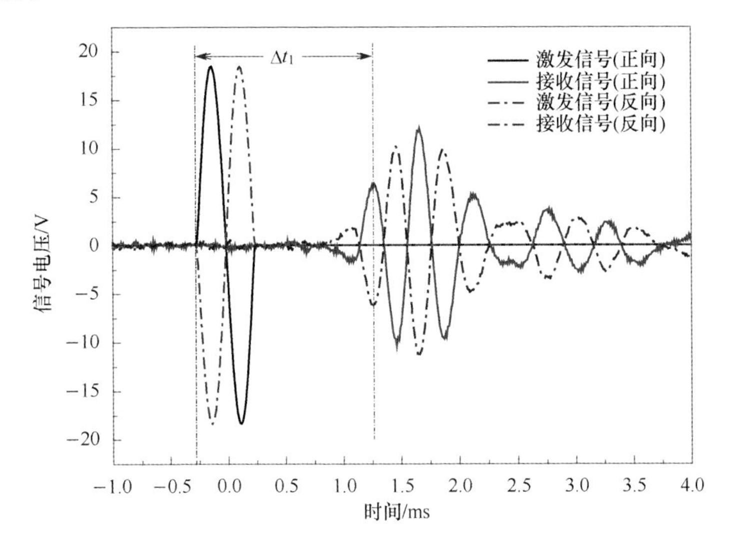

图3.23 正反激励信号到时差判读(汪云龙，2014)

3.4.3 大直径动三轴弯曲元剪切波速测试系统

英国GDS公司大直径动三轴仪装备了弯曲元剪切波速测试系统，该系统集成化程度较高，为GDS大直径动三轴仪的一个测试模块，在试样直径150mm的底座和试样帽上安装一对弯曲元片，由于压力室围压与轴向压力均较大，所以弯曲元片采用钛合金封装，可以提供很高的轴向硬度，避免信号受到轴向载荷的影响。由于高度集成化，可输入的参数较少，接收信号允许采用多次激发叠加的方式，以消除噪声。系统延时检测结果表明(图3.22)，系统延时随着激发频率的增大而减少，且在0.01ms左右，与剪切波在试样中的传播时间相比可以忽略。到时差采用与试验筒弯曲元剪切波速测试系统中相同的读取方法，即通过光标峰—峰读取(图3.24)。

3.4.4 剪切波速测试结果对比

1. 弯曲元剪切波速测试工况

试样筒剪切波速测试系统与GDS剪切波速测试系统在硬件组成、试验条件、软件分析方面均存在较大差异。试样筒剪切波速测试系统是在振动台最大干密度测试系统的基础上开发的，因此在获取剪切波速的同时，容易获取和控制试样的相对密度，制样方便、快速，但试样筒、弯曲元盖板、压重不能改变，测试的有效围压均为 25kPa 左右，K_0 固结状态，且仅能对干试样进行测试；GDS 剪切波速测试系统是大直径动三轴仪的一个功能模块，可以在了解试样动力特性的同时，查明试样的剪切波速，且能在不同的围压、固结比下进行试验，缺点就是试验直径有限、信号无法反向激发。本次对比试验主要指标列于表 3.6。

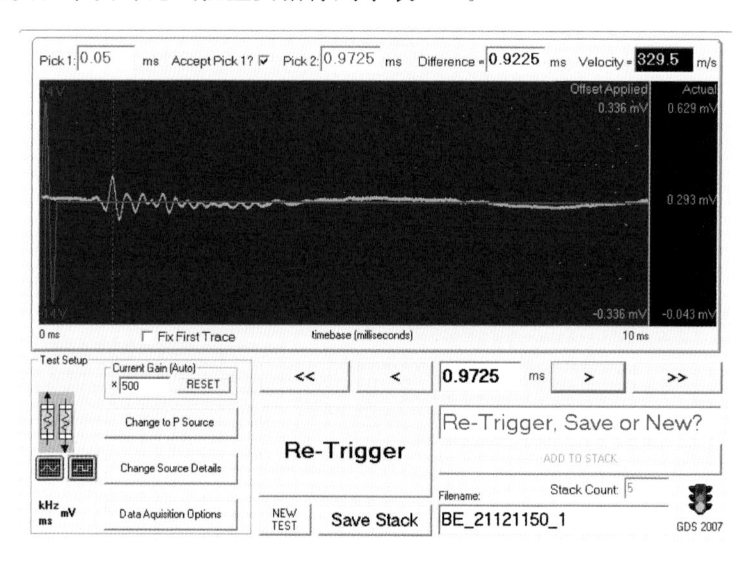

图 3.24　GDS 弯曲元剪切波速测试系统到时差拾取

表 3.6　弯曲元剪切波速测试系统试验工况

测量系统	竖向有效压力/kPa	固结比	试样直径/cm	土样
试样筒剪切波速测试系统	25	K_0 状态	30	标准砂、混合料
GDS 剪切波速测试系统	50～200	1.0～1.5	15	标准砂、混合料

注：混合料采用标准砂与直径 1～2cm 的花岗岩圆砾按不同的比例配比，得到含砾量分别为 10%、20%、40%、60%的混合料。试验原料来源与 3.3 节大直径动三轴的一致，基本参数见表 3.4。

2. 试样筒弯曲元剪切波速测试结果对比

分别对标准砂、标准砂与直径 1～2cm 的花岗岩圆砾配制不同含砾量的混合料进行试样筒弯曲元剪切波速测试。标准砂是早期水泥砂浆强度试验标准用砂，产自福建平潭，国内岩土工程室内试验中多有使用，是具有代表性的一种砂土材料，白色花岗岩圆砾产自我国华东地区，圆砾的粒径经过筛选，控制在 1～2cm，试验目的是探索不同粒径材料的相对密度与剪切波速的关系。

混合料采取干法制样。将称取的按目标含砾量确定重量的标准砂和圆砾充分混合，用特制的漏斗产生砂雨，使试样落入试样筒内，每斗约 200g，控制落距 20～30mm。为使试样均匀，且粒径较大的圆砾不至于堵塞漏斗口，需要控制试样流出漏斗的角度与速度，使漏斗倾斜约15°。图3.25给出了不同含砾量下的混合料、标准砂、白色花岗岩圆砾、探坑剔除料的颗粒级配曲线。

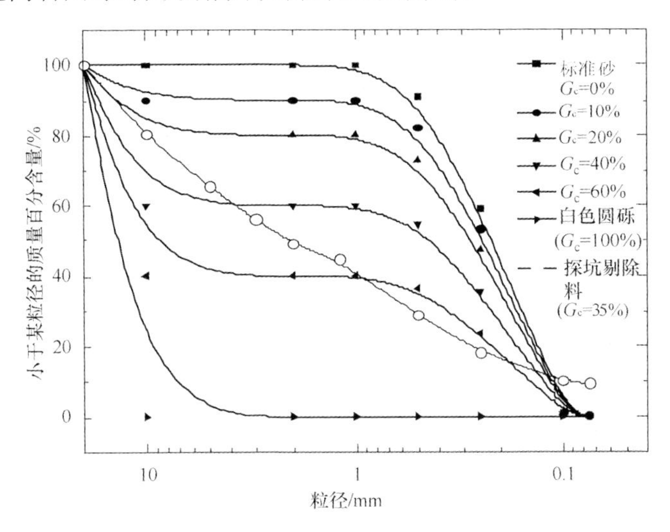

图3.25　不同含砾量混合料颗粒级配曲线

不同含砾量下的试样进行试样筒弯曲元剪切波速测试时，均先按《土工试验规程》(SL 237—1999)规定的方法制作最小干密度土样，然后测试最小干密度下的剪切波速；开动振动台，使土样在一定频率下振动加密，控制振动幅度与振动时长，待停机稳定后，通过外标尺测量土样体积，计算试样干密度，并测试该相对密度下土样的剪切波速。重复上述操作若干次，直至土样达到规范要求的最大干密度，从而获得该土样的相对密度与剪切波速关系(图3.26)。从试验结果可以看出，在同一

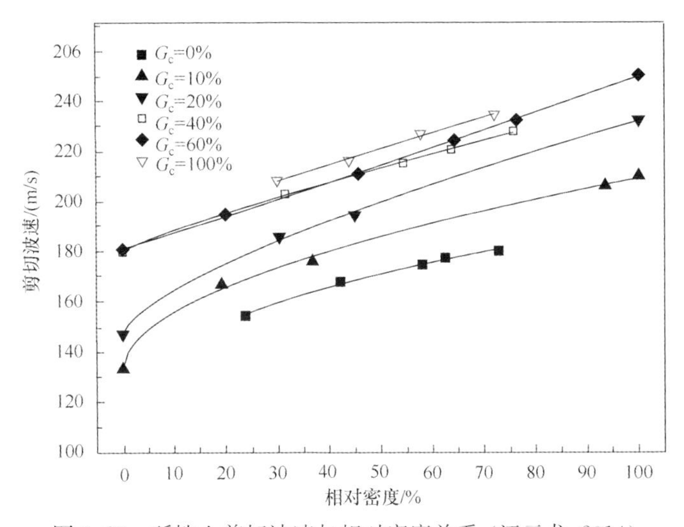

图3.26　砾性土剪切波速与相对密度关系（汪云龙，2014）

相对密度下，剪切波速随含砾量的增大而增大。

3. GDS 大三轴剪切波速测试结果

对标准砂、标准砂与 1～2cm 的花岗岩圆砾配制不同含砾量的混合料，在不同的有效围压和固结比下，进行 GDS 大三轴弯曲元剪切波速测试，试样均为干燥状态，为了制样方便，仅添加了极少量的水，测试结果见表 3.7～表 3.9。结果表明，剪切波速随着固结比、有效围压、含砾量的增大而增大。

表 3.7 不同含砾量剪切波速测试结果 （σ_v'=50kPa；单位：m/s）

含砾量		20%				40%			60%		
D_r		20%	40%	60%	80%	40%	60%	80%	40%	60%	80%
K_c	1.0	213	229	226	237	233	240	252	255	266	275
	1.2	220	233	231	239	236	245	257	260	272	282
	1.5	225	238	235	246	243	252	263	266	279	288

表 3.8 不同含砾量剪切波速测试结果（σ_v'=100kPa；单位：m/s）

含砾量		20%				40%			60%		
D_r		20%	40%	60%	80%	40%	60%	80%	40%	60%	80%
K_c	1.0	248	266	266	274	272	282	295	303	311	319
	1.2	257	272	272	280	277	288	299	307	319	327
	1.5	262	278	279	290	288	295	310	315	323	341

表 3.9 不同含砾量剪切波速测试结果（σ_v'=200kPa；单位：m/s）

含砾量		20%				40%			60%		
D_r		20%	40%	60%	80%	40%	60%	80%	40%	60%	80%
K_c	1.0	295	315	315	325	323	331	345	356	367	379
	1.2	303	321	319	334	330	341	355	362	379	385
	1.5	310	330	332	343	337	351	361	373	388	397

4. 含砾量对剪切波速的影响

采用试样筒剪切波速测试系统，测试标准砂与花岗岩圆砾配制的混合料在不同含砾量、不同相对密度下的剪切波速。为便于说明，给出相对密度为 50%，含砾量分别为 0%、10%、20%、40%、60%、100%的剪切波速。试样筒中试样的有效竖向压力约为 25kPa，采用式(3.8)将实测剪切波速修正至竖向有效压力为 100kPa 时的修正剪切波速：

$$V_{s1}=V_s(100/\sigma_v')^{0.25} \tag{3.8}$$

式中，V_{s1}为修正剪切波速；V_s为弯曲元实测剪切波速；σ_v'为上覆有效压力。

为便于对比，对标准砂与花岗岩圆砾配制的混合料GDS大直径动三轴剪切波速测试结果进行线性插值，得到相对密度为50%、竖向有效围压为100kPa、固结比为1.0的不同含砾量下的剪切波速。将试样筒剪切波速测试系统以及GDS大直径动三轴剪切波速测试系统获取的混合料剪切波速结果绘制于图3.27，结果表明，含砾量小于约50%时，剪切波速随含砾量的增大迅速增大，含砾量超过50%之后，由于弯曲元片与试样接触不充分，导致剪切波速结果偏小，剪切波速随含砾量的增大而缓慢增长。

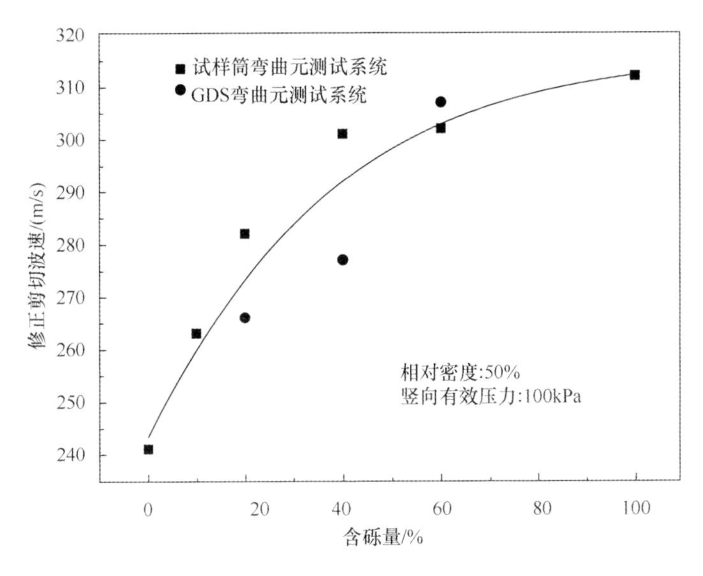

图3.27　含砾量对剪切波速的影响(混合料)

根据工程测试经验及规范中对无黏性土的工程分类规则，砂土与砾性土的区别在于含砾量的不同，对于某一砂土，若不断提高其含砾量，砂土则逐渐划分为砾性土，正是由于含砾量的变化。其工程特性也会逐渐发生明显的变化，主要体现在剪切波速的变化，剪切波速是一个综合参数，含砾量对工程特性的影响也应是综合且复杂的。从Andrus等(2000)的砂土液化判别方法可以看出(图7.9)，当修正剪切波速大于200m/s时，Andrus抗液化强度曲线迅速增长上升，并以修正剪切波速210m/s竖直线为渐近线，表明当修正剪切波速大于210m/s时，抗液化应力比较大而认为没有液化可能性。210m/s左右的剪切波速对砂土来说已经接近密实状态，而对砾性土来说仍处于稍密状态，具有很大的液化可能性，这也是目前基于剪切波速的砂土液化判别方法不能应用于砾性土的根本原因。

3.5 小　　结

虽然发现并确认了汶川地震中大规模的砾性土液化现象，学术界对砾性土液化的可能性已达成一定的共识，但对砾性土液化产生的阈值条件、控制因素、抗液化强度、孔压增长与消散以及判别方法等问题存在较大的争议，相关研究不够充分，而工程界直接将砾性土划定为没有液化的可能，而不采取任何抗液化措施。为此，2008年汶川地震后我们进行了一系列与砾性土动力特性方面的研究，主要结果如下。

(1) 在相同相对密度的情况下，采用标准砂与圆砾配制的混合料、标准砂、德阳松柏村液化场地人工探坑砾性土剔除料，得到的循环应力比较为接近，尽管3种试样的粒径组成、级配、矿物成分存在较大的差异。这表明在不排水条件下，橡皮膜嵌入效应可以忽略或进行有效消除后，抗液化强度受颗粒、级配、矿物组成的影响不大，不能仅根据室内试验抗液化强度指标对砾性土的液化特性进行评价。

(2) 孔隙水压力的增长受到土性特征以及固结比、有效围压、动应力水平等试验条件的影响，砾性土的孔压增长与砂土的存在一定差异，砾性土的孔压在刚开始几周循环荷载便迅速增长，之后缓慢增长直至液化，而砂土的孔压在刚开始几周循环荷载增长缓慢，孔压比缓慢增长至0.6之后迅速增长直至液化，孔压模型计算时，孔压的具体发展形态需要根据实际的试验条件合理确定。

(3) 相对密度是影响抗液化强度最主要的影响因素，剪切波速随含砾量的增大而增长，相对密度相同时，砾性土的剪切波速明显大于砂土的，即剪切波速很大的情况下，对于砂土已经接近密实状态，而对于砾性土来说仍处于稍密状态，仍具有很大的液化可能性，这也是目前基于剪切波速的砂土液化判别方法不能应用于砾性土的根本原因。

第4章　砾性土液化特性与液化原理

4.1　引　　言

相比砂土液化试验,砾性土液化相关试验成果十分有限。针对砾性土的液化可能性、抗液化强度、影响因素等,国内外开展了相对有限的室内试验,相关结论存在较大的偏差。主要观点一:砾性土与砂土液化特性无差别,砾性土的抗液化强度受含砾量的影响较小,主要受控于相对密度(王昆耀等,2000;常亚屏等,1998;Siddiqi et al.,1987;Wong et al.,1974)。主要观点二:砾性土与砂土液化特性差别显著(王志华等,2013;汪闻韶等,1986)。不仅不同学者的研究结论差异较大,同一学者在不同时期的研究也出现截然相反的结论,Evans 和 Seed(1987) 试验结果表明相对密度较为接近的 Oroville 砾性土与 Monterey 砂的循环应力比较为接近,尽管砂土的粒径小于砾性土,但 Evans 等(1995)不排水动三轴试验结果与 Evans(1987)的结果截然相反,相对密度均为 40%,砂土与含砾量为 60%的砾性土,10 周循环荷载下产生 5%的双应变幅所需的剪应力比分别为 0.15、0.32,含砾量为 40%、相对密度 40%的砾性土的抗液化强度与相对密度 65%砂土的相当。

这些数量有限且相互矛盾的结果表明,目前砾性土的液化特性、抗液化强度的规律、影响因素等方面的研究还很不成熟,未能达成一致的结论,相关研究需要统一标准,也需要大量试验。而试验结果的差距,一方面因为砾性土较为复杂,试样本身存在差异;另一方面受砾性土颗粒尺寸效应、取样难度、橡皮膜嵌入等试验条件以及固结压力、固结比等应力条件的影响,也会造成结果出现较大的不同。特别是橡皮膜嵌入效应影响的消除,没有统一的试验方法和标准,对试验结果的影响很大。当试样橡皮膜的内外两侧的压力差(有效围压)发生变化时,橡皮膜将产生压入或回弹现象,以往研究主要集中在橡皮膜嵌入对砂土的影响。而实际上,砾性土由于颗粒更大,试样与橡皮膜的接触面更加粗糙,有效围压的变化导致橡皮膜的压入与回弹引起的体积应变更加明显,橡皮膜嵌入效应对砾性土试验结果的影响要远远大于对砂土的影响。因此,室内试验,特别是大直径动三轴试验,是研究砾性土液化特性、机制的重要手段,但受到取样难度、尺寸限制、橡皮膜嵌入效应等的影响,直接将相关的研究成果应用于工程实践还存在较大的差距,对砾性土动力试验相关结果进行对比时,应详细地给出试样的来源、制样方法、试验设备的加载方式、应力条件等,结果才有参考价值。

本章介绍和评述国内外砾性土液化特性的相关试验，特别对试样的制备、试验方案等进行了较详细的介绍和评述，讨论土性条件、试验条件、动荷条件以及应力条件等对试验结果的影响，分析了相关结果存在偏差与争议的原因。结合室内试验、数值计算、现场调查验证，从砾性土液化的宏观表现、演变规律、阈值条件等角度给出了砾性土液化机理的合理解释。

4.2　大直径动三轴试验影响因素

4.2.1　试样尺寸

1. 试样直径的影响

实际地震中土体在 K_0 状态下承受水平地震剪应力，动三轴模拟的是土样45°面上的循环剪切特性，且45°面上的正应力也会周期变化，尽管动三轴试验并不能严格意义上代表实际地震的受荷条件，由于试验应力条件和加载方案可控，其仍是研究液化机理较为理想的手段。Wong等(1974)最早开展了砾性土的动三轴试验，受当时试验条件限制，所使用的荷载并不是正弦波，而是一种近似方波，荷载波形的正向平台与反向平台转换时的斜率为1/8min，振动频率也非常低，为1周/min(图4.1)，试验的目的：采用同一种砂土，即Monterey砂，分别采用试样直径2.8in(7.11cm)、12in(30.48cm)的动三轴试验，研究试样尺寸对抗液化强度的影响；采用试验直径12in的循环动三轴试验研究不同液化标准对砾性土抗液化强度的影响(图4.2)。

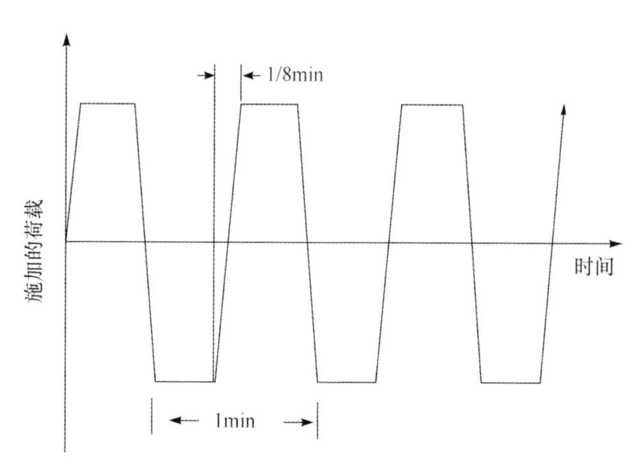

图4.1　动三轴试验施加的循环荷载(Wong et al.,1974)

Wong 等(1974)对比试验所使用的土样为 Oroville 坝料和 Monterey 砂(表 4.1),级配均良好,所取砾石的磨圆度为圆滑,且十分坚硬,锤子敲击难以破碎,而细粒部分为次圆或次棱角,最大孔隙比约为 0.8,最小孔隙比约为 0.5。直径大于 1/4in 颗粒的比重为 2.94,小于 1/4in 颗粒的比重为 2.86,表明随着粒径的变化矿物成分有所变化。现场砾性土的原始级配曲线为 1965～1967 年大坝修建时 24 个试验的平均结果,为了比较级配对砾性土液化特性的影响,根据砾性土的原始级配曲线采用平移方法,配置了相应的模拟料。制样方法采用 10 层分层压实的方法,且每一层厚度均进行了计算以保证相同的相对密度,孔隙的体积通过测试饱和时注入试样的水量,进而计算试样的孔隙比。

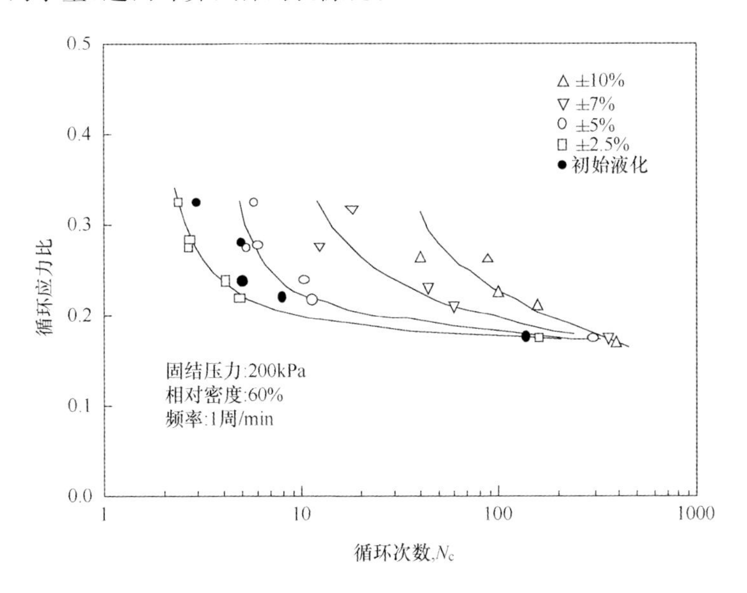

图 4.2　Oroville 模拟料在不同液化标准下的抗液化强度(Wong et al.,1974)

表 4.1　试验所用砂土、砾性土基本参数(Wong et al.,1974)

名称	粒径	比重	平均粒径/英寸	不均匀系数	e_{max}	e_{min}
Oroville 坝料	1.5～3/4in	2.94	1.125	1.3	0.81	0.52
	3/4～3/8in	2.94	0.563	1.3	0.79	0.5
	3/8in～No.4	2.94	0.28	1.3	0.79	0.5
	2in～No.200	2.9	0.49	39.2	0.46	0.176
Monterey 砂	No.16～No.50	2.66	0.23	1.8	0.83	0.53

图 4.3 给出了 Monterey 砂在相同的相对密度 60%，反压饱和至 200kPa 的有效围压，荷载采用图 4.1 近似方波的加载方式，直径分别为 2.8in、12in 试样的循环剪应力比。由图可知，直径 12in 试样的循环剪应力比要比直径 2.8in 试样的低 10%左右，表明试样直径越小，试验得到的抗液化强度结果越大，橡皮膜的嵌入效应越大，试验误差越大。上述为砂土的对比结果，砾性土的粒径更大，橡皮膜的压入与回弹的程度更加明显，橡皮膜的嵌入效应更大。

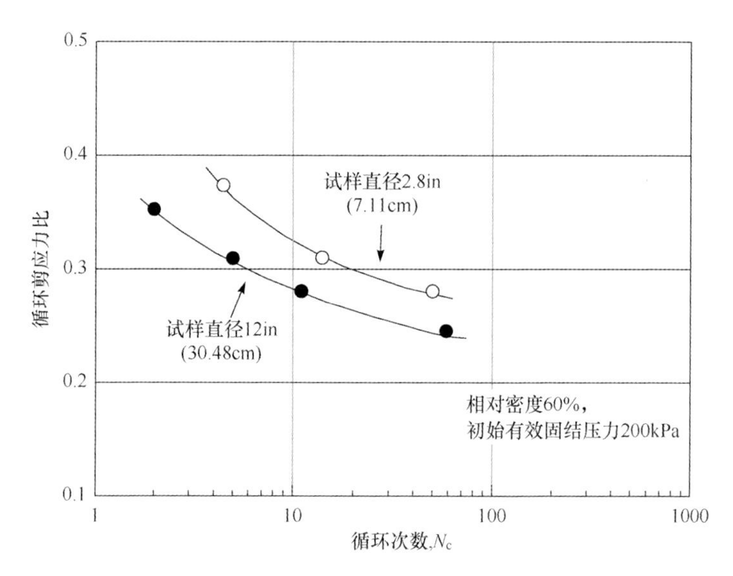

图 4.3　Monterey 砂在不同试样直径下的抗液化强度(Wong et al.,1974)

2. 颗粒级配的影响

受试验条件限制，砾石粒径较大，一般采取级配曲线平移的方法制备模拟料，模拟料的粒组尺寸小于原料。在静力试验中已广泛采用这种方法(Becker,1972)，而在动力试验中采用，似乎会低估砾性土的抗液化强度。为此，Siddiqi 等(1987)分别选取 Lake Valley 与 Oroville 的两种坝料，开展原坝料与级配曲线平移之后模拟料的大直径动三轴试验(表 4.2 和表 4.3)。Lake Valley 坝料主要由砾石、砂以及少量的粉土和卵石组成，磨圆度为圆滑至次圆，Oroville 坝料主要由砾石、砂以及卵石组成，磨圆度为圆滑至次圆，坝料最大粒径为 2in(5.08cm)，试样直径 12in(30.48cm)，模拟料采用级配曲线平移的方式获得，最大粒径 0.5in(1.27cm)，试样直径 2.8in(7.11cm)，Oroville 坝料与模拟料的级配曲线如图 4.4 所示。

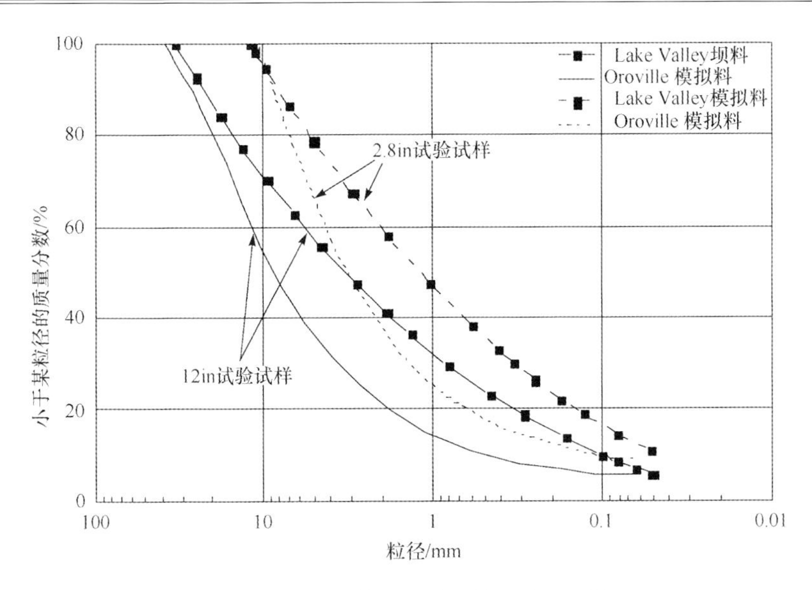

图 4.4　Lake Valley、Oroville 坝料及其模拟料的级配曲线(Siddiqi et al.,1987)

表 4.2　Lake Valley 坝料与模拟料基本物理指标(Siddiqi et al.,1987)

Lake Valley 坝料		模拟料	
种类	河流沉积砾石,圆滑至次圆		
土类代码	GW～GM	土类代码	SW～SM
平均粒径/mm	3.8	平均粒径/mm	1.4
不均匀系数 C_u	62.5	不均匀系数 C_u	29.3
曲率系数 C_c	1	曲率系数 C_c	1.07
粒径	比重	粒径	比重
4.75mm 以上	2.82	4.75mm 以上	2.92
1.27～4.75mm	2.76	1.27～4.75mm	2.76
1.27～50.8mm	2.74		
平均	2.81	平均	2.84
塑性指数 IP	0.425mm 以上无塑性	塑性指数 IP	0.425mm 以上无塑性
最大干密度/(g/cm^3)	2.23	最大干密度/(g/cm^3)	2.11
最小干密度/(g/cm^3)	1.82	最小干密度/(g/cm^3)	1.68
最大孔隙比 e_{max}	0.538	最大孔隙比 e_{max}	0.688
最小孔隙比 e_{min}	0.261	最小孔隙比 e_{min}	0.343
粒径/mm	小于该粒径的质量分数/%	粒径/mm	小于该粒径的质量分数/%
50.8	100	50.8	100
38.1	93.4	38.1	
19.05	79.3	19.05	
9.525	65.5	9.525	91.9
4.75	53.1	4.75	74.5

表 4.3 **Oroville 坝料与模拟料基本物理指标**(Siddiqi et al.,1987)

Oroville 坝料		模拟料	
种类	河流沉积砾石,圆滑至次圆		
土类代码	GW~GM	土类代码	GW~GM
平均粒径/mm	9.53	平均粒径/mm	4.0
不均匀系数 C_u	47.0	不均匀系数 C_u	38.7
曲率系数 C_c	3.85	曲率系数 C_c	4.83
粒径 4.75~50.8mm 4.75mm 以下 平均	比重 2.92 2.78 2.85	粒径 4.75~50.8mm 4.75mm 以下 平均	比重 2.92 2.78 2.85
液塑限 液限 LL/% 塑限 PL/% 塑性指数 IP	 15.5~17.0 15.0~17.0 0.5~0.0	塑性指数 IP	0.425mm 以上无塑性 或少塑性
最大干密度/(g/cm^3)	2.46	最大干密度/(g/cm^3)	2.24
最小干密度/(g/cm^3)	2.00	最小干密度/(g/cm^3)	1.72
最大孔隙比 e_{max}	0.440	最大孔隙比 e_{max}	0.617
最小孔隙比 e_{min}	0.165	最小孔隙比 e_{min}	0.240
粒径/mm 50.8 38.1 19.05 9.525 4.75	小于该粒径的质量分数/% 100 92.5 73.0 49 31	粒径/mm 12.7 9.525 4.75	小于该粒径的质量分数/% 100 83.05 52.54

试验工况一:Lake Valley 坝料与模拟料的相对密度均为 60%;试验工况二:Lake Valley 坝料与模拟料的相对密度均为 40%;试验工况三:Oroville 坝料与模拟料的相对密度均为 84%。初始有效固结压力 2ksc(200kPa),固结比 $K_c=1.0$,其中试验工况一、二分别采用了孔压比达到 100%的初始液化及双应变幅值达到 10%的破坏标准,试验工况三仅采用了孔压比达到 100%的初始液化的破坏标准。所有试验结果均进行了面积、橡皮膜嵌入和系统依从性修正,3 种试验工况下的抗液化强度绘于图 4.5。

从图 4.5 可以看出,采用级配曲线平移方法得到的模拟料,在相对密度相同的条件下原坝料、模拟料的抗液化强度十分接近,特别是以孔压比达到 100%的初始液化为破坏标准,较以轴向应变达到 10%双应变幅值为破坏标准更为接近。因此,Siddiqi 等(1987)认为在确定含有超限尺寸砾性土的液化特性时,只需研究去除超限尺寸颗粒后的模拟料，保证相同的相对密度即可，相对密度对砾性土的抗液化强度起决定作用。对于相对密度为84%的Oroville坝料，孔压比发展至100%时累积的轴向应变为2.75%～3.5%，而对于相对密度为60%时，相应的轴向应变增长明显，为3%～5%。试样越密，孔压在刚开始时发展越陡。这个结果与其他学者的大直径动三轴试验结果较为接近。

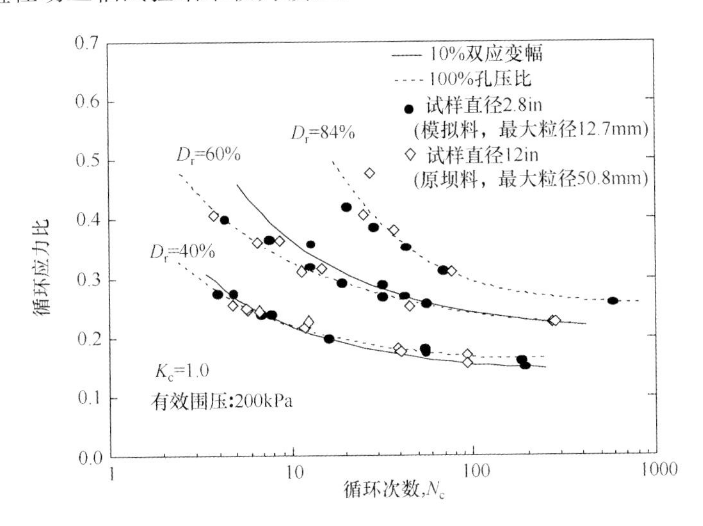

图4.5　粒径对抗液化强度的影响(Siddiqi et al.,1987)

4.2.2　土样状态

关于重塑砾性土与原状砾性土之间动力特性的差异存在较大的争议。Fioravante等(2012)在全新世海岸平原采用冷冻法获取原状砾性土，分别进行原状样与重塑样的大直径动三轴试验，对场地进行液氮冷冻后，从3个钻孔中共获取了23个长0.5～1.1m、直径0.29m的原状砾性土，砾石最大粒径约20cm，取样深度15～25m，将2～60mm的粒组划为砾粒组(图4.6)，与中国规范相同。室内弯曲元法测得的剪切波速与现场跨孔法测试的剪切波速较为接近，为230～270m/s，说明冷冻法取样的质量很高。试样直径29cm，高60cm，孔压系数B均大于0.95，围压179kPa，固结比1.0，荷载频率0.25Hz。

为了评价结构、胶结、年代的影响，将原状样与重塑样的试验结果进行对比，重塑土制样时，5层击实达到预定密实程度，然后在−15℃的冷却箱中冷冻20h，接下来试验与现场冷冻获取的试验步骤相同，采用孔压比达到100%的初始液化为破坏标准，抗液化强度曲线显示(图4.7)，相同的试验条件下，原状土与重塑土的差别较小、沉积等因素没有影响，试验时均出现明显的循环流动性现象。

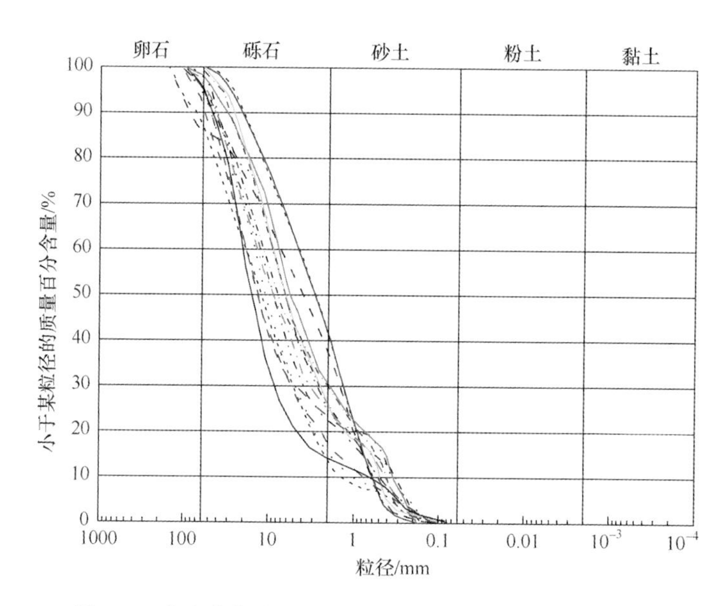

图 4.6　冷冻法获取的原状砾性土(Fioravante et al.,2012)

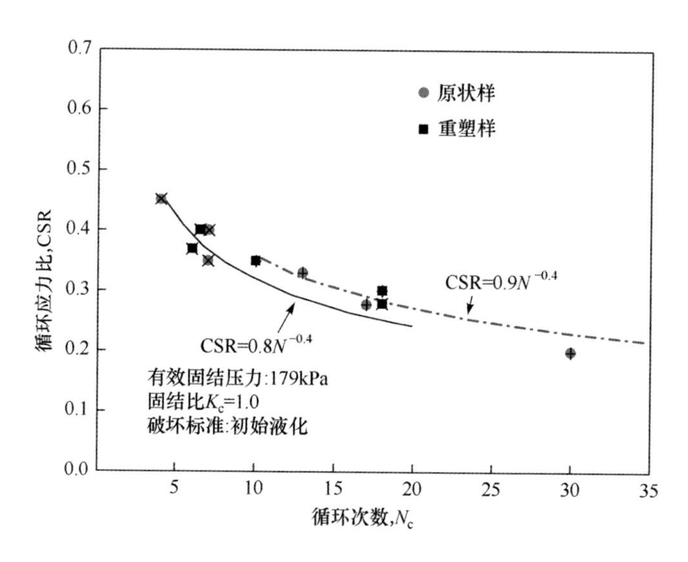

图 4.7　原状与重塑砾性土抗液化强度对比(Fioravante et al.,2012)

4.2.3　液化标准

砂土液化试验中,一般采用孔压比达到 100%的初始液化或应变幅值达到±2.5%作为判断液化的标准,采用这两种破坏标准得到的结果较为接近。然而对于砾性土来说,采用不同的破坏标准,抗液化强度存在较大的差异,由于橡皮膜的嵌入效应，若仍采用初始液化，即孔压比达到100%，得到的结果将明显偏高，初始液化时的应变已达到±5%以上。

图4.2为Wong等(1974)采用图4.8中的Oroville坝料的模拟料(粒径范围0.075～50.8mm，级配良好)以图4.1近似方波的动三轴加载方式(振动频率1周/min)，在相对密度均为60%、有效围压均为200kPa、试样直径12in(30.48cm)的试验条件下，采用初始液化、应变幅值分别为±2.5%、±5%、±7%、±10%的破坏标准得到的抗液化强度，初始液化得到的强度曲线位于应变幅值±3%～±5%得到强度曲线之间，要明显高于应变幅值±2.5%得到的强度曲线。当砾性土应变幅值增长至±2.5%时，表明砾性土已经产生较大的变形，可以认为达到了液化破坏的状态，然而此时的孔压比仍未达到100%的初始液化，出现了由于有效应力降低橡皮膜回弹导致孔压偏低的现象，进一步说明了橡皮膜嵌入效应对试验结果的影响。

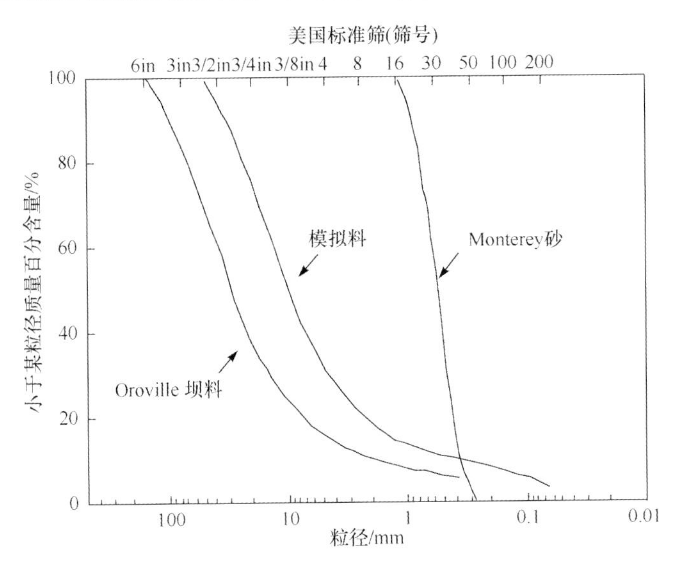

图4.8 试验所用砂土、砾性土级配曲线(Wong et al.,1974)

4.2.4 应力条件

动三轴试验中，试样的抗液化强度、孔压发展受有效围压、固结比等应力条件的影响很大，在进行结果对比时需在相同的试验应力条件下进行。Banerjee等(1979)研究了不同有效围压、固结比对抗液化强度的影响，试样为Oroville坝料，最大粒径为2in(5.08cm)，试样直径12in(30.48cm)，相对密度均为84%，围压分别为800kPa、1400kPa、2600kPa，固结比分别为1.0、1.58、2.0，液化标准均采用±2.5%的双应变幅值，试验结果如图4.9和图4.10所示。试验结果表明，在同样的液化破坏标准下，有效固结压力、固结比等应力条件对砾性土的抗液化强度有一定的影响，但影响相对较小，特别是有效固结压力。

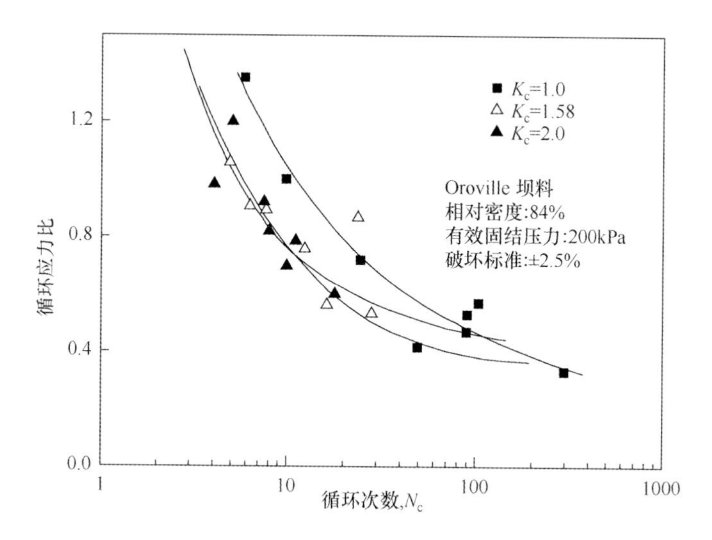

图 4.9　固结比对 Oroville 坝料抗液化强度的影响(Banerjee et al.,1979)

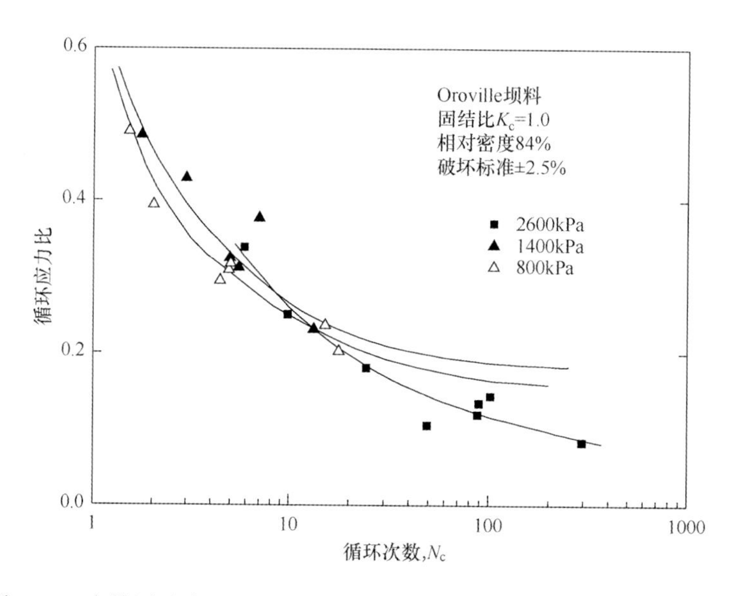

图 4.10　有效围压对 Oroville 坝料抗液化强度的影响(Banerjee et al.,1979)

Evans 等(1987)开展了试样直径分别为 2.8in 和 12in 的大量不排水动三轴试验,并给出了不同固结比下孔压比的发展趋势(图 4.11)。试样所用土样为 Watsonville 砾性土,粒径范围为 0.95～4.75mm,并用 Monterey 细砂进行充填,相对密度均为 43%,有效固结压力为 200kPa,给出了固结比分别为 1.0、1.25、1.5、1.75、2.0 时的残余孔压增长曲线。结果显示,固结比越大,残余孔压增长曲线越接近 A 型,即在振次比较小时,孔压比迅速上升至 0.5～0.7,然后缓慢增长,与张

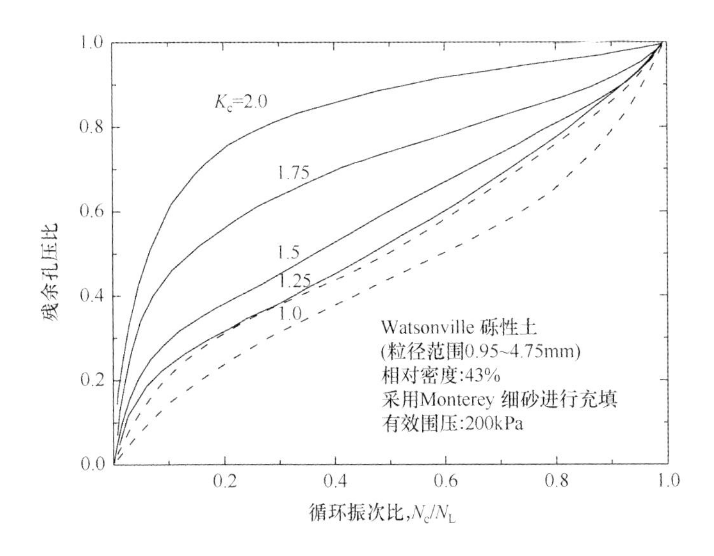

图 4.11　固结比对砾性土孔压发展的影响(Evans et al.,1987)

建民等(1991)对砂土孔压在不同试验条件下总结的规律“低的相对密度、低的固结比和高的动应力水平时常出现 A 型孔压变化”有所不同。

4.2.5　橡皮膜嵌入效应

橡皮膜嵌入效应的产生是由于动三轴试验时,当橡皮膜内外两侧的压力差(有效围压)发生变化时,橡皮膜将产生压入或回弹现象,会在较大程度上影响试样孔压的发展,即橡皮膜嵌入效应,国内相关文献中大直径动三轴试验很少或基本不考虑这一现象。橡皮膜嵌入是指在土样侧表面土颗粒与橡皮膜之间空隙中的水在固结阶段排出、橡皮膜压入,而在不排水往返剪切阶段孔隙水压力上升、压入的橡皮膜恢复平整的现象。有效围压为 0 时,橡皮膜表面的内外没有任何压力差从而保持平直(图 4.12(a)),随着有效围压的增大,橡皮膜逐渐嵌入至试样侧面的孔隙之中(图 4.12(b)),有效围压越大,嵌入的程度也就越大(图 4.12(c)),当动三轴荷载施加之后试样产生孔隙水压力,有效围压将降低,有效围压降低将导致橡皮膜的回弹:①橡皮膜的回弹导致孔隙水含量重新分布,即试样中心部位孔隙中的水迁移至试样周围,填充橡皮膜回弹时产生的空隙;②试样中的水迁移,相当于试验部分排水、固结,试样变得更加密实,获得的抗液化强度实际上是试样变密实之后试样的结果,另外,动三轴部分排水试验,在一定程度上抑制了孔压的发展,孔压比达到 100%的初始液化状态需要更大的变形,一定程度上可以较好地解释图 4.2 中初始液化得到的抗液化强度曲线位于应变幅值±3%～±5%,大于砂土产生液化时的±2.5%应变幅值,砾性土会得到更大的抗液化强度。

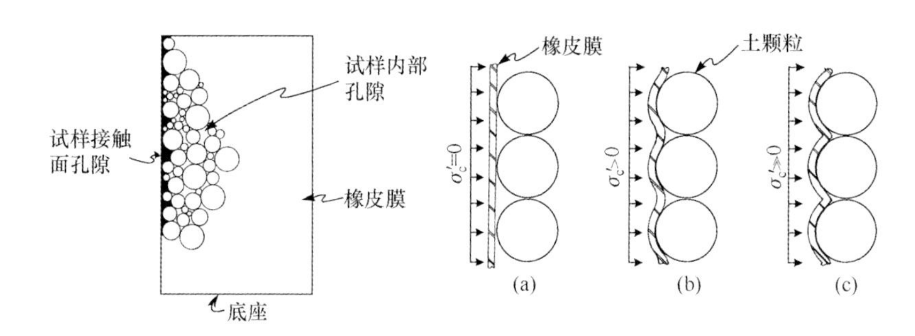

图 4.12　橡皮膜压入与回弹示意图(Evans and Seed,1987)

橡皮膜的压入程度很大程度上决定了橡皮膜嵌入效应大小,橡皮膜回弹产生的微小体积变化能产生很大的孔压影响,因此橡皮膜的嵌入效应会提高砾性土的抗液化强度,特别是通过不排水动三轴试验获得的结果,以往研究主要集中在橡皮膜嵌入对砂土的影响,而实际上,砾性土由于颗粒更大,试样与橡皮膜的接触面更加粗糙,有效围压的变化导致橡皮膜的压入与回弹引起的体积应变更加明显,橡皮膜嵌入效应对砾性土的影响要远远大于对砂土的影响。Kiekbushch 等(1977)给出了橡皮膜的压入程度,即橡皮膜压入试样表面的总体积与试样的表面积(不包含顶面与底面)之比与平均粒径 D_{50} 的关系(图 4.13),当平均粒径小于 0.1mm 时,橡皮膜的压入程度随粒径的增大缓慢增大,而当平均粒径大于 0.1mm 时,橡皮膜的压入程度随粒径的增大迅速增大。因此,平均粒径小于 0.1mm 时,可以不考虑橡皮膜的嵌入效应。图 4.17 建立的橡皮膜嵌入效应修正关系,也以平均粒径 0.1mm 的试验结果为基准。

为了证明橡皮膜嵌入效应对砾性土影响的存在,并建立橡皮膜嵌入效应的修正关系,Evans 等(1987)利用一个简单的试验,即保证砾石骨架的相对密度一致,在砾石的孔隙中填充一定的砂土,由于砂土的填充使得试样表面更加光滑,可以有效减少橡皮膜的压入程度(图 4.14),未进行砂土充填的砾性土试样表面凹凸不平,固结时橡皮膜明显压入试样表面的孔隙之中,通过两者在不同相对密度下的动三轴试验结果,验证采用砂土充填的方式能否降低橡皮膜的嵌入效应。

为了对比进行砂土充填与未充填的砾性土液化特性,Evans 等(1987)开展了试样直径分别为 2.8in 和 12in 的不排水动三轴试验,试样所用土样为 Watsonville 砾性土,颗粒最大粒径为 2in(5.08cm),充填与未充填的砾性土骨架的相对密度均为 42%。液化的发生是在循环荷载作用下导致的颗粒重新排列或压裂。填充在砾石孔隙中的砂土,即使处于很松散的状态,其抵抗变形的能力也应大于无填充时所对应的水,砂土填充后的砾性土整体的抗液化强度理应提高。然而,砂土填充对抗液化强度提升的贡献作用有限。相反,进行砂土填充后的砾性土抗液化强度明显低于未进行砂土填充砾性土的强度,在 10 周循环荷载下产生 5%(或±2.5%)

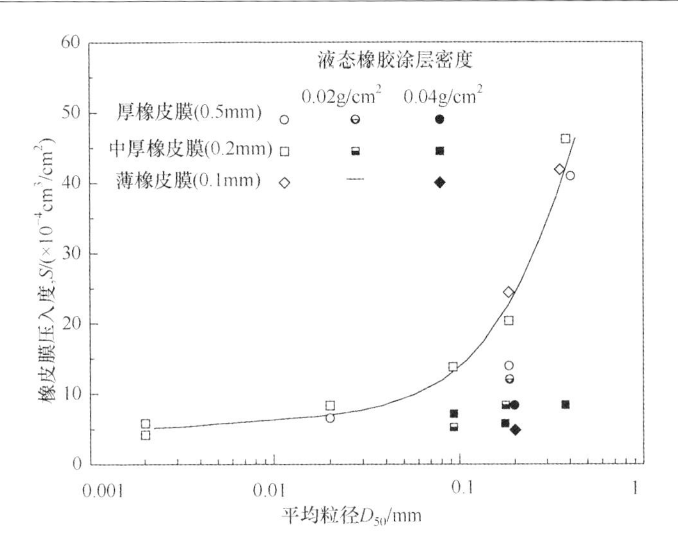

图 4.13　橡皮膜压入程度与平均粒径的关系(Kiekbushch and Schuppener,1977)

的双应变幅值所需的循环应力比,充填的是未充填的 65%(0.176/0.272)左右(图 4.18),充填后强度降低了 35%,主要是由于有效地消除了橡皮膜的影响。因此,忽略充填砂土对砾性土强度的提升,橡皮膜嵌入效应对该试验所选砾性土抗液化强度的影响至少为 35%。

(a) 进行砂土充填

(b) 未进行砂土充填

图 4.14　充填与未充填的砾性土橡皮膜压入度对比(Evans and Seed,1987)

上述对比试验未进行砂土充填的砾性土级配均匀,进行砂土充填后可有效消除橡皮膜的嵌入效应,然而,对于级配良好的砾性土,不同粒径范围的粒组均有一定的分布，制样时试样表面相对光滑。Evans 等（1987）给出进行了砂土充填相对密度分别为 42%、62%的砾性土循环剪应力比，并与 Wong 等（1974）在试样直径为 12in 且级配良好（$C_u \approx 40$）粒径范围为 0.075～5.08mm 时的 Oroville 砾性土结果进行对比，有效围压均为 200kPa，固结比均为 1.0。相对密度约为 60%的两种结果较为接近，表明进行砂土充填或级配良好的砾性土试样表面相对光滑，橡皮膜的贯入度较小，能在很大程度上降低橡皮膜的嵌入效应。进行砂土充填之后或级配良好的砾性土，动三轴得到的循环应力比较为接近真实的状态，不需要进行橡皮膜嵌入效应的修正，从图 4.15 可以看出，相对密度分别为 42%、60%、62%的动三轴试验结果存在良好的规律性，即抗液化强度随着相对密度的增大而提高，相对密度接近的抗液化强度也接近，尽管两种结果有一定的偏差，很可能是土性本身以及试样的制样方法等存在差异。因此，Evans 等（1987）认为级配良好、具有相近结构、相同相对密度的砾性土应具有较为相近的循环剪应力比，砾性土的抗液化强度主要受相对密度控制，而与粒径等关系不大。

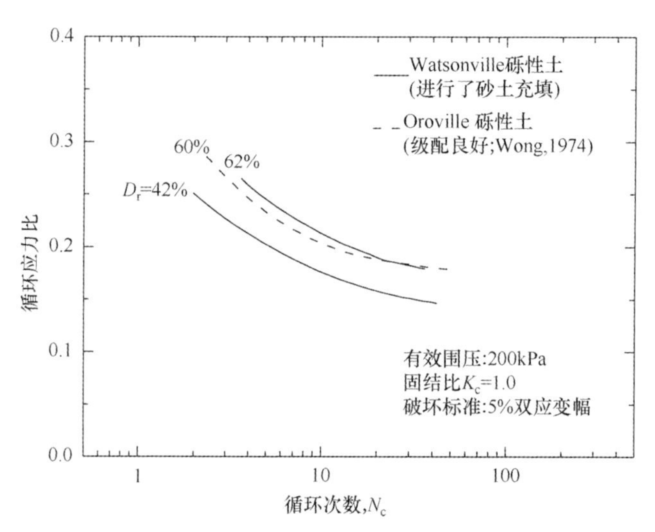

图 4.15　进行砂土充填与级配良好砾性土的抗液化强度对比（Evans and Seed，1987）

尽管对于同一种砾性土，橡皮膜的压入程度不随相对密度的变化而变化，但对试验结果影响的差别却很大，剪切破坏时松散砾性土产生的体积应变要明显大于密实砾性土。因此，对于橡皮膜回弹引起的体积应变与剪切破坏时产生的体积应变的相对量，密实的砾性土较松散的大很多。Evans 等（1987）给出了进行砂土充填与未充填的砾性土产生 5%双应变幅值时的残余孔压比与相对密度的关系（图 4.16），未进行充填的砾性土 5%双应变幅值的残余孔压比随着相对密度的增大而明显降低，相对密度为 60%的砾性土产生 5%双应变幅值的残余孔压比仅能达到约 60%，此时已达到应变破坏标准，若以孔压比达到 100%的初始液化为破坏标准，则仍未达到液化，需要更高的应力比或更多的循环次数，因此，得到的抗液化强度就更高，这种偏高的结果主要是由橡皮膜嵌入效应导致的。进行砂土充填之后，相对密度为60%的砾性土产生5%双应变幅值时的残余孔压比可高达90%，尽管无法像砂土一样达到100%，但在很大程度上减少了橡皮膜的嵌入效应。

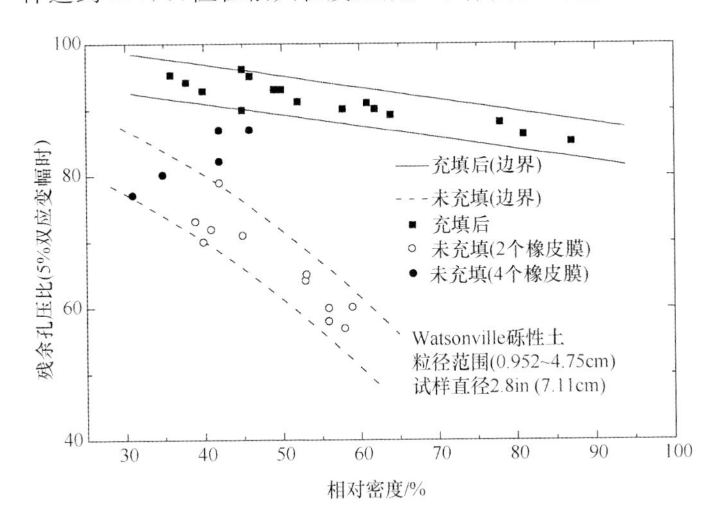

图4.16 双应变幅5%时砾性土的残余孔压与相对密度的关系(Evans and Seed,1987)

上述分析表明，不同的土类在不同的试验条件下，橡皮膜嵌入效应的差异较大，最终的试验结果需进行相应的修正。Martin等(1978)对砂土进行橡皮膜压入与回弹试验。试样的总体积应变通过压力室的排水量直接量测，试样骨架的体积应变根据均等固结条件下的轴向应变计算得到，回弹体积应变等于总体积应变减去土骨架发生的体积变化量，绘制有效围压变化引起的橡皮膜回弹体积应变曲线及试样骨架体积应变曲线，橡皮膜嵌入效应修正系数即为两曲线的斜率之比。需要说明的是，采用这种方法得到的修正系数，是以平均粒径0.1mm砂土的结果为基准的，即平均粒径0.1mm以下的土类可不考虑橡皮膜的嵌入影响。Martin等(1978)认为，橡皮膜嵌入效应的大小与平均粒径成正比，应用时可以延伸至砾性土(图4.17虚线)。Evans(1987)则通过对比进行砂土充填与未充填的砾性土发现，充填后强度降低了35%，将在10周循环荷载下产生5%(或±2.5%)的双应变幅值所需的循环应力比(0.272/0.176≈1.55)(图4.18)作为橡皮膜嵌入效应的误差修正系数，试验对应的平均粒径为25.3mm，对应的循环应力比误差为1.55−1.0=55%，试样直径为12in(30.48cm)。同样采用Martin等(1978)的方法，以平均粒径0.1mm砂土的结果为基准，即将图4.17中的点(0.1,0)与(25.3, 55)相连得到的直线，作为试样直径为12in的橡皮膜嵌入试验的误差修正。试样直径为2.8in橡皮膜的循环应力比试验误差修正系数采用同样的方法得到。

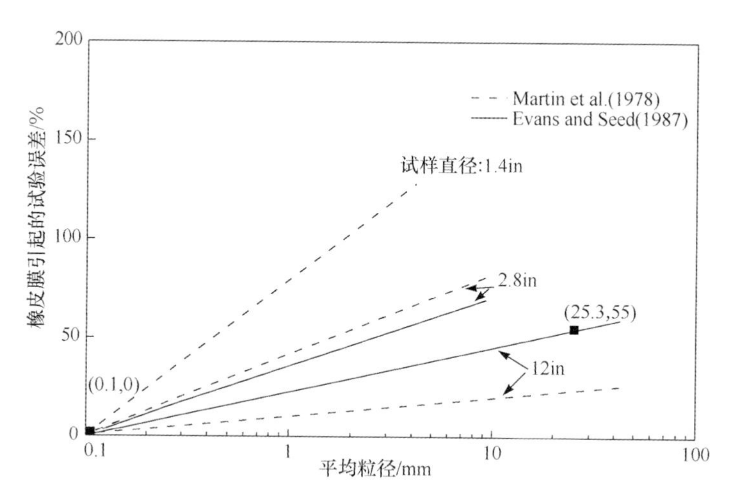

图 4.17　橡皮膜嵌入效应引起的试验误差(Evans and Seed,1987)

需要指出的是,Martin 等(1978)根据砂土试验结果建立的橡皮膜嵌入效应修正系数,采用简单延伸的方式应用于砾性土,可靠性有待考察。而 Evans 等(1987)给出了类似的修正系数,仅适用于相同或相近的试验条件下进行修正,试验所采用的砾性土来源于采石场,由于采石场获取的砾性土具有很大的棱角,与河流自然沉积的具有较大差别,其液化特征也应注意区别,同时砾石均匀、橡皮膜的嵌入程度大(图 4.14)、颗粒更细或级配更良好的砾性土,橡皮膜的嵌入影响将明显

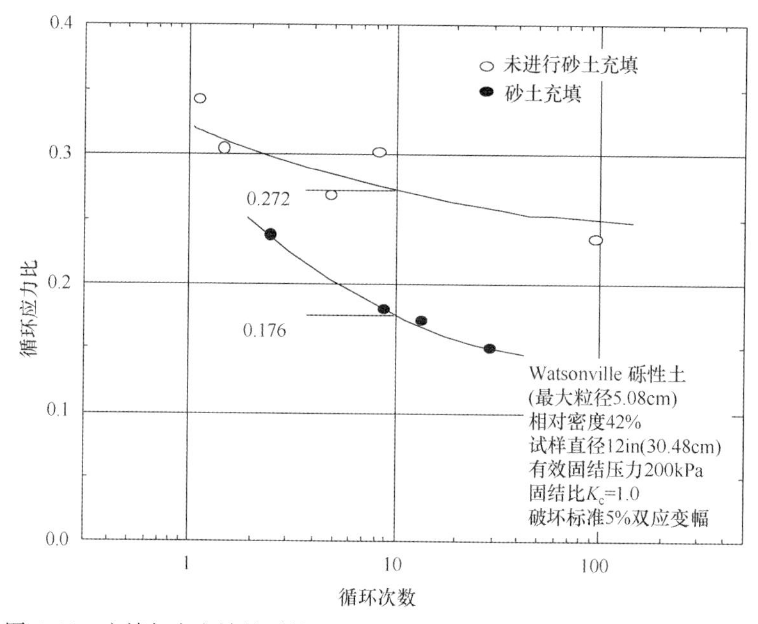

图 4.18　充填与未充填的砾性土的抗液化强度对比(Evans and Seed,1987)

降低。若将该结果应用于其他试样或试验，可对比两者橡皮膜的压入程度以及回弹产生的体积应变变化情况，若橡皮膜回弹体积应变较为接近，可参考相应的橡皮膜嵌入效应修正系数。

4.3　砾性土的液化特性

4.3.1　含砾量的影响

1. 最优含砾量

砾性土主要由砾石和砂土按一定的比例混合而成，由于混合比例的不同，直接影响到砾性土的物理力学特性，砾石含量过多，砾石骨架中间的孔隙无法充分由砂土充填，砾石含量过少则无法形成有效骨架，因此存在一个最优含砾量，使得砾石既能形成骨架，砂土又能很好地填充其中的孔隙。

王昆耀等(2000)通过砾石与砂土的配比试验，分别测试不同含砾量下试验土料的最大干密度 ρ_{dmax} 和最小干密度 ρ_{dmin}，并绘制与含砾量 G_c(粒径大于5mm)之间的关系，如图4.19所示，最大干密度和最小干密度在含砾量约为65%时达到最大值，王昆耀等(2000)认为砾石颗粒在这个砾石含量下可能形成稳定的骨架，细颗粒基本上充填了砾石骨架的空隙；当含砾量小于65%左右时，最大和最小干密度随着含砾量的增多而增大，说明含砾量在0～65%，砾石颗粒随含砾量的增多，由漂浮在细颗粒中到逐步形成稳定的骨架；当含砾量大于65%左右时，随着含砾量的

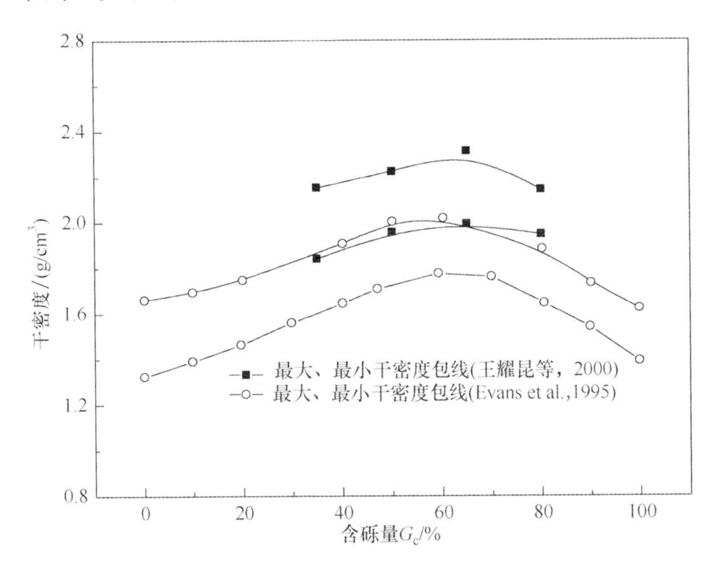

图4.19　最大最小干密度与含砾量的关系(Evans et al.,1995；王昆耀等,2000)

增加，最大和最小干密度减小，说明砾石颗粒虽然形成了骨架，但细颗粒并未充分充填砾石颗粒之间的空隙。Evans 等(1995)采用类似的配比方式得到的最优含砾量约为 60%。两者趋势较为接近，最大、最小干密度绝对值的差别主要由于两者选用的土样有所不同，王昆耀等(2000)试验试样为瀑布沟坝基覆盖层砂砾料，级配不良，缺少 1～5mm 的粒组，最大粒径 60mm；Evans 等(1995)试验所用砾性土由商业用的砾石和砂土配置而成，砾石为次圆、粒径范围为 4.75～10mm，砂土粒径范围为 0.1～1mm，级配不良，缺少 1～4.75mm 的粒组。

2. 对液化势的影响

含砾量是一个综合指标，也是无黏性土进行土类划分的重要指标，与相对密度、剪切波速、液化势均存在关联影响。正确估计含砾量对砾性土液化势的影响，是最基本也是非常关键的研究内容，对于揭示砾性土液化机理以及与砂土液化的本质区别和建立合理、可靠的砾性土液化判别方法至关重要。关于含砾量的影响，国内外开展了相关的研究，但得到的结论不尽相同，甚至出现矛盾的地方。

1) 主要观点一：含砾量无影响或影响较小

Evans(1987)大直径动三轴试验结果表明，含砾量对砾性土不排水强度的影响较小，试验选取相对密度为 49%的 Monterey 砂，以及相对密度分别为 42%和 43%的 Oroville 砾性土，其中一种最大粒径为 2in(50.8mm)且级配良好，另一种粒径范围为 9.5～47.5mm，两种砾性土均进行了砂土充填，试样直径为 12in(304.8mm)，有效围压为 200kPa，固结比为 1.0，液化标准为循环荷载下产生 5%(或±2.5%)双应变幅值。图 4.20 表明，进行了砂土充填后的砾性土与砂土的循

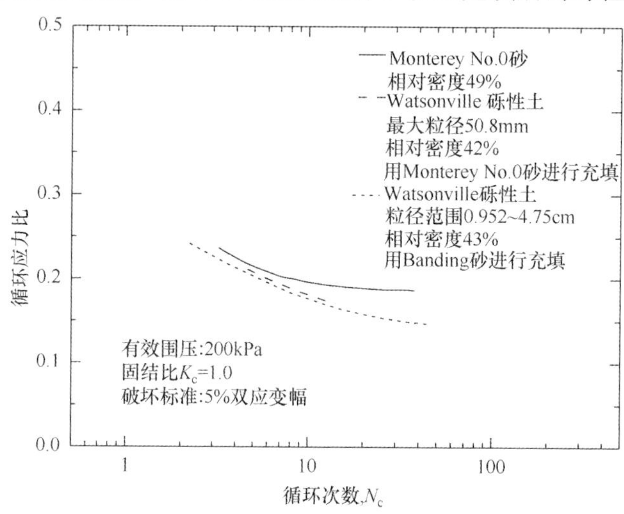

图 4.20　相近相对密度砂与砾性土的抗液化强度(Evans and Seed，1987)

环剪应力比较为接近,Evans(1987)认为循环应力比主要与相对密度有关,而与粒径无关,尽管砂土的粒径小于砾性土,但 Monterey 砂相对密度稍高于 Oroville 坝料砾性土,其循环应力比也稍高于相应的砾性土。不论平均粒径是多少,具有相近结构、相同相对密度的试样具有较为相近的循环应力比。需要指出的是,砾性土通过砂土充填的方式消除橡皮膜嵌入效应。

王昆耀等(2000)等开展了直径 30cm、高 75cm 试样的动三轴试验,试样为图 4.19试验中的砾性土,级配不良,缺少 1～5mm 的粒组,最大粒径为 60mm,有效围压为 200kPa,固结比为 1.0,以初始液化作为破坏标准给出了 4 种不同含砾量 35%、50%、65%、80% 在同一相对密度(51%～54%)下的抗液化强度曲线(图 4.21)。在不同动应力和循环荷载次数作用下,不同含砾量的砾性土均可以达到初始液化。在 10 周循环荷载下达到初始液化所需要的循环应力比,含砾量 80%的砾性土较 35%的高 5%～10%,较 50%的高 1%～6%。王昆耀等(2000)认为,在不排水条件下,含砾量对砾性土的抗液化强度影响不大。

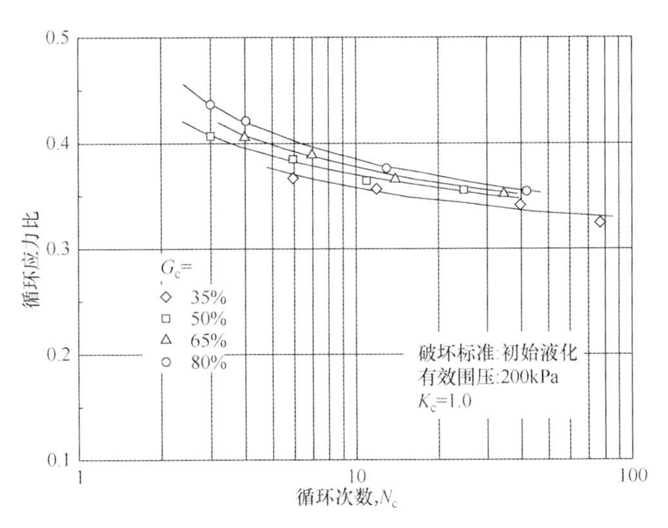

图 4.21 不同含砾量砾性土的抗液化强度曲线(王昆耀等,2000)

2) 主要观点二:含砾量影响较大

Evans 等(1995)开展了不同含砾量不排水动三轴试验,研究了含砾量(粒径>4.75mm)分别为 0%、20%、40%、60%、100% 对砾性土抗液化强度的影响(图 4.22)。Evans 试验所用砾性土由商业用的砾石和砂土配置而成,砾石为次圆、粒径范围 4.75～10mm,砂土粒径范围 0.1～1mm,级配不良,缺少 1～4.75mm 的粒组,试样直径为 2.8in(7.1cm),试样直径与最大颗粒直径之比为 7.5,符合直径比为 6～8 时尺寸效应较小的一般认识,采用 5 层压实、双层橡皮膜(单个厚度 0.3mm)制样,有效围压为 100kPa,采用 5%双应变幅值(或±2.5%)的破坏标准。

结果表明，抗液化强度随含砾量的增大而明显增大，含砾量为 0%、60%的两种砾性土，10 周循环荷载下产生 5%的双应变幅所需的循环应力比分别为 0.15、0.32，含砾量为 40%、相对密度为 40%的砾性土抗液化强度与相对密度为 65%的砂土相当。需要指出的是，Evans 此次试验抗液化强度曲线是通过不同有效围压下总体积应变及土骨架应变的关系修正橡皮膜的嵌入效应。

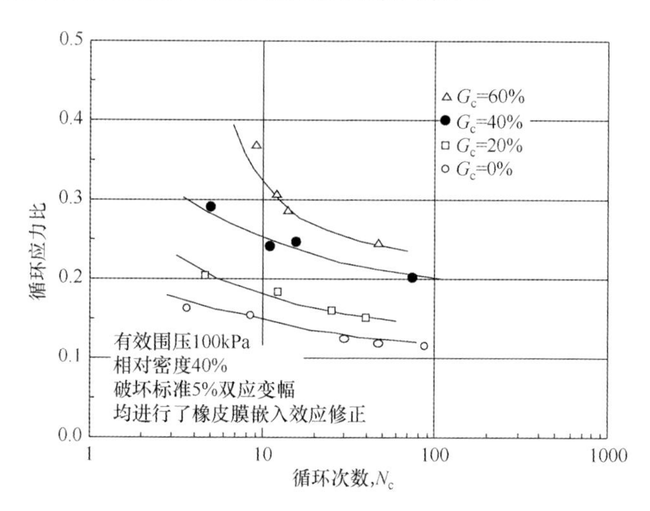

图 4.22　不同含砾量砾性土的抗液化强度曲线(Evans et al.，1995)

4.3.2　砾性土孔压发展规律

图 4.23 给出了典型的残余孔压与归一化的循环振次的关系(Evans and Seed，1987)，残余孔压是指在每一次循环荷载作用结束时的孔压(图 4.24)，其中 N_L 为

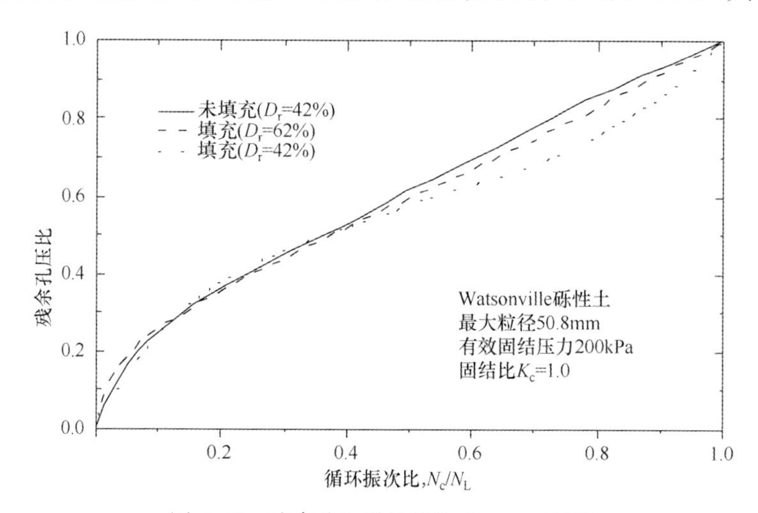

图 4.23　残余孔压增长趋势(Evans，1987)

孔压比达到100%时所需要的振动次数,试验中部分孔压比达到80%左右之后便保持在一个相对稳定的范围不再增长,出现这种情况往往是由于橡皮膜的嵌入效应,降低了孔压的发展,需要根据孔压发展曲线外推得到达到孔压比100%所需的振动次数。砂土、砾性土的孔压比在超过30%或50%之后则迅速上升,但砾性土存在达不到100%的情况,认为是橡皮膜的嵌入作用,特别是嵌入程度较高的情况,随着嵌入的减弱,这种现象逐渐消失。

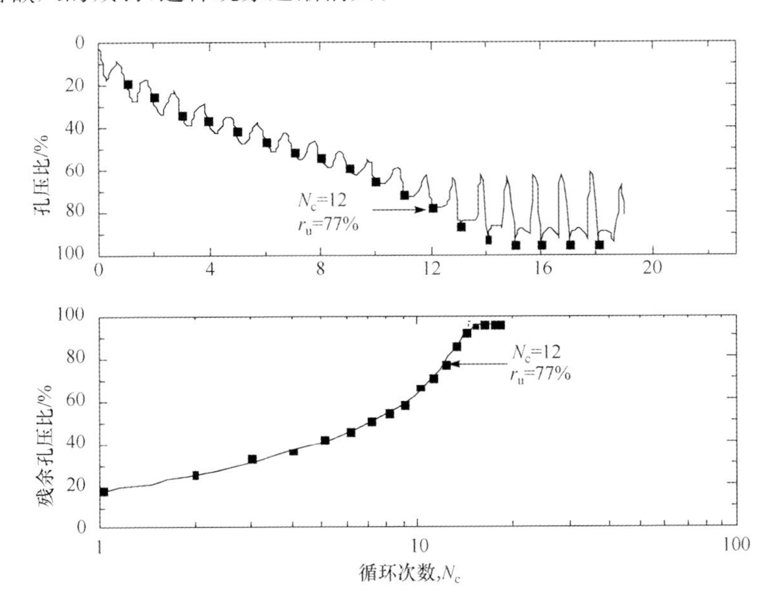

图4.24　残余孔压比的建立过程(Evans,1987)

均等固结的动三轴试验,应变随着振次的增加围绕应变为0的坐标轴对称发展,波峰与波谷的绝对值基本一致,而非均等固结条件下,应变随振次的增加并不对称发展,往往朝压缩方向发展,偏离0点坐标越来越远。图4.25给出了典型的双应变幅值与振次的关系,采用不同的应变标准可直接根据该图进行读取。破坏标准有孔压比达到100%的初始液化标准,应变标准即双应变幅值分别为2%、5%、10%,采用5%双应变幅值为破坏标准,主要考虑了:①多数研究成果表明,试样孔压比达到100%时产生的应变接近5%(或±2.5%);②受橡皮膜嵌入的影响,砾性土的孔压比一般很难达到100%;③采用较小的应变幅值作为破坏标准,避免在较大应变幅值时,砂土至砾性土之间产生相互作用,而使问题变得复杂。因此,是否存在橡皮膜嵌入效应,主要取决于砾性土的残余孔压发展情况,若双应变幅值达到5%时的孔压比最终能增长至90%~95%甚至更高,表明橡皮膜的嵌入效应很小,可以忽略。

徐斌等(2005)在某坝基砂砾石层中选取了3种砂砾料进行中型不排水动三轴

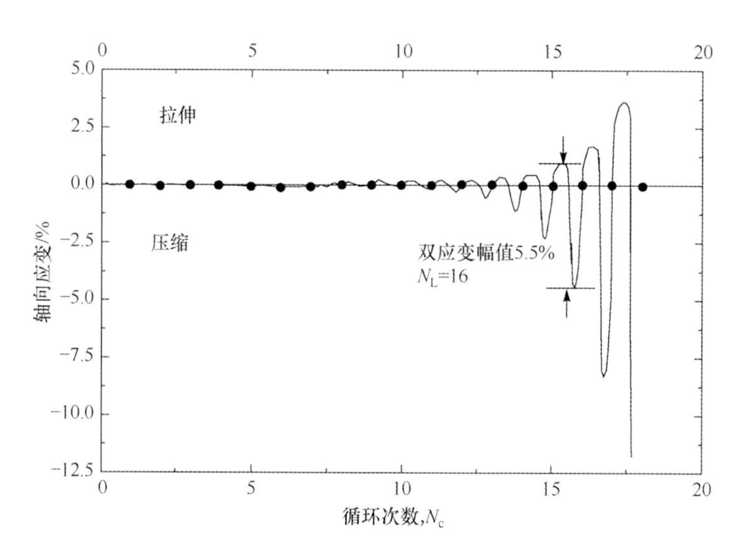

图 4.25 应变破坏标准下 N_L 的确定(Evans and Seed,1987)

试验,试样直径 20cm、高 51cm,同时对含砾量 50%的试料剔除 5mm 以上颗粒后得到的模拟料,进行小型动三轴试验,试样直径 6.18cm、高 12.5cm,对比研究砂砾料与砂土在振动过程中孔压和应变发展的差异。砂砾料最大干密度在 2.18~2.23g/cm^3,最小干密度在 1.75~1.84 g/cm^3,采用级配平移方法给出了含砾量为40%、50%和 60%条件下孔压比增长曲线(图 4.26)。相对密度为 0.55 的 3 种不同含砾量试样在不同围压不同动剪应力比条件下,孔压比与振次比试验点集中在一个区域内(图 4.26)。

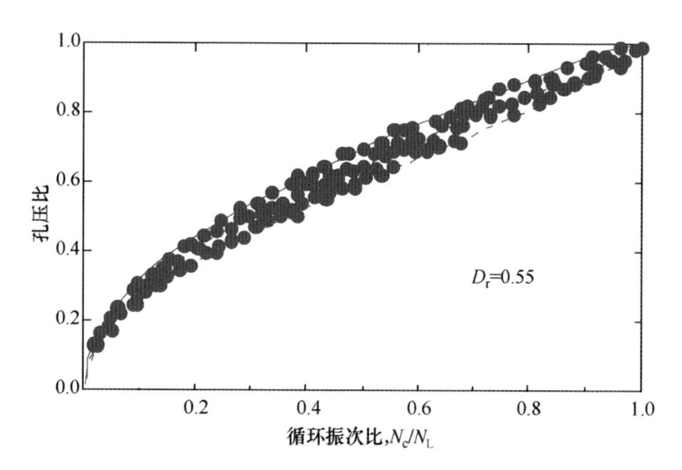

图 4.26 不同含砾量孔压比关系曲线(徐斌,2005)

Banerjee 等(1979)试验研究表明,不排水往返剪切试验中,砾性土的孔隙水压力增长规律与砂土不同,这种差别的原因在于砾性土具有较大的剪胀性。砾性土的残余孔压比 r_u 与往返作用次数比 r_N 的关系曲线,开始段的坡度较陡,之后便趋于缓慢增长(图 4.27)。在均等固结不排水往返剪切作用下,根据密实程度不一样,砾性土 r_u-r_N 的关系可按以下公式计算。

(1) 对于非常密实且级配良好的砾性土(相对密度大于等于 84%):

$$r_u = a + br_N - cr_N^2 \tag{4.1}$$

式中,$a=0.07$,$b=2.263$,$c=1.378$。

(2) 对于松散至中密的砾性土(相对密度小于等于 60%):

$$r_u = \sqrt{r_N} \tag{4.2}$$

在非均等固结不排水往返剪切情况下,r_u-r_N 关系线开始一段的坡度要比均等固结的陡一些,在非均等固结条件下,极限残余孔隙水压力比较瞬时最大孔隙水压力比可能更为重要。极限残余孔隙水压力是指在不排水往返剪切作用下孔隙水压力达到稳定后停止往返剪切作用测得的孔隙水压力值。在不均等固结情况下,极限残余孔隙水压力不能够达到侧向固结压力,极限残余孔隙水压力比随固结比的增大而降低。当固结比 $K_c=1.5$ 时,极限残余孔隙水压力不随固结压力变化;但当 $K_c>2$ 时,极限残余孔隙水压力随固结压力增大而降低。

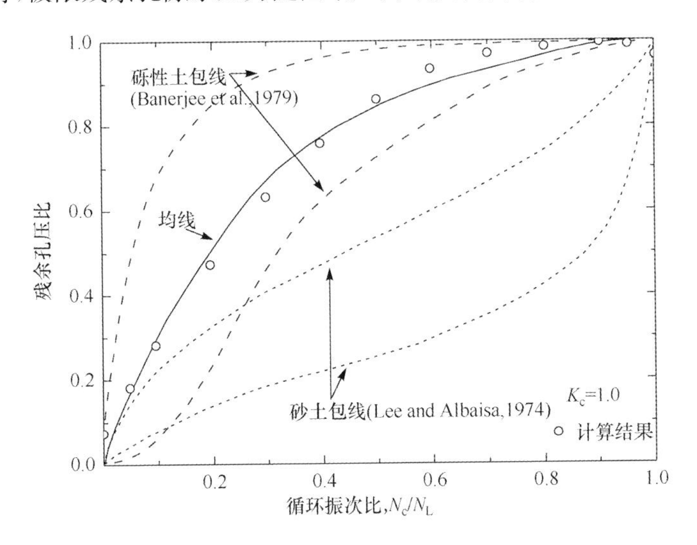

图 4.27　不排水往返剪切下砾性土孔隙水压力的增长(Banerjee et al.,1979)

4.3.3　砾性土抗液化强度

关于砾性土的液化特性,国内外均开展了相应的试验研究。汪闻韶等(1986)选用了岳城水库、密云水库、布西水库三种不同类型的饱和砂砾料,在竖向振动台、中等尺寸(试样直径 10cm、高 23cm)的动三轴，分别采用了排水和不排水两种不同条件，研究了砂砾料液化的可能性、体积压缩性、渗透系数、相对密度和颗粒级配之间的相互关系。试验采用的三种不同类型的砂砾料：砂砾料Ⅰ取自岳城水库，主坝的设计地震烈度为 9 度；砂砾料Ⅱ取自密云水库白河主坝，1976 年唐山地震时该坝位于 6 度区，其斜墙上游的砂砾料保护层发生了流动性滑坡；砂砾料Ⅲ是准备用于计划在 8 度地震区修建的布西水库填土坝的坝料。砂砾料Ⅰ和Ⅱ级配不良，且分别缺乏 0.25～2mm 和 1～5mm 的中间粒径，砂砾料Ⅲ的级配良好。往返加荷三轴试验中，对砂砾料Ⅱ和Ⅲ中粒径大于 20mm 的颗粒，按等质量替代法，以 5～20mm 的颗粒代替。代替后与原级配曲线均在图 4.28 中标示，其中土料Ⅰ最细，土料Ⅱ次之，土料Ⅲ最粗。

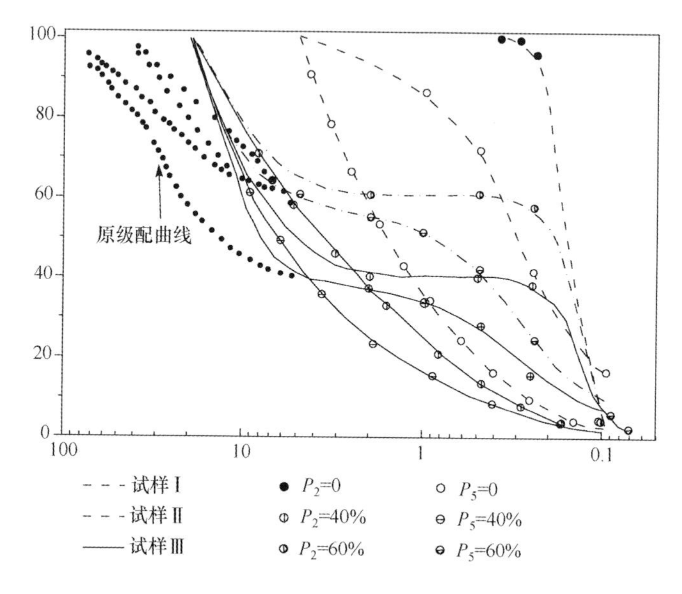

图 4.28 所选坝料级配曲线(汪闻韶等，1986)

排水振动试验在竖向振动台上进行，将饱和砂砾料置于有机玻璃圆筒中，圆筒固定在振动台上，圆筒有两种尺寸，分别为直径 12cm、高 20cm 和直径 40cm、高 40cm，试验时，使振动台沿竖向以某一加速度幅做正弦运动，孔隙水压力测量装置设于圆筒底部，试样顶部允许排水，将振动期间产生的最大孔隙水压力(峰值)与初始有效围压之比定义为“液化度”。图 4.29 为岳城水库坝料的液化度随振动次数的变化曲线，相对密度均为 50%，粒径大于 2mm 的质量分数 P_2 分别为 0%、20%、40%、60%，振动台竖向加速度为 73.4cm/s^2。在排水情况下，渗透系数对试验结果影响较大，砂砾料粗颗粒含量增加，导致其液化度降低。

刘令瑶等(1982)用竖向加速度 198cm/s^2 对砂砾料Ⅱ进行了圆筒垂直振动台

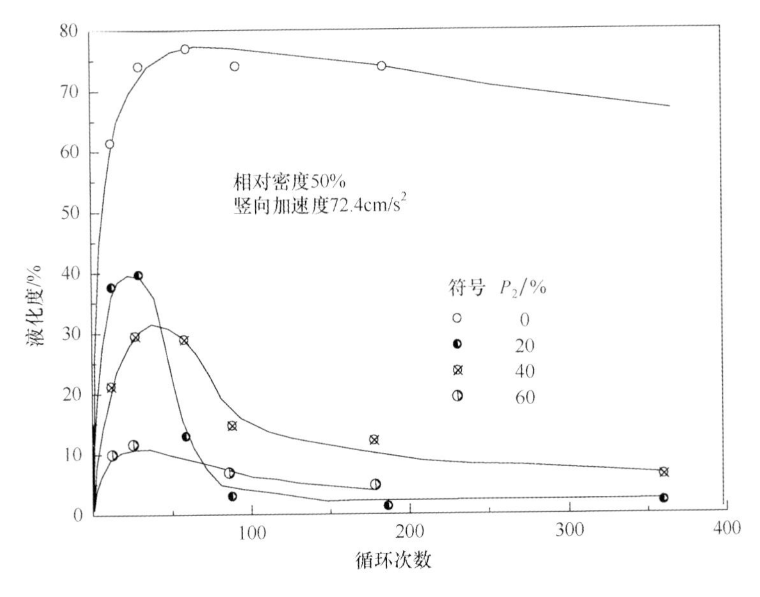

图 4.29　岳城水库坝料排水振动试验结果(汪闻韶等,1986)

试验,圆筒直径为 40cm,竖向振动台振幅 36mm,频率 100 次/分或 1.67Hz。如图 4.30 所示,当含砾量小于某个数值时液化度保持很高数值而渗透系数保持很低数值,而且不随含砾量增加明显变化;当含砾量大于此数值时,液化度迅速降低而渗透系数迅速增大,这个界限含砾量大约为 70%,只有当砂砾料含砾量大于界限含砾量时,在地震时才会具有良好的性能。

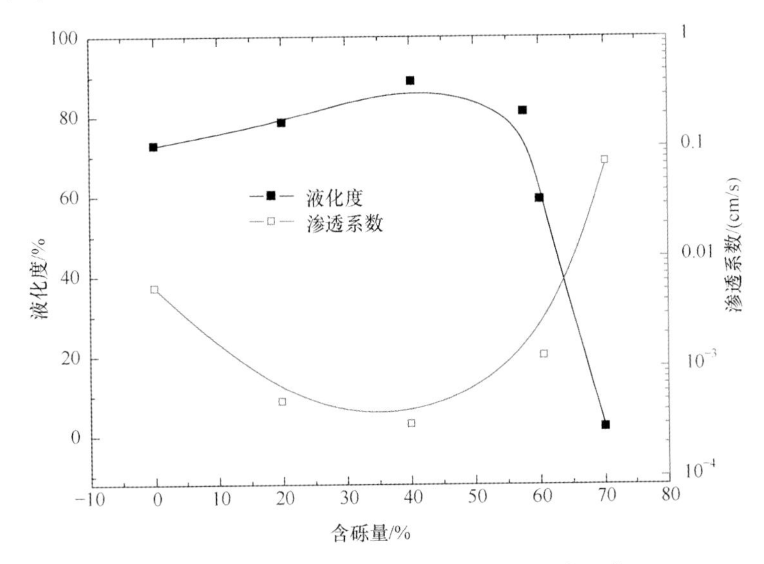

图 4.30　含砾量对液化度、渗透系数的影响(刘令瑶等,1982)

试验发现，砂砾料也可能发生振动液化，其振动液化度随含砾量（大于5mm的质量百分含量）不同而变化，但不是简单地随含砾量的增加而减少。小于5mm的纯细料的液化度为74%，含砾量50%的砂砾料的液化度增大到90.5%，直到含砾量为70%时降到4%左右。砂砾料的渗透系数也不是简单地随含砾量的增大而增大。当含砾量小于45%时，渗透系数随含砾量增加而减少；当含砾量大于45%时，渗透系数则随含砾量增加而增加。含砾量45%时，达到最小。刘令瑶等(1982)给出的解释为：砂砾料中粒径大于5mm的粗料起骨架作用以前，是被细料所包围的，其渗透系数取决于细料的孔隙通道，在细料干容重不变的情况下，由于粗料是不透水的，其含量越多，能过水的细料所占的断面积的比例越小，因而渗透系数也小；在含砾量增加到起骨架作用之后，充填的细料得不到有效的压实，甚至填不满粗料孔隙，因而渗透系数也越来越大。当粗料即将起骨架作用，而细料能填满粗料孔隙，又能得到充分压实时，渗透系数达到最小。试验所选的砂砾料，最大液化度的含砾量为45%左右，相应的渗透系数为3×10^{-4}cm/s。同时也指出，这种液化度-含砾量-渗透系数的相互关系，是在圆筒试验条件下取得的，这时试样不容许侧向变形，单面垂直向上自由排水，应力条件和排水条件都不加控制，所取得成果对研究砂砾料液化特性虽有重要意义，但仍然是定性的。

汪闻韶等(1986)对密云水库、布西水库坝料的代替料进行饱和固结不排水动三轴试验，试样直径为10cm，高23cm，固结压力为204kPa，固结比1.0。试验结果(图4.31)表明，两种砂砾料的液化特性十分相近，而与它们级配之间的相异无关，在不排水往返加荷条件下，饱和砂砾料仍会液化，抗液化强度曲线随含砾量增大而

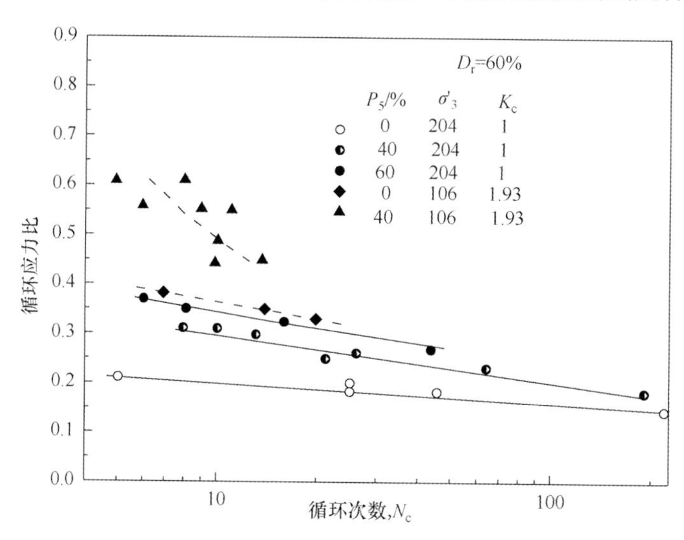

图4.31 密云水库砂砾料不同含砾量动三轴试验结果(汪闻韶等,1986)

上移的现象，表明抗液化强度随含砾量的增大而增大。

汪闻韶等(1986)认为砂砾料渗透系数较大，在允许排水条件下发生体积压缩变形时孔隙水容易外排，而减少了孔隙水压力增长量，因此不易液化。但是在不允许排水或排水不畅的情况下，其液化情况仍与饱和砂土的液化特性相似，饱和砂砾料的液化特性主要决定于它的渗透系数和排水条件，还与它的相对密度和砾石含量及其体积压缩性有关。

4.4 砾性土及砂土液化原理

原理是指自然科学和社会科学中具有普遍意义的基本规律，是在大量观察、实践的基础上，经过归纳、概括而得出的，既能指导实践，又必须经受实践的检验；通常指某一领域、部门或科学中具有普遍意义的基本规律。科学的原理以大量的实践为基础，故其正确性能被实践检验与确定。从科学的原理出发，可以推衍出各种具体的定理、命题等，从而进一步对实践起指导作用。

4.4.1 砂土液化原理

液化机理问题，目前仅有砂土液化机理的定性解释，国内外学者分别从砂土发生液化的物理现象、演变规律、发生条件等不同角度进行解释。

美国土木工程师协会(1978)给出的定义："液化是指任何物质转化为液体的行为或过程。就无黏性土而言，这种由固体状态变为液体状态的转化是孔隙压力增大和有效应力减小的结果"

刘颖等(1984)从砂水复合体系的角度详细地解释了砂土的液化机理：饱和砂土是由砂和水组成的复合体，其液化特性取决于砂和水的特性。容易液化的砂通常是一种没有或有很少黏性的散体。散体主要靠粒间的摩擦力来维持本身的稳定并承受外力，这种摩擦力主要取决于粒间的法向压力。由砂粒组成的疏散骨架，在剪力作用下，容易失稳，改变颗粒排列，并趋于密实。对于砂土的骨架，粒间压力是起稳定作用的因素，而粒间剪力则相反。水是一种液体，其特点就是体积难于压缩，能承受很大的法向压力，但几乎不能承受剪力。

地震之前，一般来说，外力(包括上层土的重量)全部由砂骨架所承担，水只承受其本身的压力，即静水压力。这时砂层是稳定的。地震过程中，在地震动引起的剪力反复作用下，砂粒产生滑移，改变排列状态。同时，由于地震历时短暂和排水不畅，饱和砂土体积保持不变，应力势必由砂骨架转移到水，即引起超孔隙水压力。在振动作用下超孔隙水压力由两部分组成，一部分是由弹性变形引起的可恢复的超孔隙水压力；另一部分是由塑性变形引起的不可恢复的孔隙水压力，这部分称为残余孔隙水压力。在地震工程中，多次循环震动使残余孔隙水压力逐渐累积，有效应力相应降低，当达到一定限度时，就会使砂层的某个部位开始失稳。如果残余孔压进一步发展，结果全部应力由砂骨架转移到水。

在地震的作用下，土骨架会因振动的影响而受到一定的惯性力和干扰力，由于各个土颗粒的起始应力和传递的动强度不同，在土颗粒的接触点引起新的应力。当这种应力超过一定数值时，就会破坏土颗粒之间原来的连接强度和结构状态，使土颗粒之间脱离接触，从而要产生体积变形。震害调查表明，干的松砂在剪切作用下会产生体积缩小的趋势。饱和松砂像干砂一样，在往返剪切作用下要发生永久体积压密变形。对于饱和砂土，产生体积压密变形则要从砂土孔隙中排出相同体积的水。由于地震作用历时短暂和排水通道不畅，孔隙水来不及消散，可看作不排水情况，因而砂和水的总体积保持不变。为保证体积不变这一相容条件，就需将一部分原来由砂骨架承担的力转移给孔隙水压力，即产生了超孔隙水压力，从而有效应力降低，进而引起砂骨架的回弹。在地震的每一个循环作用下，由砂粒滑移引起的体积减小，在数量上等于由回弹引起的体积增加，这一过程继续进行到可恢复的弹性应变能完全释放为止。一旦可恢复的弹性应变能完全释放，土骨架正应力为零，此时饱和砂土就像液体一样，不能承受任何剪力，即产生了所谓的砂土液化。

汪闻韶(1997)认为土体液化可以统一于物质由固体状态转化为液化状态的一种物理现象，因此可以有一个统一的在物理意义上的描述标准，即剪切刚度或抗剪强度趋向于零。根据无黏性土发生液化时的演变规律，给出了三种不同典型的液化机理解释。①砂沸：当一个饱和砂沉积体中的孔隙水压力由于地下水头变化而上升到等于或超过它的上覆压力时，该饱和砂沉积体就会发生上浮或“沸腾”现象，并且全部丧失承载能力。这个过程与砂的密实程度和体积应变无关，而是由渗透压力引起的液化，常被考虑为“渗透不稳定”现象。②流滑：饱和松砂的颗粒骨架在单程剪切作用下呈现不可逆的体积压缩，在不排水条件下引起孔隙水压力增大和有效应力减小，最后导致“无限度”的流动变形。③循环流动性：对于相对密度较大的饱和无黏性土的固结不排水循环三轴或循环单剪及循环扭剪试验中，仅在循环周期的某些时刻出现有效应力等于零的情况。

石兆吉等(1999)指出，学术界和工程界对液化概念的理解不甚一致，对液化原理可解释为：饱和砂体在动荷载作用下，骨架收缩，孔压增大，有效应力减小，砂体的强度也随之降低。当孔压上升至总应力，即孔压比等于1时，砂体强度接近于零，其性状类似于液体，故称为砂土液化。由此可见，孔压大小是表明砂体是否液化的一个重要标志。此外还可认为，液化或未液化有明确的孔压界限，例如，在给定的地震作用下，凡孔压比达到1.0的砂体，肯定是液化了，凡孔压比为零的场地，肯定不会液化，在这之间有一个过渡区域。

陈国兴(2007)总结了在地震作用下饱和砂土发生液化必须同时具备两个基本

条件:①震动强度足以使土体结构破坏,这主要取决于地震动的强度和持续时间、土体的强度、上覆土压力大小等;②土体结构破坏后,振动孔隙水压力随应力循环次数的增加而逐渐上升,其大小最终足以使饱和砂土出现局部或全部消失抗剪能力。

如果振动的强度较小,幅值小或持时短,不会使土的结构破坏,则孔压上升、变形增大、强度降低的现象不会出现。只有当动荷强度超过破坏加速度或动荷循环次数达到破坏振次时,孔压的上升达到了可能的最大值,即全部覆盖压力时,才发生液化。当孔压等于侧压后,动荷的继续作用将会引起两种可能的情况:一种是每周完成时的孔压均等于侧压,变形持续发展,发生无限流动;一种是每周只产生有限的变形,发生往返活动性的有限流动,这是由于土有一定的阻力或土的膨胀(即孔压降低)或土在动荷作用下的硬化。后一种形式的液化通常称为循环流动性或循环液化。地震过后,由于喷水冒砂和其他途径的排水,超孔隙水压力最终消散,外力又由孔隙水压力转移给土骨架来承担,于是砂层在原来的压力下又重新固结,逐渐达到稳定状态,固结后的砂层一般要比之前趋于密实,因此表现为地面下沉。

因此,目前关于饱和砂土液化机理的解释基本一致,即振动荷载较大或砂土的结构强度较小,使得砂土的结构发生破坏,产生振密趋势,进而导致孔压上升、有效应力下降,直至液化发生。

4.4.2 砾性土液化原理

1. 宏观表现

2008年汶川地震之前,全球历史地震中砾性土液化实例不足10例,远远少于砂土液化的数量和规模,实际地震中砾性土液化的发生较为罕见,必然存在较为严格的发生条件,在土性条件、地震荷载、埋藏条件等均满足时才有可能发生。前面章节的分析表明,砂土与砾性土在相同密度、相同试验条件下的抗液化强度较为接近,受颗粒的粗细、级配等影响较小。Evans等(1987)的室内动三轴试验结果表明,砾性土的抗液化强度并不很高,当D_{50}自0.1mm变化至30mm时,产生5%双应变幅值所需的动应力约增加30%,产生10%的双应变幅值也只增加60%的动应力,稍高于中、细砂,若考虑到橡皮膜嵌入等影响,则相差更小。另外,在低动应力水平下,砂土与砾性土的孔压发展存在一定的差异,但张建民等(1991)指出,在不同的动应力水平下砂土均能出现图3.17中的A、B、C型孔压增长方式。因此,无论从抗液化强度还是室内动三轴的孔压增长方式进行比较,砂土与砾性土均存在较大的相似性。

尽管室内试验的结果显示砾性土与砂土的强度和孔压发展存在较大的相似性,但位置较为接近的砾性土与砂土场地在同一次地震中的表现却明显不同,砾性土场地的抗震性能要明显优于砂土场地。Wong等(1974)对1964年阿拉斯加地震中 3 条公路大约 120 座桥梁的 60 个距离较为接近的桥梁基础由于液化导致的滑移情况进行统计(表 4.4)。结果表明,桥梁基础大量侧移主要发生在松散至中密甚至密实的砂土和粉土场地,而在砾性土场地上相同类型的桥梁基础则未发生明显的位移。如果仅从动三轴试验结果来看,砾性土不排水强度较砂土的强度高出不多,而震害实例却表明砾性土场地的破坏程度要明显轻很多,显示砾性土的抗液化强度提高非常大。因此,仅根据室内不排水动三轴结果,很难准确反映实际地震中砾性土的液化特性,其他很重要的因素如渗透系数、排水边界条件、埋藏条件等必须考虑。

表 4.4　1964 年阿拉斯加地震中桥梁基础侧移情况统计(Wong,1974)

桩基土性特征	破坏等级(个数)			
	严重	中等	轻微	无震害
基础直接位于基岩上	0	0	0	8
桩端位于基岩上,桩身穿过无黏性土	0	0	3	3
桥跨一侧的基础直接或通过桩位于基岩上,另一侧桩基础的桩端嵌在无黏性土之中	1	1	0	0
桩端嵌在砾石和砾砂之中	0	8	6	6
桩端嵌在中密～密实的砂土、粉土之中($20<N<40$)	3	0	0	0
桩端嵌在中密～密实的砂土和粉土($N>20$),但桩身穿过松散～中密砂土和粉土($N<20$)	8	0	0	0
桩端嵌在松散～中密的砂土、粉土之中($N<20$)	10	1	2	0

2. 发生条件

1) 门槛剪应变

采用与第 3 章大直径动三轴试验相同的条件,即相对密度为 50%、有效固结压力为 100kPa、固结比为 1.0、试样直径 150mm,研究德阳松柏村人工探坑剔除料($G_c=35\%$)孔压发展所需要的剪应变,对试样施加荷载大小逐级递增、频率为 1Hz 的正弦荷载。荷载逐级递增的方式,其理论依据是前一级较小的荷载对下一级较大荷载产生的孔压的影响可以忽略,也是研究液化门槛剪应变的一贯手段,例如,Cox(2006)采用人工激振的方式研究了美国 Widelife 砂土场地的门槛剪应变,激振力大小逐级递增。本次试验每一级荷载振动次数为 10 次,每次振动结束后静置 10min 左右获取残余孔压,每级试验均采样记录、计算孔压比与剪应变时程(图 4.32)。

获取每级试验荷载 10 次作用后所产生的残余孔压比与剪应变,并绘制残余孔压比与剪应变的关系,同时绘制 Vucetic 和 Dobry(1986)、Cox(2006)的孔压增长

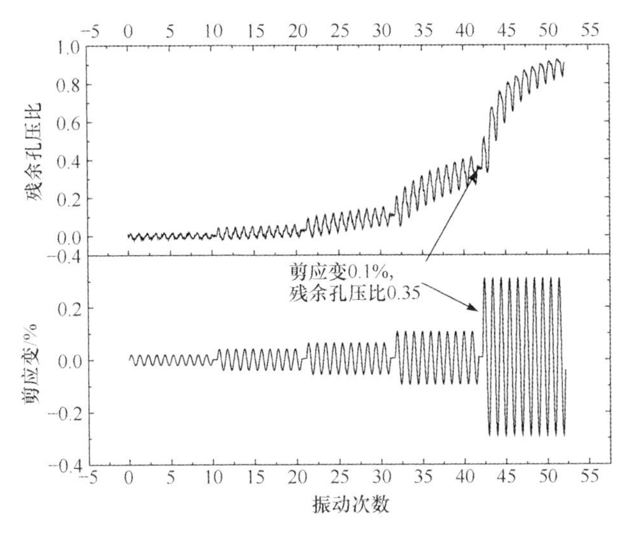

图 4.32 不同动应变幅值下的孔压发展(探坑剔除料,$G_c=35\%$)

曲线以及门槛剪应变,如图 4.33 所示。结果表明,德阳松柏村人工探坑剔除料($G_c=35\%$)接近于Dobry、Cox的砂土试验结果,即剪应变低于0.02%时孔压不会发展,当剪应变超过0.1%时,探坑剔除料的孔压比迅速增大,表明只有荷载达到一定强度时,产生较大的剪应变(约0.1%),才有可能破坏砾性土的颗粒结构及排列方式,导致孔压迅速发展直至达到液化状态。振动台对比试验结果同样显示(图 3.12),相同试验方法与条件下,砾性土、砂土的残余孔压的产生和发展,所需的剪应变较为一致。

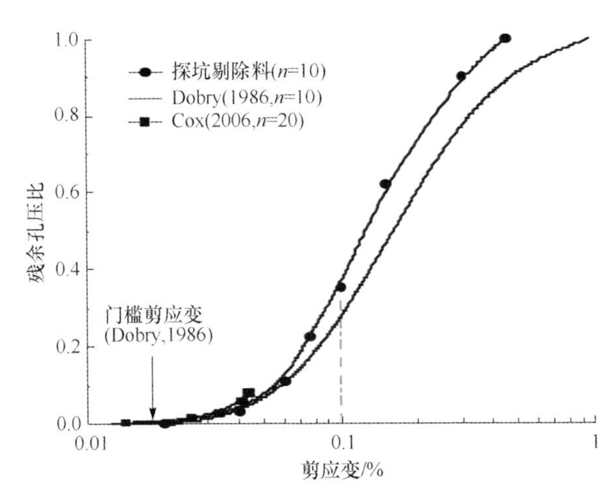

图 4.33 探坑剔除料($G_c=35\%$)残余孔压比与剪应变相互关系

2）排水条件

孔隙水压力升高到侧向固结压力是发生液化的必要条件，液化的发展过程必定伴有孔隙水压力的不断上升，孔隙水压力的升高取决于在往返荷载作用下孔隙水压力的增长和消散两种相反的作用。只有当增长大于消散时，孔隙水压力才能逐渐升高。由于中、细砂透水能力低和地震动作用时间短暂，可视为不排水条件，故在分析中可不考虑消散作用。粉土至细砾石等可液化土由于粒径大小不同，透水能力相差很大，透水系数甚至可差几个量级（表 4.5）。因此，在允许排水的情况下，各种土的透水系数的影响也将显著不同，孔隙水压力消散的速率取决于土的渗透性。

表 4.5　不同土类的渗透系数量级（刘颖等，1984；Seed，1976）

土类	渗透系数/(cm/s)
粉土	3×10^{-5}
细砂	3×10^{-3}
中砂	1.5×10^{-2}
粗砂	3×10^{-2}
很粗的砂	3×10^{-1}
细砾石	3

为了说明渗透性对砾性土场地实际液化特性的影响，Wong 等（1974）建立了一个水平成层的简单模型，采用固结理论解释排水条件对砾性土液化的影响，给定 2 种不同土类的渗透系数，分别计算从状态 A 至状态 B 所需要的时间。模型中，地下水位为 5ft（$1ft=3.048\times10^{-1}m$），地表至 25ft 为可液化的均质无黏性土，假定地震时产生的超孔隙水压力在土层中均匀分布（状态 A），当状态 A 发展至状态 B 时（图 4.34），表明孔压减少，如果土层的渗透系数为 1cm/s、孔隙比为 0.6、压缩系数为 $3\times10^{-5}cm^2/mg$，孔压消散从状态 A 至状态 B 所需的时间为 0.05s，表明孔压的发展与消散几乎同样快，远远快于地震所产生的孔压，具有这样渗透系数的土主要为粗砂或者平均粒径为 4mm 的细砾，如果土层是平均粒径为 0.4mm 的中砂，渗透系数为 $3\times10^{-3}cm/s$，15s 之内几乎没有减少。因此砾性土在地震中的实际表现，要明显好于砂土，尽管不排水强度差别不大。

Seed 等（1976）在太沙基一维固结理论的基础上，引入地震荷载作用下超孔压增长，建立了一维土层孔压发展、消散的计算公式：

$$\frac{\partial u}{\partial t}=c_v\frac{\partial^2 u}{\partial z^2}+\frac{\partial u_g}{\partial t} \tag{4.3}$$

式中，c_v 为土体固结系数；u 为静止水压力；u_g 为地震荷载作用下超孔压；t 为时

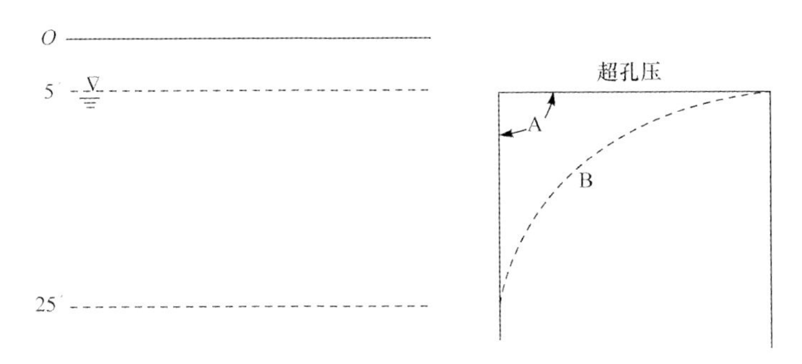

图 4.34 渗透性对土层中孔压消散速率的影响(Wong et al.,1974)

间。地震作用时,土层中孔压的发展与消散同时存在,地震结束之后,孔压发展源 $u_g=0$,土层中固结排水、孔压消散。

Seed 等(1976)根据 1964 年日本新潟地震液化场地的土层分布,按式(4.3)计算了一维土层孔压发展、消散情况。计算剖面中土性参数的取值与新潟地震液化实际场地的相近,如图 4.35 所示。1964 年新潟地震震级为 7.6 级,震中距 56km,等效振次为 25 次,采用 SHAKE 程序计算不同深度土层受到的地震剪应力比,地下水位以下为中砂,$d_{20}=0.15$mm,渗透系数取 1.5×10^{-2}cm/s,地下水位以上的局部饱和砂的渗透系数取 7.5×10^{-2}cm/s。需要指出的是,在地震作用时间内,土层中的孔压增长与消散同时存在。计算结果显示,地震荷载 21s 时 4.6m 处的砂土最先液化,紧接着 6m、9m、12m 处的砂土分别在 23s、32s、40s 时发生液化。4.6m 液化(21s)之后,位于 4.6m 以上土层的孔压仍继续增长,这种增长主要是由

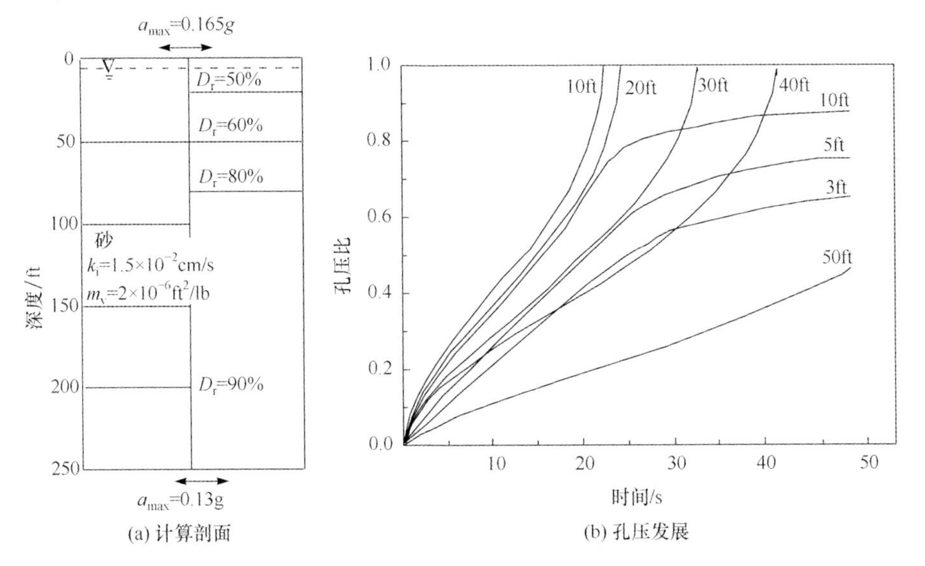

图 4.35 不同深度处地震作用时间内孔压发展情况(Seed et al.,1976)

于液化层孔压消散导致水向上转移，而不是地震的作用结果。地震结束(50s)时，3m处的孔压比仅达到65%，而接近地表(0.3m)整个地震过程中的孔压则没有变化，由于液化层中的水向上转移，约12min地表孔压比达到1.0。图4.36给出了不同深度的孔压从开始发展至地震荷载结束后1h的消散情况，地表孔压约20min之后开始下降，而1.5～15m处的孔压5min之后便开始下降。计算得到的孔压发展和消散情况与实际调查的结果较为接近(表4.6)，表明计算方法是合理可靠的。

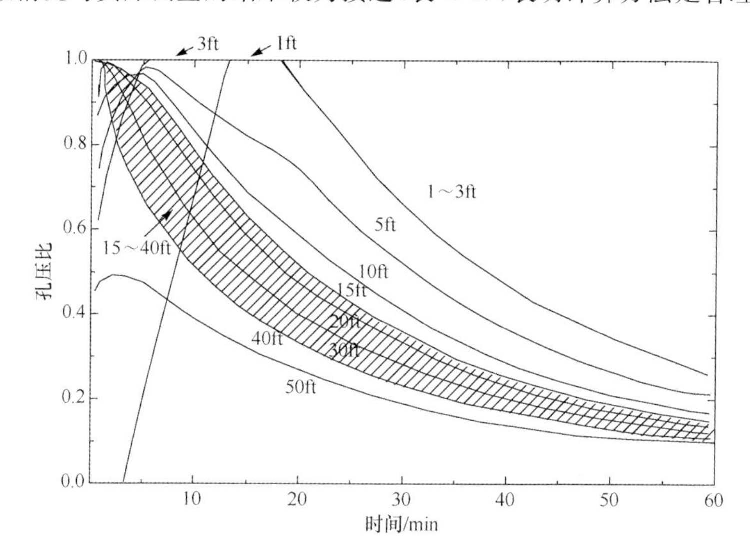

图4.36 不同深度处砂孔压发展与消散(Seed et al.,1976)

表4.6 1964年新潟地震场地液化发展过程对比(Seed et al.,1976)

计算结果	观测结果
0～50s地震荷载输入 (1) 20～50s:4.6～12m发生液化; (2) 1～4min:1～4.6m孔压发展并达到液化状态; (3) ≈5min:1m处孔压达到上覆压力,1m以上的土体裂缝开始发展,砂水沿着裂缝向地表转移; (4) ≈12min:地下水位上升至地表,地表出现冒水现象,并变得松软; (5) ≈17min:地表附近的孔压开始下降,并逐渐趋于稳定,但仍有水冒出; (6) ≈60min:整个土层中的孔压比下降至0.1～0.3,整个土层逐渐趋于稳定,但地表仍有少量水冒出	0～50s实际地震荷载作用 (1) 0～50s:地表以下一定深度范围内的土层发生液化; (2) ≈3min:地表出现裂缝,教学楼附近出现冒水现象; (3) ≈8min:裂缝出现的地方突然出现冒水现象; (4) ≈13min:从地表涌出大量水,喷水高度高达1m; (5) ≈14min:地表积水深度几英寸; (6) ≈28min:仍有水从地下冒出

在计算剖面、相对密度、地震荷载作用均相同的条件下，仅将中砂换成很粗的

砂(砾砂),渗透系数由原来砂土的 1.5×10^{-2}cm/s 变为 0.5cm/s,若假定不排水,4.6～12.2m深度范围内的砾砂层仍将液化,但计算剖面为排水条件,计算结果显示,地震产生的孔压会很快消散,在任一深度处均未出现很大的孔压或达到初始液化状态(图 4.37)。

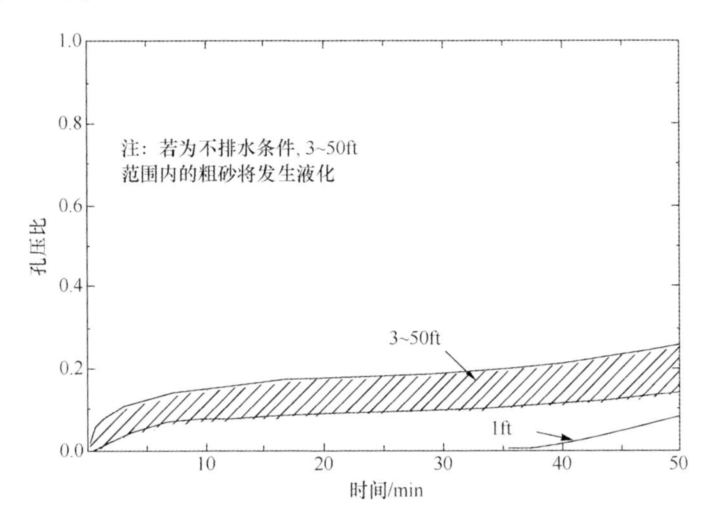

图 4.37　粗砂孔压发展与消散(Seed,1976)

上述计算结果似乎证实了一种推断,即粗砂和砾性土在现场不易液化,很可能是因为其透水性能极好,地震动产生的孔压能很快消散,始终达不到液化所需的程度。但在实际地质环境中,砾性土的排水通道常常被阻塞。例如,砾性土被相对不排水的粉土覆盖或者互层,这在一些废弃的河道或冲积扇的沉积环境中出现。另外,砾性土中混杂一些细砂等,同样会很大程度降低砾性土的渗透系数,如在 Aswan 坝料中填充了大量的砂土,充填后坝料的渗透系数约为 3×10^{-3}cm/s,与细砂的渗透系数相差无几。地震时产生的孔压消散程度将会明显被填充的细砂降低;又如 1976 年唐山地震中发生滑移的密云水库白河主坝保护层砂砾料,含砾量约 57.7%,渗透系数仅有 1.9×10^{-3}cm/s,接近于细砂的渗透系数,且护坡块石用砂浆勾缝连为整体,排水通道严重受阻(刘令瑶等,1982)。因此,若在饱和粗砂和砾性土的排水通道阻塞或上覆盖有透水性能差的土层,难以发挥其透水性能良好的优越性,仍可能液化。

为了进一步考察和验证排水条件对砾性土液化的重要影响,对德阳市柏隆镇松柏村人工探坑原料(G_c=65%,渗透系数 0.05cm/s)进行了排水与不排水的振动台对比试验。振动台的台面尺寸为:长×宽=2m×1m,最大载重为 1t,采用电机驱动和控制,可以输入正弦波、地震波、任意波等波形。振动台模型箱采用剪切箱容器,外形尺寸为 750mm×550mm×530mm,共分为 10 层。对比试验时,保证排水与不排水试验的制样方法、饱和方式、制样后相对密度、传感器埋设位置、荷载施加等均相同或相近，唯一不同的是，排水试验时砾性土试样的表面与水位持平，向上完全排水，不排水试验时在砾性土试样的表面设置一层约 5cm 厚的黏土层，将排水通道堵塞。台面输入分别为 0.1*g*、0.2*g*、0.3*g* 的正弦荷载，振动频率为 2.5Hz、振动次数为 30 次。探坑原料($G_c=65\%$)基本参数：比重 2.8，最大干密度 2.2g/cm^3，最小干密度 1.91g/cm^3，相对密度 45%，饱和容重 23.1kN/m^3，孔压计埋设位置分别为－32.7cm(排水试验)、－37.7cm(不排水试验)，孔压计的初始孔压显示，排水、不排水试验的初始静止水位均接近土表面。

试验结果(图 4.38)表明，排水试验 0.1*g* 正弦荷载作用后，出现了砾性土振动压密现象，整体下沉了约 0.4cm，饱和砾性土中的水振动过程中迅速向上排出，记录到孔压有一定程度的增加，但远未达到液化状态所需要的超静水压力，0.1*g* 作用下孔压计(位置－32.7cm)的孔压比仅达到 0.12，且振动结束后 15s 左右即消散殆尽。而相同振动荷载作用下、不排水试验时，在 5～10 次荷载后孔压迅速上升，15～20 次荷载孔压比达到最高，振动结束后 15s 左右消散约 50%。

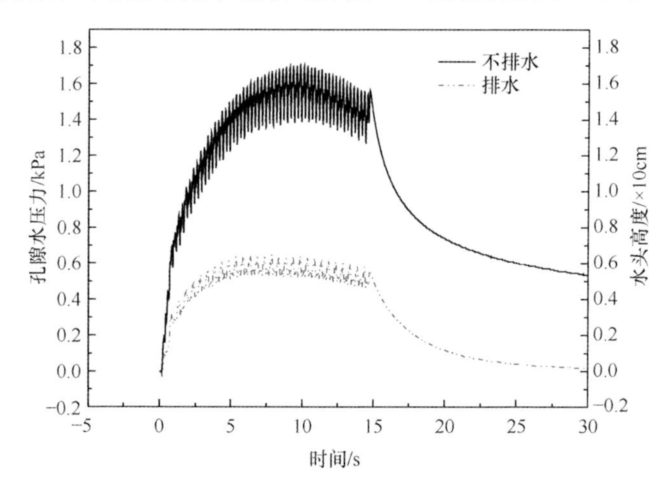

图 4.38 排水条件对探坑原料($G_c=65\%$)孔压发展的影响(0.1*g*)

长期影响学术界的约 70%界限含砾量，是刘令瑶等(1982)和汪闻韶等(1986)采用圆筒竖向振动台试验对密云水库白河主坝坝料进行试验得到的结果。刘令瑶等(1982)竖向振动荷载 0.2*g*，相当于水平荷载 0.1*g* 左右，将德阳市柏隆镇松柏村人工探坑原料($G_c=65\%$，渗透系数 0.05cm/s)0.1*g* 正弦荷载作用下的结果进行对比，并绘制粉质黏土、细砂、粗砂、纯净砾石的渗透系数的大致范围(Das，2009)，如图 4.39 所示。结果表明，在排水条件下，渗透系数对孔压发展具有重要的影响作用，渗透系数越大，振动所产生的液化度或孔压比越小。需要指出的是，这些试验结果是在试验工况简单、较小荷载作用下得到的，实际场地埋藏条件复杂，土性特征、荷载条件、排水边界条件对孔压发展的影响需要进一步研究。

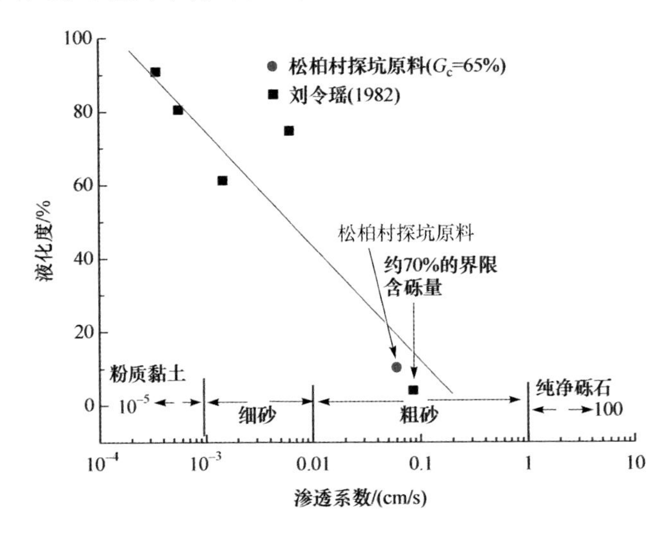

图 4.39 排水试验条件下渗透系数对孔压发展的影响

3）埋藏条件

全球其他历史地震中砾性土液化实例不足 10 例，2008 年汶川地震中 118 个液化点约 70％为砾性土场地液化，若仅从室内不排水试验的抗液化强度、孔压发展规律，很难全面解释汶川地震出现大规模砾性土液化的原因。仔细分析汶川地震液化现场获取的有限钻孔资料发现，液化场地砾性土的排水通道基本被堵塞，而非液化场地砾性土的排水通道则畅通。汶川地震砾性土主要分布区域成都平原的土层结构较为单一，地表为 1～4m 的黏土层，黏土层以下则是深度不一的砾性土层，直至基岩。定义地下水位至黏土层底面的距离为 Δd，若地下水位位于黏土层底面之上则 Δd 取 0m，分别将汶川地震 20 个液化场地与 14 个非液化场地钻孔资料中的 Δd 进行统计，如图 4.40 所示。

统计结果显示，约 65％(13/20)液化场地的 Δd 为 0m，约 25％(5/20)液化场地的 Δd 小于 1m，表明液化场地的地下水位十分接近不透水黏土层的底面，地震作用时砾性土中产生的孔压无法从黏土层中排出、消散，排水通道严重受阻，而非液化场地仅 3 例(3/14)的地下水位接近黏土层的底面，其余非液化场地的地下水位与上覆黏土层底面均有一定的距离，位于地下水位与黏土层底面之间为排水性能良好的非饱和砾性土层，可以很好地消散地下水位之下砾性土层地震作用产生的孔压，具有相对较好的排水通道。

另外，全球其他历史地震有限的砾性土液化实例中，梳理其液化砾性土特性、渗透性能、排水边界条件等，发现已报道的液化实例中均存在渗透系数较低、排水边界条件受阻的情况(表 4.7)，再一次印证了排水通道对砾性土发生液化的重要

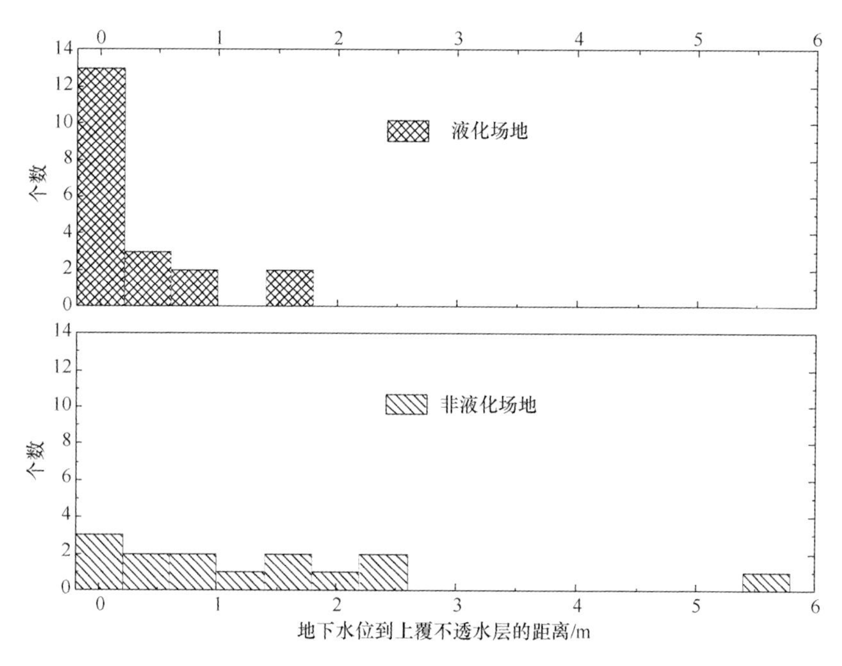

图4.40 汶川地震液化与非液化场地埋藏条件统计

影响作用，即只有满足不排水的埋藏条件时，砾性土才有发生液化的可能性。

表4.7 历史地震砾性土液化实例排水条件汇总

编号	地震名称	地点	砾性土特性或排水边界条件	排水条件评价	文献来源
1	1975年海城地震	辽宁营口石门水库土坝	松散，未经过碾压；砾性土坝料含泥量较大，渗透系数较低；震前10天放水，水位下降2m，滑塌坝坡6～7m冻结或被冰覆盖	渗透系数较低，排水边界部分受阻	中国科学院工程力学研究所，1979
2	1976年唐山地震	北京密云水库白河主坝	稍密至中密；砾性土坝料渗透系数接近细砂，约1.9×10^{-3}cm/s；护坡块石用砂浆勾缝连为整体，排水通道被护坡块石阻塞	渗透系数低，排水边界受阻	刘玲瑶等，1982
3	1976年Priuli地震	意大利，Avasinis地区	0～1.25m含砾填土，1.25～4.37m砾性土(液化层)，地下水位约0.5m；地表坐落1层住宅，住宅四周为玉米地	排水边界受阻	Sirovich，1996
4	1983年Borah Peak地震	美国，Pence Ranch地区	0～1.5m密实或非常密实、钙化的粉质砾性土，1.5～3.5m粉质砾性土(液化层)，黏粒含量约20%，地下水位约1.5m；硬壳地表	渗透系数低，排水边界受阻	Andrus et al.，1986

续表

编号	地震名称	地点	砾性土特性或排水边界条件	排水条件评价	文献来源
5	1983年Armenia地震	亚美尼亚西北地区	0～0.4m砂性粉土，0.4～3.4m松散砾性土（液化层），水位0.2m，排水通道被地表薄粉土层阻塞	排水边界受阻	Yegian et al.，1994
6	1993年Hakkaido-Nansei-Oki地震	日本，Mt. Koma-gataka地区	0～1m含砾火山灰，1～5m含砾崩落火山砾石（液化层），含砾量70%～80%，地下水位约1m；地表坐落44栋木质住宅，硬壳地表	排水边界受阻	Kokusho et al.，1995
7	1995年阪神地震	日本神户港	0～1.2m碎石，1.2～18.5m砾性土填料（液化层），地下水位3m；水位以上密实、坚硬，标准贯击数30～50；地表有建筑物，硬壳地表	排水边界受阻	Hatanaka et al.，1997
8	1999年集集地震	台湾雾峰地区	0～4.0m砾性土，4.0～4.5m含砾粉质黏土，4.5～23.5m松散砾性土（液化层），水位4.5m，排水通道被粉质黏土薄层阻塞	排水边界受阻	Lin et al.，2004

3. 机理解释

结合第3章砾性土、砂土的液化试验结果，Wong等（1974）和Seed等（1976）的计算结果，砾性土、砂土场地的地震液化宏观表现，汶川地震液化场地与非液化场地埋藏条件，以及以往对砂土液化机理的解释具有较为一致的认识，从砾性土液化的宏观表现、演变规律、阈值条件等角度给出砾性土液化机理的合理解释。

1）宏观表现

（1）物理现象。

虽然砂土属于细粒土，砾性土属于粗粒土，但它们都是非黏性散粒土体，在松散饱和状态下，受到往返动荷载作用，都会产生孔隙压力上升、有效应力下降的所谓液化行为。

（2）宏观特征。

砾性土场地液化时最明显的表现为喷水冒砂，地基承载力下降甚至丧失。但是，2008年汶川地震砾性土场地液化调查结果表明，砾性土场地液化时的孔压上升与消散均较为迅速，即地震时伴随喷水冒砂，地震结束后几分钟之内即停止，而1975年海城地震、1976年唐山地震的砂土场地液化时，一般地震2～3min之后开始喷水冒砂，持续时间为30min甚至更长。

2）孔压演变规律

（1）孔压增长。

砾性土的渗透性良好，地震荷载作用下在砾性土层中某一薄弱部位最先产生局部变形和破坏，在这薄弱部位产生的孔压，可以迅速传递、扩散，孔压重新分布整个砾性土层从而达到新的平衡。相反，砂土的渗透性较差，薄弱部位最先产生局部孔压，孔压重新分布达到整体平衡需要的时间较长，往往表现孔压发展较为滞后的现象，即地震荷载结束时，孔压记录仍继续增长，如 Youd(1984)在美国 Wildlife 试验场 1982 年地震中砂土场地液化获取的世界上第一条孔压发展的实际记录。地震荷载的峰值结束时，孔压比在随后的 5～10s 中从 0.7 左右上升至 1.0，以至于后来长达 10 多年都有关于该孔压记录是否真实的争论。Cox(2006)在 Wildlife 同一场地采用人工激振，结果同样表明，激振荷载停止后约 10s 的时间，孔压仍在继续发展。

（2）孔压消散。

孔隙水压力上升至上覆压力是发生液化的必要条件，砾性土液化孔压增长与消散是一对矛盾，其对应力重新分布、土体破坏具有直接的影响，在排水条件良好的情况下，砾性土的孔压很快即可消散。Wong 等(1974)建立的只有一层均质土层的简单模型，地下水位接近土表面、完全排水条件，计算结果显示，粗砂的孔压消散时间为 0.05s，孔压的发展与消散几乎同样快，远远快于地震所产生的孔压，而中砂 15s 中之内几乎没有减少。Seed 等(1976)根据 1964 年新潟地震液化场地的土层分布建立的一维土层孔压发展和消散的计算模型，同样是地下水位接近地表、完全排水条件。计算结果显示，仅将中砂换成很粗砂，地震产生的孔压会很快消散，在任一深度处均未出现很大的孔压或达到初始液化状态。Wong 等(1974)与 Seed 等(1976)类似的计算结果表明，土层的渗透系数很大程度上控制了孔压的消散时间，若排水条件畅通，砾性土的孔压消散速率惊人，孔压可在地震荷载作用的同时消散掉，粗砂都不大可能液化。而 2008 年汶川地震中液化土类的粒组直径远超过粗砂，若排水条件良好，其液化的可能性更小。

3）阈值条件

（1）强度条件。

第 3 章不排水循环三轴试验结果表明，尽管砾性土、砂土在粒径组成、级配、矿物成分都存在较大的差异，但在相同的相对密度下，砾性土、砂土的抗液化强度较为接近，抗液化强度的主要控制因素为相对密度。Seed(1976)、Siddiqi 等(1987)、Evans 等(1987)、王昆耀等(2000)得到了类似的结论。然而，剪切波速随含砾量的增大而增长，相对密度相同时，砾性土的剪切波速明显大于砂土，即在剪切波速很大的情况下，砂土已经接近密实状态，而对于砾性土来说仍处于稍密状态，仍具有很大的液化可能性，这也是目前基于剪切波速的砂土液化判别方法不能应用于砾性上的根本原因。

另外，图3.12的试验结果表明，砾性土、砂土的门槛剪应变接近于Dobry的试验结果，即低于该应变孔压不会发展，当剪应变超过0.1%时，砂土、砾性土的孔压比均迅速增大。这表明只有荷载达到一定强度时，产生较大的剪应变(如0.1%)，才有可能破坏砾性土、砂土的颗粒结构及排列方式，导致孔压迅速发展直至达到液化状态。

(2) 排水条件。

砾性土的孔压消散速率惊人，只有在不排水条件或排水通道不畅通的条件下，砾性土场地才有可能发生液化。对砾性土液化特性的认识，学术界长期以来主要停留在1976年唐山地震密云水库约70%界限含砾量这一结论：只有当砾性土含砾量大于约70%的界限含砾量时，砾石才能有效形成骨架，在地震时才会具有良好的性能。这一结论在学术界占据很长时间，且根深蒂固，同时也写进了土动力学教科书(张克绪和谢君斐，1989)。然而，人们在引用或使用这一结论时，忽略了一个很重要的试验条件，即70%的界限含砾量是在竖向振动台中试样顶部允许排水的条件下得到的，实际场地中的土性条件、埋藏条件要复杂得多。2008年汶川地震液化现场获取的有限钻孔资料显示，砾性土液化场地的地下水位大多接近不透水黏土层的底面，地震作用时砾性土中产生的孔压无法从黏土层中排出、消散，排水通道严重受阻，而非液化场地的地下水位与上覆黏土层底面均有一定的距离，地下水位与黏土层底面之间为排水性能良好的非饱和砾性土层，可以很好地消散地下水位之下砾性土层地震作用产生的孔压，具有相对较好的排水通道，尽管地表也有一定厚度的不透水黏土层。另外，汶川地震约70%的液化场地均产生地裂缝，排水通道打开、孔压迅速消散，因此喷水冒砂时间较短，进一步表明排水通道对砾性土的液化具有很大的控制作用。

4.5　小　　结

2008年汶川地震之前，全球历史地震中砾性土液化实例不足10例，远远少于砂土液化的数量和规模，实际地震中砾性土液化的发生较为罕见，必然存在较为苛刻的发生条件，在土性条件、地震荷载、埋藏条件等均满足时才有可能发生，可从砾性土液化的宏观表现、演变规律、阈值条件等角度给出砾性土液化机理的合理解释。

(1) 尽管砾性土、砂土的颗粒组成、级配、矿物成分存在较大的差异，但在相同的相对密度情况下，橡皮膜嵌入效应可以忽略或者进行有效消除后，砾性土、砂土的抗液化强度较为接近。

(2) 采用Seed等(1976)的孔压计算模型，随着动应力水平的逐渐增大，归一化的残余孔压比向上突起，增长模型趋向于 A 型曲线，整体上，砾性土的孔压发展形态更加接近于 A 型曲线，砂土、混合料更加接近于 C 型曲线。

(3) 实际地震中砾性土液化的发生较为罕见，远远少于砂土液化的数量和规模，仅根据室内不排水试验的抗液化强度、孔压增长规律，很难全面解释 2008 年汶川地震出现大规模砾性土液化的原因，因而其不可直接用于砾性土的液化评价，需要结合排水边界条件。

(4) 全球其他历史地震以及 2008 年汶川地震砾性土液化实例中，基本上存在砾性土自身渗透系数较低或者排水边界条件受阻的情况，表明只有满足不排水的埋藏条件时，砾性土才有发生液化的可能性。

(5) 从砾性土液化的宏观表现、演变规律、阈值条件等角度，砾性土液化机理可解释为：松散饱和的砾性土，在动荷载作用下产生孔隙压力上升、有效应力下降的现象，产生这种现象需要具备两个必要条件。必要条件之一：振动作用足以使砾性土的结构发生破坏而振密或土颗粒压碎，荷载产生的剪应变只有大于门槛剪应变时(约 0.02%)，孔压才会进一步发展；剪应变只有大于一定值时(约 0.1%)，孔压才有可能迅速增长直至达到上覆压力。必要条件之二：只有在不排水条件或排水通道不畅通的条件下，砾性土场地才有可能发生液化。

第 5 章　砾性土液化判别方法构建原则

5.1 引　　言

2008 年汶川地震 118 个场地液化中，砾性土液化约占 70%，这一事实将纠正以往砾性土层为非液化安全场地的错误认识，同时提出了发展砾性土液化判别方法的客观需求。

室内试验是研究砾性土液化特性和机制的重要手段，但受到试验条件限制，直接将相关成果应用于工程实践还存在很大差距。现行规范或手册中的砂土液化判别公式，几乎都是根据现场测试指标建立起来的，这也符合采用现场测试技术评价土体力学性能的土动力学发展趋势。

与砂土液化问题相比，国内外目前关于砾性土液化的震害经验不多，判别方法也很不成熟。由于现场资料有限，目前工程上能够使用的砾性土液化判别方法如贝克贯入试验法是由砂土液化判别方法间接转换而来的，并不是直接建立在砾性土液化资料基础上的。如第 3 章所述，相同密实程度下，砾性土的剪切波速较砂土的相应值大，即砂土处于密实状态而不具备液化可能性时，对砾性土来说则处于稍密状态，仍有很大的液化可能性。因此，理论上讲，现有的砂土液化判别方法对砾性土不适用，我们现场的实测分析结果也证明了这一点(见第 7 章)。

本章首先介绍以往的砾性土液化判别方法，剖析其存在的问题，然后阐述作者及所在研究团队提出的砾性土液化判别方法的基本指标、构造思路和基本模型。

5.2 现有砾性土液化判别方法

5.2.1 贝克贯入试验转换方法

贝克贯入试验(Becker penetration test, BPT)于 20 世纪 50 年代末期起源于加拿大，该试验方法主要针对砾性土层的钻探及取样而诞生，目前国际上特别是北美地区开始将其应用于砾性土层的液化评价。贝克贯入试验是依靠柴油桩锤的能量将一较大直径的套管打入地层之中，记录每贯入 30cm 的锤击数，且可连续贯入，单根套管长度一般为 3m，当打入至预定深度时，套管底部换成开口探头，通过地表的高压泵将预定深度的砾性土抽出(郑向高，2001)，如图 5.1 所示。

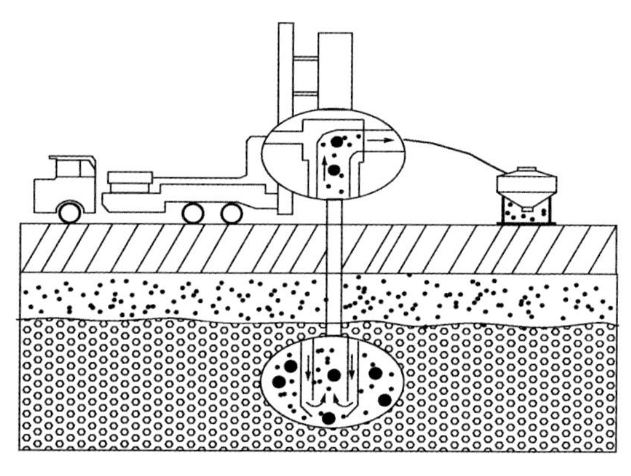

(a) 结构示意图

(b) 现场照片

图 5.1　贝克贯入试验(BPT)设备基本组成(郑向高,2001)

由于砾性土液化场地十分有限,目前还没有通过现场测试指标直接建立抗液化强度与贝克贯入试验(BPT)指标的砾性土液化判别公式。通常的做法是通过建立贝克贯入击数与标准贯入击数的对应关系,然后根据目前基于标准贯入击数的砂土液化判别公式而对砾性土进行液化判别。例如,Harder 和 Seed(1986)通过在三个砂和粉土的场地上进行的贝克贯入试验和标准贯入试验,建立了贝克贯入击数与标准贯入击数的对应关系,如图 5.2 所示。

Harder 和 Seed(1986)的 BPT-SPT 经验曲线没有考虑摩擦力的影响,试验结果表明,在同一场地上 BPT 击数与 SPT 击数的比值随着深度的增加而增加,BPT 套管上的摩擦力不可忽略。Sy 等(1995)在套管上安装应变计和加速度计,通过打

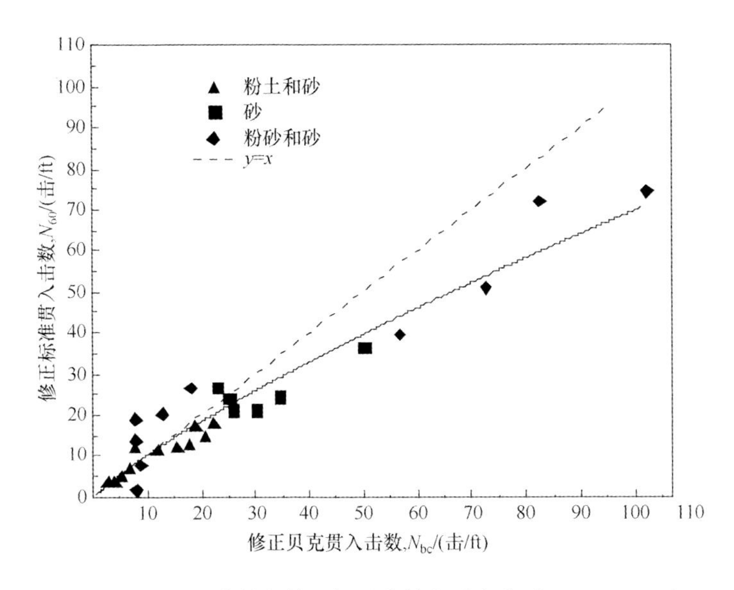

图5.2 修正贝克贯入击数与修正标贯击数的对应关系(Harder et al.,1986)

桩分析仪监测贝克贯入试验的锤击能量,给出了不同锤击能量下的修正关系。由于贝克贯入试验(BPT)的套管直径较标准贯入试验(SPT)的标贯器直径大很多,所以贝克贯入试验(BPT)能在粒径较大的砾性土层中进行测试,但目前该试验设备及方法尚未标准化,套管直径有140mm、168mm、230mm等几种,不同型号的桩锤机的输出能量也不一致。表5.1为几种常见的贯入试验方法对比。

表5.1 常见贯入试验方法对比(Sy et al.,1995)

基本参数	标准贯入试验(SPT)	大直径贯入试验(LPT)(日本)	大直径贯入试验(LPT)(意大利)	贝克贯入试验(BPT)
驱动方式	自由落锤	自由落锤	自由落锤	柴油桩锤
重锤重量/N	623	981	5592	7670
落距/cm	76	150	50	范围不限
最大能量/kJ	0.47	1.47	2.80	11.0
取样器外径/mm	51	73	140	170
取样器内径/mm	35	50	100	底端封闭

上述分析可知,通过将贝克贯入击数转换成标准贯入击数,然后套用现有的基于标准贯入试验的砂土液化判别方法对砾性土的液化可能性进行判别,这种思路和方法存在诸多缺陷。转换关系上的缺陷:Harder和Seed给出的贝克贯入击数

与标准贯入击数的经验关系，在砂、粉土场地上测试得到，且场地数量有限，仅 3 个，而砾性土场地上 BPT-SPT 的经验关系仍无法给出；另外，直接套用基于标准贯入试验的砂土液化判别方法会存在很大的偏差。贝克贯入试验设备上的缺陷：试验方法未标准化，套管直径、柴油桩锤的输出能量未统一，还没有国际通用；另外，试验设备笨重、操作复杂，应用推广较困难。

5.2.2 大直径动三轴试验方法

室内试验能在一定程度上对液化的机理进行解释，且试验条件能人为控制，能进行不同工况下的试验。国内外学者进行了有限的大直径动三轴试验，并给出了相应的砾性土液化判别经验公式。

Lin 等(2004)对 1999 年台湾集集地震中台中县雾峰乡福田桥附近河漫滩上一例砾性土液化场地进行了钻孔取样试验，并进行了大直径动三轴试验。

从图 5.3 的级配曲线可以看出，液化现场所取得的试样中砾石最大直径超过 10cm，由于试验设备尺寸的限制(试样直径与最大粒径的比值在 6～8)(Evans and Zhou，1995)，Lin 等(2004)将大于 7mm 的砾石按等重法将试样重新配料，保证 7mm 以下的颗粒含量及级配曲线不变，从而对代替料进行了动三轴试验，动三轴试样直径 15cm、高 30cm，控制相对密度为 40%，砾石含量分别为 20%、40%、60%，试验结果如图 5.4 所示。

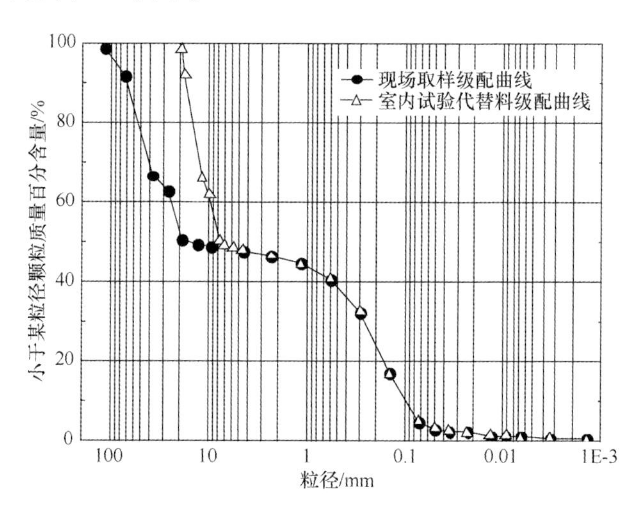

图 5.3 1999 年台湾集集地震砾性土级配曲线(Lin et al.，2004)

Lin 等(2004)根据试验结果(表 5.2)回归得到应力比的计算公式为

$$\mathrm{CSR}_{N=15}=0.0036\times G_c+0.005\times D_r+0.044 \tag{5.1}$$

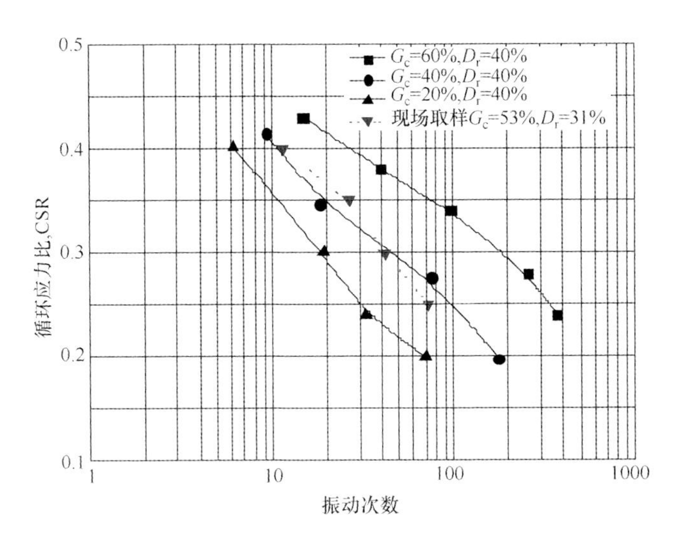

图 5.4　1999 集集地震砾性土代替料动三轴试验结果(Lin et al.,2004)

式中,G_c 为含砾量;D_r 为相对密度。考虑到室内试验得到的循环应力比往往大于现场实际所遭受的应力比,直接套用砂土的修正系数:

$$CRR=0.572\left(\frac{\sigma_d}{2\sigma_c'}\right)_{tri}=0.572CSR_{N=15} \tag{5.2}$$

表 5.2　砾石含量、相对密度与循环应力比的关系(Lin et al.,2004)

含砾量 G_c/%	相对密度 D_r/%	N=15 次时的循环应力比
20	40	0.311
40	40	0.377
60	40	0.445
40	20	0.295
40	60	0.512
0	40	0.256
0	50	0.290
0	60	0.334
0	70	0.390

日本建筑基础构造指针中的动三轴方法(刘惠珊,1998)。原本应用于砂土液化,对 1995 年阪神地震中砾性土进行了判别,判别结果符合实际情况,该方法因此被认为也适用于砾性土的液化判别。地震时的动剪应力 τ_d 根据式(5.3)求得:

$$\tau_{\mathrm{d}}=0.1(M-1)\frac{a_{\max}}{g}\sigma_{\mathrm{v}}(1-0.015z) \tag{5.3}$$

式中,M 为震级;σ_{v} 为竖向总应力;z 为深度;$a_{\max}$ 为地表峰值加速度。

抗液化强度 τ_{l} 由动三轴试验结果换算得到:

$$\left(\frac{\tau_{\mathrm{l}}}{\sigma_{\mathrm{v}}'}\right)_{原位}=0.9\,\frac{(1+2K_0)}{3}\left(\frac{\sigma_{\mathrm{d}}}{2\sigma_0'}\right)_{三轴} \tag{5.4}$$

当$\frac{\tau_{\mathrm{d}}}{\sigma_{\mathrm{v}}'}>\frac{\tau_{\mathrm{l}}}{\sigma_{\mathrm{v}}'}$时,判别为液化。式中,$\sigma_{\mathrm{v}}'$为有效竖向应力;$K_0$ 为静止侧压力系数;σ_{d} 为轴向动应力;σ_0'为初始有效固结压力。

由于砾性土颗粒较大,几乎没有黏聚力,很难现场获取高质量的原状土样,即使采用日本推荐的液氮冷冻法,原状砾性土取回之后由于应力条件的改变,其室内试验结果也会存在一定的差距,况且造价非常高,很难推广使用。Lin 等(2004)所给的应力比公式,仅根据一例砾性土液化场地的动三轴试验结果得到,且是将大颗粒部分剔除采用代替料进行的重塑土试验,试验样本数量有限,是否具有代表性值得怀疑。而日本建筑基础构造指针中的动三轴方法仅是对一次地震的几个砾性土场地进行检验,对于其他地震中的砾性土液化是否适用还有待检验。

5.2.3 雷达分类法

Sirovich(1996)根据1976年意大利东北部地震 Avasinis 砾性土冲积扇3个液化场地和1个非液化场地,给出了雷达分类图法,该方法由7项因素组成,按顺时针排列,即过200号筛(0.075mm)的颗粒含量、塑性指数(PI)、云母含量、地质年代、深度、标贯值、剪切波速 V_{s}。将这7项具体的值在雷达图上标出并连成折线,实心符号表示意大利 Avasinis 村的3个砾性土液化的情况,空心符号表示另一个非液化砾性土的情况,如图5.5所示。由图可见,非液化砾性土形成的多边形围在3个液化砾性土的多边形之外,从而说明多边形顶点的位置距离圆心越远则越难液化。

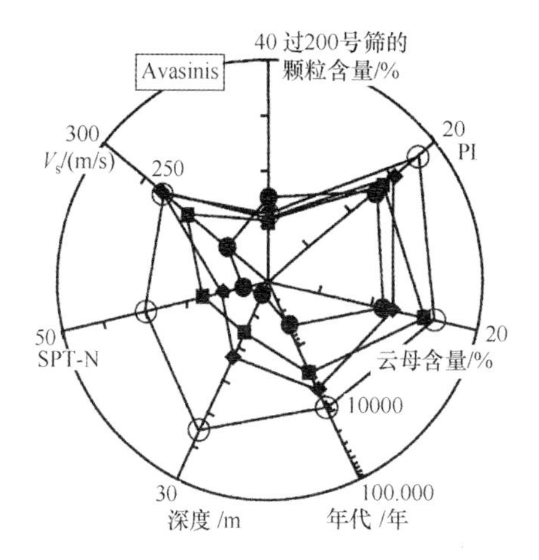

图5.5 雷达分类图法(Sirovich,1996)

Sirovich(1996)给出的雷达分类图法,采用的试验样本十分有限,判别方法较为粗糙,且很难同时获得这7项指标的定值,推广应用较为困难。

5.3　基本指标的选取

上述分析表明，通过现场钻孔获取原状砾性土土样进行大直径动三轴试验，对设备的要求较高，费用较大，且室内试验应力条件改变，试验结果与实际情况会有一定程度的偏差。因此，砾性土液化判别应以现场测试指标为宜。选择现场测试方法和手段时应遵循的原则：测试技术较为成熟，工程上普遍使用；测试设备简单、操作方便，由此形成的砾性土液化判别方法便于在工程上推广应用。

我国目前规范中砂土液化判别方法的基本指标为标准贯入击数，但在砾性土场地上，标准贯入、静力触探等常规试验不能进行。我们认为，可应用超重型动力触探(dynamic penetration test，DPT)以及剪切波速测试作为主要测试手段，采用超重型动力触探击数 N_{120} 及剪切波速 V_s 来衡量砾性土的密实程度，作为砾性土液化评价最基本的指标。这既符合现有勘察规范土类适用性的规定，工程上使用也较为方便。

另外，现有室内试验结果表明，含砾量对砾性土的抗液化能力具有一定影响。砾性土粒径变化范围大，相对于砂土其机理较为复杂，单纯采用表示密实程度的指标(N_{120}，V_s)很难全面反映砾性土的液化势。因此，应选取含砾量作为砾性土液化评价的另一指标。同时勘察结果表明，地震烈度、地表峰值加速度、地下水位和埋深对砾性土液化具有重要影响，在建立液化判别公式时也应包括地震震动强度以及土层埋藏条件等常规指标(袁晓铭和曹振中，2011)。

至于地震动持续时间对液化的影响，对砾性土而言，目前客观条件不成熟，还难以考虑，以后需要注意积累相关资料。

5.4　砾性土液化判别方法基本模型

5.4.1　基本思路

基于实际资料建立的砾性土液化判别方法可分初判和复判两部分。初判的基本原则为排除不可能液化及可不考虑液化影响的情况，这也是我国抗震规范砂土液化判别方法的基本思想。虽然目前规范中砂土液化判别方法不适用于砾性土，但仍借鉴其基本思想。将判别方法分为初判和复判两部分，一方面，初判可大大减少工作量；另一方面，复制参考抗震规范液化判别式最初建立时的模式，建立砾性土液化判别的基本模型。这样，不仅可充分利用我国专家学者多年的研究成果，也可很好地与以往工作衔接，便于工程师掌握和应用。

5.4.2 初判条件

根据调查结果，将不可能液化及可不考虑液化影响的情况作为初判条件总结为以下 3 点。

1. 地质年代条件

根据第 2 章的分析结果，汶川地震液化与区域水文地质和工程地质条件呈良好对应关系，汶川地震中第四纪更新世 Q_p（含更新世 Q_p）以前的地层上未发现液化现象，将此作为初判条件之一。

2. 砾性土埋藏条件

将本次地震砾性土液化及非液化点土层深度与地下水位绘于图 5.6，上覆非液化土层厚度和地下水位深度大于图中的数值，可不考虑液化影响。

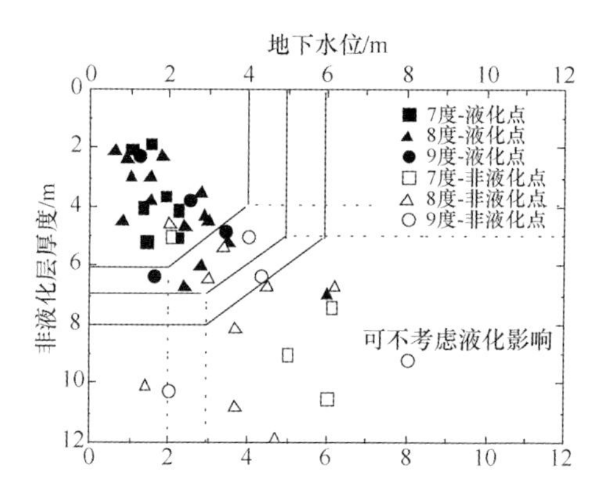

图 5.6　液化以及非液化点土层深度与地下水位关系

当上述界限曲线在不同加速度峰值条件下应用时，可以根据现场测试场地烈度与地表峰值加速度（peak ground acceleration，PGA）的对应关系进行分析，见表 5.3。

表 5.3　测试场地烈度与加速度对应关系

烈度	7	8	9
PGA 均值/g	0.21	0.34	0.40
标准差	0.03	0.09	0.07

关于埋藏条件对液化可能性的影响，针对砂土，国内外学者已有相应经验结果（石兆吉和郁寿松，1993；Ishihara，1985）。Ishihara（1985）根据 1964 日本新潟地震、1983 年 Nihonkai Chubu 地震以及 1976 年唐山地震的钻孔液化资料，根据液

化层厚度以及上覆非液化层厚度，得到了一条用以判别液化是否对地表造成危害的临界曲线，如图 5.7 虚线所示。当上覆非液化土层厚度大于该临界覆盖层厚度或当液化层厚度小于临界液化层厚度时，即位于临界曲线右侧，地表没有宏观液化现象或破坏。其中，地下水位以下当标贯击数小于等于 10 击时的砂土土层厚度定义为液化层厚度，而液化层以上的土层厚度即为非液化层厚度。Youd 和 Garris (1995)采用 15 次不同地震的 309 个钻孔资料对该经验曲线进行了检验，结果表明只有当松散砂层未出现侧向流动时才适用。

将汶川地震砾性土液化与非液化场地埋藏条件的相应参数绘制如图 5.7 所示。Ishihara(1985)提出的针对砂土的经验曲线，接近 1/2 的液化点判别为无宏观液化现象或破坏，即对于砾性土场地，为避免液化对地面的影响，需要更厚的上覆非液化层。鉴于此，依据上述资料，给出液化层厚度、上覆非液化层厚度等对建筑物影响的临界曲线，并以此作为砾性土的初判条件，如图 5.7 中实线所示。

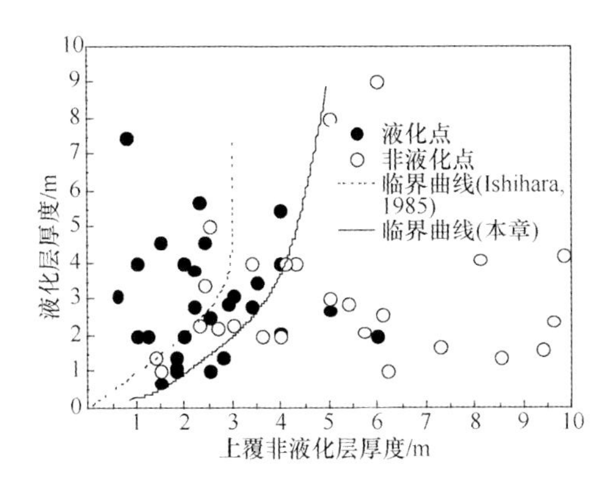

图 5.7　本章提出的液化影响深度

3. 砾性土含砾量

对于液化场地，由于钻孔前不清楚液化层的深度和厚度，取样深度具有一定的随机性，选择取样深度与液化层深度一致的砾性土土样进行筛分试验，仅获得部分钻孔的筛分结果，见表 5.4。

表 5.4　部分液化砾性土样筛分结果

钻孔取样地点	D_{50}/mm	C_u	C_c	d_s/m	G_c/%	烈度	是否液化
德阳市天元镇白江村	0.51	4.43	1.25	3.6	0.4	7	是
德阳市德新镇胜利村	0.70	16.13	0.71	5.0	22.8	7	是
德阳市黄许镇金桥村	0.50	5.08	1.31	5.6	0.5	7	是
广汉市南丰镇昆庐小学	0.98	18.89	0.94	5.7	26.1	7	是

续表

钻孔取样地点	D_{50}/mm	C_u	C_c	d_s/m	G_c/%	烈度	是否液化
绵竹市新市镇石虎村	0.32	3.90	1.03	4.4	0.5	8	是
绵竹市新市镇新市学校	22.00	119.67	0.56	2.1	64.1	8	是
德阳市孝德镇齐福小学	1.54	47.90	0.50	5.8	39.7	8	是
德阳市略坪镇安平村	0.15	3.00	0.42	2.9	0.5	8	是
绵竹市齐天镇桑园村	12.80	90.43	1.83	5.2	63.7	8	是
绵竹市富新镇永丰村	11.59	158.46	0.24	4.9	57.2	8	是
绵竹市板桥镇兴隆村	33.40	238.42	0.51	7.6	66.8	8	是
德阳市柏隆镇松柏村	6.15	41.38	0.58	2.1	53.0	8	是
绵竹市兴隆镇安仁村	30.57	73.10	3.99	5.8	75.4	9	是
绵竹市汉旺镇武都村	1.75	47.75	0.26	6.0	36.9	9	是
绵竹市拱星镇祥柳村	31.50	114.41	10.00	3.0	76.6	9	是
德阳市扬嘉镇火车站	23.20	50.83	3.86	7.0	75.4	7	否
德阳市黄许镇胜华村	7.57	81.59	0.37	2.0	54.9	7	否
德阳市孝泉镇民安村	15.89	60.49	1.78	6.6	68.6	8	否
德阳市孝德镇大乘村	9.43	33.70	1.14	6.2	60.9	8	否
绵竹市什地村五方村	0.59	9.40	0.96	11.1	25.8	8	否
绵竹市东北镇长宁村	36.20	73.79	3.78	9.8	77.2	9	否

注：D_{50}为平均粒径；C_u 为不均匀系数；C_c 为级配曲线曲率系数；d_s 为取样深度；G_c 为粒径大于 5mm 的颗粒质量百分含量，即含砾量。

分析结果表明，液化与非液化场地上砾性土级配曲线交织在一起，很难寻找液化与非液化场地的临界曲线，不可直接采用这一指标进行判别。尝试寻找砾性土液化场地中最大含砾量，即液化砾性土含砾量上限，若含砾量大于这一界限值砾性土就不会发生液化，并以此作为工程初判条件。将液化场地上砾性土的级配曲线按烈度进行分类，如图 5.8 所示。

由图可以看出，所测试的液化砾性土场地中，7、8、9 度时含砾量(大于 5mm 颗粒百分含量)上限值分别为 26%、67%和 77%，实例说明当砾性土的含砾量小于这些值时都有发生液化的可能性。结合现场实测结果与刘令瑶等(1982)、汪闻韶等(1986)室内试验结果，8、9 度时的上限含砾量与试验结果较为接近。工程保守性考虑，将 7 度下的含砾量上限值进行较大幅度的上调，并将 8、9 度下的结果稍微上调，得到砾性土场地的含砾量初判条件：当 7、8、9 度下含砾量分别超过 70%、75%和 80%时，可判为不液化。

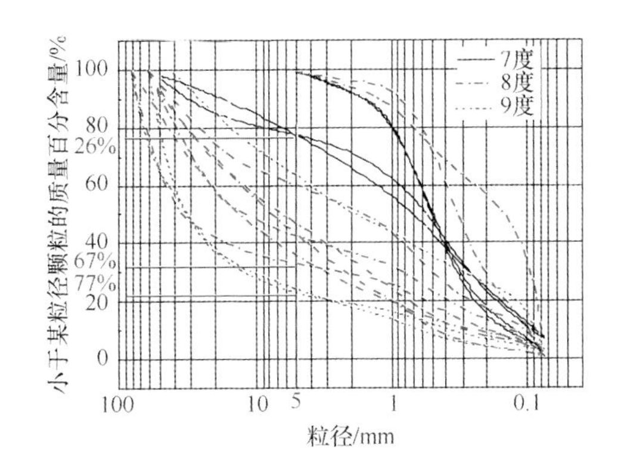

图5.8　液化砾性土不同烈度下含砾量上限

5.4.3　复判模型

1. 基于烈度的复判模型

我国抗震规范砂土液化判别式建立时的模型为

$$N_{cr}=N_0[1+\beta_w(d_w-2)+\beta_s(d_s-3)] \tag{5.5}$$

式中，N_{cr}为临界标贯击数；N_0为标准贯入击数基准值；d_s为砂层埋深；d_w为地下水深度；β_w为地下水位影响系数；β_s为砂层埋深影响系数。这一公式是我国专家学者多年研究的成果，并且较成功地经历了1975年海城地震和1976年唐山地震的检验，代表了砂土液化判别的基本模式，已在工程上得到广泛应用。

本章借鉴式(5.5)的基本思路，采用超重型动力触探击数N_{120}和剪切波速V_s作为基本指标，将砾性土液化判别的临界动探击数基本模型取为

$$N_{cr\text{-}120}=N_{0\text{-}120}[1+\alpha_w(d_w-2)+\alpha_s(d_s-3)] \tag{5.6}$$

式中，$N_{cr\text{-}120}$为临界动探击数；$N_{0\text{-}120}$为动探击数基准值；d_s为砾性土埋深；d_w为地下水深度；α_w为地下水位对临界动探击数的影响系数；α_s为砾性土埋深对临界动探击数的影响系数。

将临界剪切波速基本模型取为

$$V_{s\text{-}cr}=V_{s\text{-}0}[1+\alpha'_w(d_w-2)+\alpha'_s(d_s-3)] \tag{5.7}$$

式中，$V_{s\text{-}cr}$为临界剪切波速；$V_{s\text{-}0}$为剪切波速基准值；d_s为砾性土埋深；d_w为地下水深度；α'_w为地下水位对临界剪切波速的影响系数；α'_s为埋深对临界剪切波速的影响系数。

因此，砾性土临界动探击数基本模型关键是确定基准值$N_{0\text{-}120}$和影响系数α_w、α_s；临界剪切波速基本模型则是确定基准值$V_{s\text{-}0}$、α'_w和α'_s。上述参数的确定将在第6章、第7章进行详细阐述。

2. 含砾量 G_c 的影响。

含砾量(以 G_c 表示,即大于5mm的颗粒质量百分含量)对砾性土抗液化能力的影响是一个复杂的问题。地震现场勘察资料有限,难以提供同等条件下不同含砾量对抗液化强度影响的定量分析结果,依据现有的现场资料目前仅能得到初判条件。

关于含砾量对砾性土液化势的影响已有室内大直径动三轴试验的结果。王昆耀等(2000)指出,砾性土的抗液化强度随含砾量的增加而提高,二者基本呈线性增长关系,80%含砾量的砾性土抗液化强度较35%时高10%~30%,较50%时高5%~20%,另外国外的试验结果比上述结果稍大一些(Lin et al.,2004;Evans et al.,1995;Evans et al.,1992)。综合考虑,将含砾量对液化判别结果采用[1+0.5(G_c-50%)]的系数进行修正,以此作为含砾量对液化势影响的定量评价标准。但需要注意的是,上述试验是在控制相对密度下进行的,而这里的模型应控制剪切波速一致。二者条件不同,因此现有室内试验结果只是一种参考。

综合上面分析结果,砾性土烈度下液化判别临界动探击数最终模型可写为

$$N_{cr\text{-}120}=N_{0\text{-}120}[1+\alpha_w(d_w-2)+\alpha_s(d_s-3)][1+0.5(G_c-50\%)] \tag{5.8}$$

式中,$N_{cr\text{-}120}$ 为临界动探击数;$N_{0\text{-}120}$ 为动探击数基准值;d_s 为砾性土埋深;d_w 为地下水深度;α_w 为地下水位对临界动探击数的影响系数;α_s 为砾性土埋深对临界动探击数的影响系数;G_c 为大于5mm的颗粒质量百分含量。若实测的超重型动力触探击数 N_{120} 小于临界动探击数 $N_{cr\text{-}120}$,则砾性土判为液化,否则为不液化。

砾性土烈度下液化判别临界剪切波速最终模型可写为

$$V_{s\text{-}cr}=V_{s\text{-}0}[1+\alpha'_w(d_w-2)+\alpha'_s(d_s-3)][1+0.5(G_c-50\%)] \tag{5.9}$$

式中,$V_{s\text{-}cr}$ 为临界剪切波速;$V_{s\text{-}0}$ 为剪切波速基准值;d_s 为砾性土埋深;d_w 为地下水深度;α'_w 为地下水位对临界剪切波速的影响系数;α'_s 为埋深对临界剪切波速的影响系数;G_c 为大于5mm的颗粒质量百分含量。若实测剪切波速 V_s 小于临界剪切波速 $V_{s\text{-}cr}$,则砾性土判为液化,否则为不液化。

3. 基于加速度的复判基本模型

目前国内较习惯采用烈度进行液化评价,为了与国际接轨,应建立以地表峰值加速度(PGA)为基本指标的砾性土液化判别模型。

目前,国际上常用的砂土液化预测方法基本思路是:建立地震剪应力比与现场指标的对应关系,通过寻找液化点与非液化点的临界曲线作为液化判别的经验公式。其中在计算土层受到的地震剪应力时,目前国际上具有较大影响的评价方法为Seed和Idriss(1971)提出的“简化法”,其简化模型如图5.9所示。该方法假定地震由基岩向上传播的水平剪切运动,将自由场地下土层的运动简化成一维剪切

振动，另外假定土柱在地震水平剪切时做刚体运动，当地面最大加速度为 a_{max} 时，根据牛顿第二定律，地面下各点的水平地震剪应力的最大幅值为

$$\tau_{max} = \frac{\sum_{i}^{n} \gamma_i h_i}{g} a_{max} \tag{5.10}$$

式中，γ_i 为第 i 层土的容重，地下水位以上的土取天然容重，地下水位以下的土取饱和容重；h_i 为第 i 层土的厚度；g 为重力加速度。

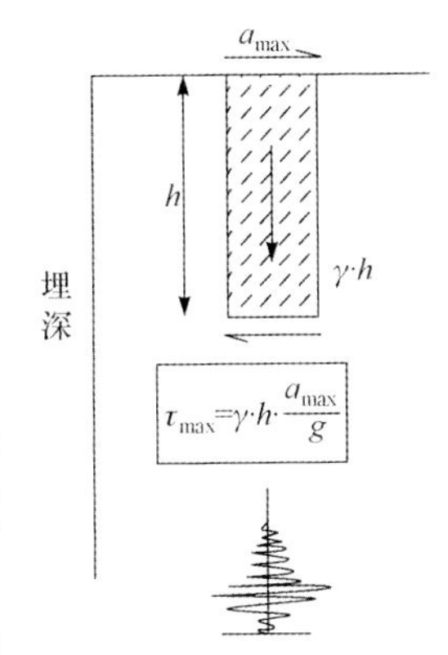

图 5.9 Seed-Idriss 简化模型(Seed and Idriss，1971)

考虑到实际场地上的土体均具有一定的柔度，地震作用时并不是刚体剪切运动。Seed 和 Idriss(1971)通过对一系列土层做地震反应分析，得到了最大剪应力随深度减少的变化规律，即应力折减系数。另外，将水平地震剪应力的最大幅值转换成等价的等幅剪应力幅值，可以得到自由场地下饱和土体单元受到的地震水平剪应力比：

$$\mathrm{CSR} = \tau_{av}/\sigma_v' = 0.65 \cdot r_d \cdot \tau_{max}/\sigma_v' = 0.65 r_d (a_{max}/g)(\sigma_v/\sigma_v') \tag{5.11}$$

式中，a_{max} 为地表峰值加速度；r_d 为应力折减系数；σ_v 为上覆土体总应力；σ_v' 为上覆土体有效应力。

Seed 和 Idriss(1971)提出的 CSR 具有重大意义，为各种判别方法的发展奠定了基础。目前国际上基于现场指标的砂土液化判别方法，如标贯击数判别法、静力触探判别法、剪切波速判别法，均是通过建立液化场地、非液化场地的地震剪应力比与现场指标的对应关系，进而寻找液化场地与非液化场地的临界曲线作为砂土液化判别的基本公式。

由于砾性土层上不能进行标准贯入试验和静力触探试验，所以选取超重型动力触探击数和剪切波速作为现场判别指标，并尝试建立地震剪应力比与超重型动力触探和剪切波速的关系，寻找砾性土液化场地与非液化场地的临界曲线作为砾性土液化的判别公式：

$$\mathrm{CRR} \propto f(N_{120}, d_s, d_w, a_{max}, \mathrm{etc.}) \tag{5.12}$$

$$\mathrm{CRR} \propto f(V_s, d_s, d_w, a_{max}, \mathrm{etc.}) \tag{5.13}$$

式中，CRR 为砾性土抗液化强度；$f(N_{120}, d_s, d_w, a_{max}, \mathrm{etc.})$ 为超重型动力触探击数、砾性土埋深、地下水位和地表峰值加速度等的函数；$f(V_s, d_s, d_w, a_{max}, \mathrm{etc.})$ 为剪切波速、砾性土埋深、地下水位和地表峰值加速度等的函数。具体推导及计算公式将在后面章节有较详细阐述。

5.5 小　　结

鉴于2008年汶川地震中砾性土大量液化的事实，提出了发展砾性土液化判别方法的需求。本章剖析了现有砾性土液化判别方法的问题，以汶川地震的液化调查和现场勘察测试为基础，提出建立基于现场测试指标的砾性土液化判别方法基本指标选取原则和模型构造思想，主要结果如下。

（1）由于砾性土液化资料的匮乏，工程上能够使用的砾性土液化判别方法由砂土液化判别方法间接转换而来，并非直接建立在砾性土液化资料基础上，砾性土与砂土分属不同土类，用于计算砂土力学性能的公式原则上不能用于砾性土，作者现场的实测分析结果也证明了这一点。

（2）室内试验特别是大直径动三轴试验是研究砾性土液化特性和机制的重要手段，但受到取样难度、应力条件控制、尺寸限制、橡皮膜嵌入效应等的影响，直接将相关的研究成果应用于工程实践还存在较大的差距，采用现场测试技术评价土体力学性能也是土动力学的发展趋势，因此建立砾性土液化判别方法也应侧重于以现场指标为基础。

（3）超重型动力触探试验以及剪切波速测试是砾性土场地较为理想的原位测试技术，可采用超重型动力触探击数N_{120}以及剪切波速V_s来衡量砾性土的密实程度，作为砾性土液化评价最基本的指标。另外，含砾量、地震烈度或地表峰值加速度、地下水位和埋深对砾性土液化具有重要影响，也应予以考虑。

（4）砾性土液化判别可由初判和复判两部分组成，初判以排除不可能液化情况为目标，可减少工作量；参考目前抗震规范砂土液化判别式最初建立时的模式，构造以烈度为地震作用的复判模型，可很好地与以往工作衔接，便于工程师掌握和应用；构造以加速度峰值为基本参数的复判模型，则可方便国际通用及结果对比。

第6章　基于动力触探的砾性土液化判别技术

6.1　引　　言

采用现场测试技术评价土体力学性能是发展趋势。现行规范或技术手册中的砂土液化判别公式,几乎都是根据现场测试指标建立起来的,建立新的砾性土液化判别方法也应侧重于选择现场指标。

经过几十年的研究和实践检验,采用现场测试指标的标准贯入试验、静力触探试验的砂土液化判别方法是目前国内外常用的、比较成熟的液化判别方法,且已经纳入到相应的抗震规范,广泛应用于工程实践。然而这些工程测试技术由于试验设备本身的限制,均具有一定的适用范围。标准贯入试验采用贯入器内径较小,砂土贯入过程中遇到砾石等较大颗粒时,其锤击数会迅速增大而不能真实地反映土的密实程度,因而不适用于砾性土层中进行试验,在砾性土层中试验甚至会损坏贯入器。静力触探试验在贯入过程中遇到较大颗粒时阻力会明显升高,同样不能反映土的真实情况,甚至会超出探头的极限值,亦不可在砾性土场地中进行试验。

在选择适合砾性土抗液化强度现场测试方法和手段时应遵循的原则是:测试技术较为成熟,工程上普遍使用;测试设备简单、操作方便,以此形成砾性土液化判别方法便于在工程上推广应用。

超重型动力触探试验完全符合上述原则。超重型动力触探于20世纪50年代初由南京水利实验处引进推广,至50年代后期在我国得到发展,并广泛应用于岩土工程勘察,主要针对砾性土的极限承载力、压缩模量测试,在松散至稍密的砾性土场地上贯入深度可达20余米,目前已是我国砾性土勘察的常规手段,具有以下明显优势:设备及操作方法简单,且坚固耐用,快速、经济,应用历史较长,积累的经验丰富,建立了锤击数与土层力学性质之间的多种相关关系和图表,使用方便,最主要的一点是能连续测试,不容易错过薄的夹层。

尽管超重型动力触探在我国推广和普及50余年,但主要用于砾性土的岩土工程勘察及地基承载力评价,我们尝试根据超重型动力触探原位试验建立砾性土液化评价方法还是第一次。2008年汶川地震以前,我国历史地震中的砾性土液化实例仅有2、3例,全球实例也不超过10例,并未引起重视。而2008年汶川地震中大量的砾性土液化现象,为发展砾性土液化判别方法提供了条件。

本章首先介绍我国超重型动力触探测试技术,分析其优缺点,着重介绍作者及所在研究团队基于动力触探测试技术所建立起来的砾性土液化评价方法以及向国际推广应用的尝试。内容包括:汶川地震砾性土液化及非液化典型测试场地的选取,超重型动力触探击数和锤击能量的现场测试,砾性土抗液化能力与超重型动力触探测试指标相关关系的建立,以及我们与美国杨百翰大学、美国内政部垦务局合作,在中美双方不同场地上进行联合测试的工作。

6.2 动力触探测试技术

6.2.1 适用范围

动力触探试验(dynamic penetration test,DPT)是利用一定的锤击动能,将一定规格的探头打入土中,根据每打入土中一定深度的锤击数来判别土的性质及变化规律,对土层进行力学分层并确定土层的物理力学性质,对地基土做出工程地质评价的一种原位测试方法。

动力触探测试方法及操作规程已纳入我国不同规范中,应用已经十分广泛。利用动力触探试验可以解决如下问题:划分不同性质的土层,当土层的力学性质有显著差异,而在触探指标上有显著反映时,可利用动力触探进行分层并定性地评价土的均匀性,检查填土质量,圈定软弱夹层范围,查明卵石层面埋深和基岩强风化带厚度等;确定土的物理力学性质,确定砂土的密实度和黏性土的状态,评价地基土承载力和单桩承载力,估算土的强度和变形参数,检测地基处理效果和施工质量等。

根据《岩土工程勘察规范》(GB 50021—2001)的规定,动力触探试验的类型可分为轻型、重型和超重型三种,主要技术参数及适用范围见表6.1和表6.2。

表6.1 动力触探类型及主要技术参数

类型		轻型	重型	超重型
落距	锤的质量/kg	10	63.5	120
	落距/cm	50	76	100
探头	直径/mm	40	74	74
	锥角/(°)	60	60	60
探杆直径/mm		25	42	50~60

表 6.2　原位测试适用范围

原位测试类型		素填土	黏性土、粉土			砂土					碎石土		
			淤泥	黏土	粉土	粉砂	细砂	中砂	粗砂	砾砂	圆砾	卵石	漂石
动力触探(DPT)	轻型	+		+	+	+	+						
	重型					+	+	++	++	++	++	+	
	超重型										+	++	
静力触探(CPT)		+	++	++	++	++	++	+	+				
标准贯入(SPT)				++	++	++	++	++	+	+			

注：++很适用；+适用。

砾性土液化判别应采用现场测试指标，而测试技术应较为成熟，工程上普遍使用，测试设备简单、操作方便，便于以此而形成砾性土液化判别方法在工程上推广应用。超重型动力触探试验满足上述要求，将采用超重型动力触探击数 N_{120} 来衡量砾性土的密实程度，作为砾性土液化评价的最基本指标。

6.2.2　优缺点

动力触探 20 世纪 50 年代初由南京水利实验处引进推广，至 50 年代后期得到普及，很多单位做了很有价值的试验研究，积累了大量的使用经验，特别是四川省成都平原砾性土层分布十分广泛，针对砾性土层的岩土工程勘察当地普遍采用超重型动力触探试验并已积累了丰富的经验，在评价地基承载力时主要依靠超重型动力触探试验，已经纳入到地方规范《成都地区建筑地基基础设计规范》(DB 51/T5026—2001)。

尽管超重型动力触探推广和普及了 50 余年，但主要用于砾性土的岩土工程勘察及地基承载力评价。我们是第一次尝试将超重型动力触探原位试验用于建立砾性土液化评价方法。

超重型动力触探是主要针对砾性土的一种动力触探测试技术。通过卷扬机将一个 120kg 的穿心锤提升 100cm，穿心锤脱钩后自由落体锤击探杆的锤座，获得锤击动能。探头为一直径 74mm、截面积 $43cm^2$、锥角 60°的实心探头，探杆直径 50～60mm，如图 6.1 所示。记录每贯入 10cm 的锤击数，采用 N_{120} 表示超重型动力触探试验每贯入 30cm 的击数，简称动探击数。

动力触探试验基本操作流程如下。

(1) 贯入前，触探架应安装平稳，对机具设备进行检查，确认各部正常后，才能开始工作，机具设备的安装必须稳固；作业时，支架不得偏移、所有部件连接处丝扣必须紧固。

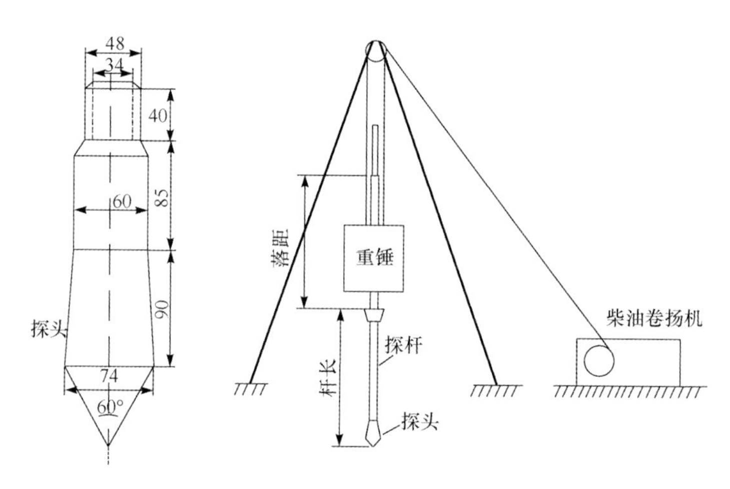

图 6.1　动力触探试验设备示意图(单位:mm)

(2) 贯入时,保持垂直,应使穿心锤沿导杆自由下落,落距为(1.00±0.02)m。贯入过程应尽量连续进行,锤击速率应均匀,一般为 15～30 击/min,记录每贯入 10cm 的实测锤击数。

(3) 上接探杆时,应将锤垫与丝扣拧紧并转动钻杆不少于两圈,减少侧壁摩擦,锤座距孔口的高度不宜超过 1.5m。

(4) 当探头磨损大于 2mm 时,应及时更换。

(5) 层界限的划分要考虑动贯入阻力在土层变化附近的"超前"反应。当探头从软层进入硬层或从硬层进入软层,均有"超前"反应。所谓"超前",即探头尚未实际进入下面土层之前,动贯入阻力就已"感知"土层的变化,提前变大或变小。反应的范围为探头直径的 2～3 倍。因此,划分土层时,当由软层(小击数)进入硬层(大击数)时,分层界线可选在软层最后一个小值点以下 2～3 倍探头直径处;由硬层进入软层时,分层界线可定在软层第一个小值点以下 2～3 倍探头直径处。

(6) 计算平均值,首先按单孔统计各层动贯入指标平均值,统计时,应剔除个别异常点,且不包括"超前"和"滞后"范围的测试点;然后根据各孔分层贯入指标平均值,用厚度加权平均法计算场地分层贯入指标平均值和变异系数。

(7) 主要适用于砾石、卵石等碎石土,试验深度一般不超过 20m,条件允许时可延伸至 30m,超过此深度时,需要考虑触探杆侧壁摩阻的影响。

(8) 探杆连接后最初 5m 的最大倾斜度不应超过 1%;大于 5m 后,最大倾斜度不应超过 2%。试验开始时,应保持探头与探杆有很好的垂直导向,必要时,可以预先钻孔作为垂直导向。

(9) 试验可在钻孔中分段进行,一般可先进行贯入,然后钻探,直至动力触探所测深度以上 1m 处,取出钻具将触探器放入孔内再进行贯入。

(10) 正常范围是3～40击/10cm，当击数超出正常范围时，如遇软黏土，可记录每击的贯入度；如遇硬土层，可记录一定击数下的贯入度。

重型及超重型圆锥动力触探技术的研发成功，不仅对成都地区的碎石土及其他土类的评价作出了卓越贡献，对其他地区也有极高的实用价值。其设备、施工方法及成果评价的研究成果，不仅在国内属首创，在国际上也是最优的。

动力触探是我国砾性土勘察的常规手段，具有以下明显优势：设备及操作方法简单，且坚固耐用；快速，经济；应用历史悠久，积累的经验丰富；建立了锤击数与土层力学性质之间的多种相关关系和图表，见表6.3，形成了一套独立的砾性土岩土工程勘察及地基承载力评价体系，使用方便；最主要的一点是能连续测试，不容易错过薄的夹层。

表6.3 采用超重型动力触探对砾性土的密实度划分 (单位：击/10cm)

密实度	松散	稍密	中密	密实
N_{120}	$N_{120} \leqslant 4$	$4 < N_{120} \leqslant 7$	$7 < N_{120} \leqslant 10$	$N_{120} > 10$

动力触探的缺点是不能取样进行土的鉴别，同时动力触探试验测试手段和过程略显粗糙，测试过程中钻杆的垂直甚至需要工人人力去维持，试验误差大，再现性较差。

6.2.3 误差来源

动力触探试验中存在数据离散现象，主要误差来源有以下几类。

(1) 探杆摩擦的影响。在有些土层中，特别是软黏土和有机土，侧壁摩擦对击数有重要影响，而对中密至密实的砂土，尤其在地下水位以上，由于探头直径比探杆直径大，侧壁摩擦可以忽略。一般情况下，超重型动力触探深度小于20m时，可以不考虑杆侧摩擦的影响，如缺乏经验，应采取措施消除侧摩擦的影响(如用泥浆)，或用泥浆与不用泥浆进行对比试验来认识杆侧摩擦的影响。

(2) 上覆压力的影响。对于一定相对密度的砂土，上覆压力对动力触探试验结果存在一个"临界深度"，即锤击数在此深度范围内随着贯入深度的增加而增大，超过此深度后，锤击数趋于稳定值，增长率减小，并且临界深度随着相对密度和探头直径的增加而增大。

(3) 卵石的影响。当动力触探试验过程中遇到较大粒径的卵石时，卵石会阻碍探头的贯入，在贯入过程中，探头锥尖与卵石的接触点不断改变，当被击卵石的周围介质较为松散时，探头锥尖主要以被击卵石发生倾斜、偏移、挤压通过；当被击卵石周围的介质较为密实时，被击卵石位移严重受阻，出现锤击数偏高的可能，甚至会出现异常现象。

(4) 操作方式的影响。尽管采用了自动落锤技术，且已形成相应的操作规程、手册，但实际工作中很难严格按照操作规程执行，不同的试验设备和操作人员，导致试验结果误差较大。例如，提升速度与高度的控制，操作人员为了试验进度，提升速度较快，往往造成重锤超出标准高度，有时没到标准高度即往下落锤，6.5 节将有较详细的讨论。

6.3　汶川地震现场测试

6.3.1　测试点选取与分布

汶川地震后一个月至 2008 年 11 月，作者陆续在 36 个典型场地进行超重型动力触探测试，其中 14 个液化场地，22 个非液化场地。测试的典型场地主要位于德阳地区，该地区液化较为明显且造成损失巨大，具有代表性。

砾性土液化以往少见，汶川地震中大量砾性土液化现象及我国的超重型动力触探测试技术，引起了美国国家工程院院士、杨百翰大学 Youd 教授以及美国内政部垦务局的极大兴趣。2010 年 12 月，Youd 教授应邀前往地震现场考察，并在都江堰地区选取 12 个场地（6 个液化场地，6 个非液化场地）进行钻孔、超重型动力触探、剪切波速测试和锤击能量测定。

汶川地震中，中国国家地震台网共获取了 400 多条主震加速度记录，但多数台站主要位于龙门山中，成都平原上的台站仅有零星几个，不能直接得到测试点上的加速度。根据国家台网中心发布的汶川 8.0 级地震加速度等值线图，插值得到测试点的地表峰值加速度，48 个典型测试点与加速度的对应关系如图 6.2 所示。

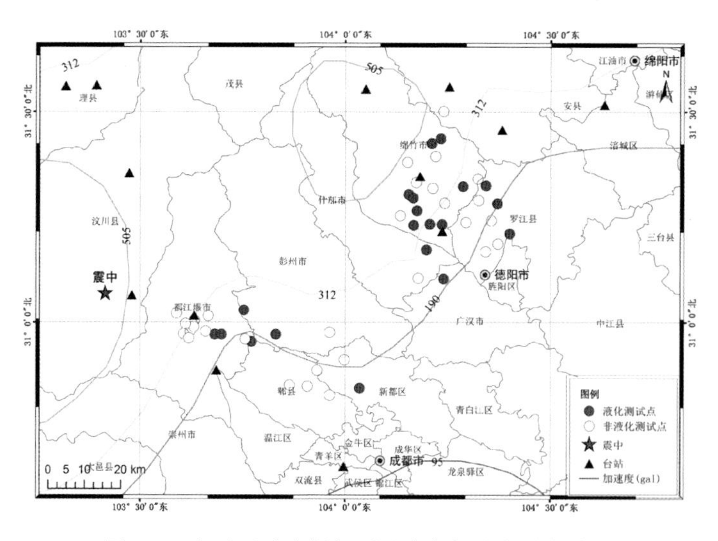

图 6.2　超重型动力触探测试点与加速度对应关系

6.3.2 液化层的确定

选取进行超重型动力触探测试的液化场地，均具有显著的地表液化破坏或由液化导致的显著的工程结构破坏现象。需要说明的是，这些场地经勘察后确认地下水位以下土层中没有砂层，已经排除了砂土液化的可能。另外，其中一些场地地表喷出物为中砂、粉砂或细砂，但地下液化的土层仍为砾性土层。

48个典型测试点均进行了钻孔和超重型动力触探试验，绘制了钻孔柱状图及动力触探锤击数分布曲线。

获得液化点与非液化点的土层分布以后，需要确定液化层及非液化层的深度和厚度。首先，根据钻孔柱状图上的土层分布，排除像黏土、地下水位之上等不可能发生液化的土层。其次，对于液化场地，只需寻找最具有液化可能性的一层，即超重型动力触探击数 N_{120} 相对较低的土层；对于非液化场地，理论上可选择地下水位以下任何一层，但为保守起见，选取相对较密实的砾性土层。另外，在位置和厚度选取中，取 N_{120} 较为平稳的一层。

钻探采用90mm钻具并进行连续取样，钻孔采用植物胶护壁，典型钻孔土样如图6.3所示。钻孔土性描述、超重型动力触探测试以及剪切波速测试结果均汇总于附录A。例如，广汉市南丰镇昆庐小学（附录A，序号1）为液化场地，图中分别包含深度、土层描述、超重型动力触探击数 N_{120}、剪切波速曲线及其数值结果。

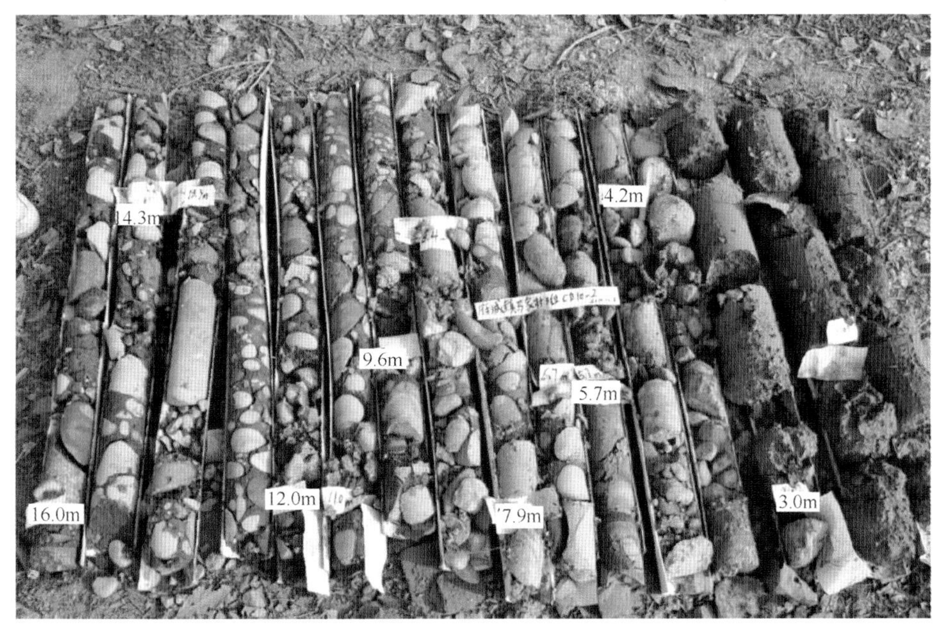

图6.3 天鹅村典型液化场地钻孔连续取样（附录A，序号10）

首先排除地下水位之上没有液化可能性的素填土、黏土层，根据 N_{120} 曲线，地下水位之下的砾性土层基本上可分为三层：2.3～8.0m；8.0～9.5m；9.5～11.4m。第一层超重型动力触探击数变化较小，曲线较平稳；第二层超重型触动力探击数波动稍大，但其总体趋势较为一致，仍属于同一层，其平均值比第一层大；第三层的超重型动力触探击数迅速上升后，达到较平稳的状态。根据液化可能性，判定第一层 2.3～8.0m 为液化层，统计时只选取该层的平均超重型动力触探击数，埋深取 2.3～8.0m 的平均值。其他场地按同样原则判定液化层深度和厚度。超重型动力触探试验每贯入 30cm 的击数作为衡量砾性土抗液化能力的基本指标。48 个典型测试点基本参数及数据处理结果统计见附录 A。

6.4 基于动力触探的砾性土液化判别式

6.4.1 基于烈度的表达式

第 5 章已经提出了建立基于现场测试指标的砾性土液化判别方法基本思路，以及指标选取原则和模型构造思想。考虑到目前国内仍习惯采用烈度进行液化评价，这里首先建立基于烈度下采用超重型动力触探击数（简称动探击数）和剪切波速作为基本指标的砾性土液化判别方法。第 5 章已给出烈度下基于动探击数的复判模型，问题的关键是确定复判模型中相应的计算参数。

1. 砾性土层动探击数基准值 $N_{0\text{-}120}$ 的确定

我国现有抗震规范在确定砂土标准贯入击数基准值时，所用的液化资料中地下水位变化不大（2m 左右），砂层埋深也基本上在同一深度（3m 左右），因此可直接建立标准贯入击数与烈度关系，直观地给出液化与非液化分界线，从而得到砂土标准贯入击数基准值。

但从汶川地震砾性土层液化数据可知，砾性土层埋深及地下水位变化都较大，难以直接建立动探击数与烈度关系。为此，借鉴目前国外标准贯入击数的修正方式（Youd，1995），将实测动探击数修正至砾性土层埋深为 3m、地下水位为 2m 的同一水平下的动探击数，其归一化的修正公式为

$$N'_{120}=N_{120}(47/\sigma'_v)^{0.5} \tag{6.1}$$

式中，N'_{120} 为修正至上覆有效压力为 47kPa（埋深 3m、水位 2m）的动探击数；N_{120} 为实测动探击数；σ'_v 为上覆有效压力。

以此建立修正动探击数与烈度关系如图 6.4 所示，寻找液化点与非液化点临界曲线，相应的动探击数则为基准值，列于表 6.4。

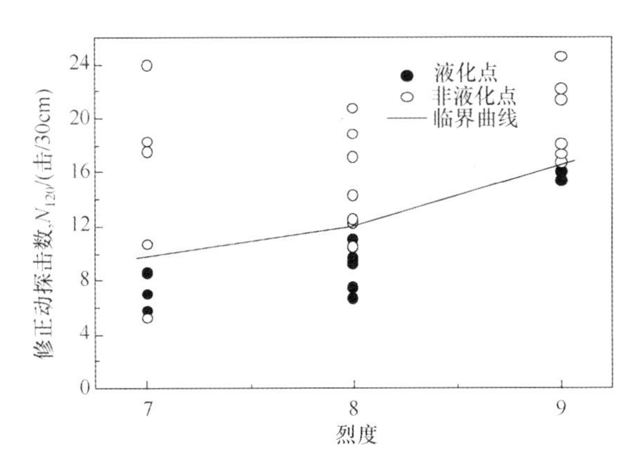

图6.4 修正动探击数与烈度的关系

表6.4 动探击数基准值

烈度	7	8	9
$N_{0\text{-}120}$/(击/30cm)	9	12	16

2. 砾性土层深度和地下水位影响系数 α_s 和 α_w 的确定

我国规范砂土液化判别式在确定砂层埋深和地下水位的影响系数时,由于缺乏不同水位和不同埋深的资料,因而采用 Seed-Idriss"简化法"得到临界标准贯入击数曲线,在给定地下水位条件下绘制标贯比(临界标准贯入击数/标准贯入击数基准值)与砂层埋深的关系,从而得到砂层埋深的影响系数,采用类似方法也得到了地下水位的影响系数(谢君斐,1984)。但需要指出的是,由此得到的影响系数是以砂层液化资料为基础的,对砾性土层显然需要另行推导。

汶川地震液化场地测试结果优势在于液化砾性土层的埋深及地下水位均具有较大变化,可以不用借助 Seed-Idriss"简化法"。但不足的是目前数据量有限,直接推导出的砾性土层地下水位影响系数 α_w 和深度影响系数 α_s 都有一定的不确定性,因此采用优化方法解决这一问题,分别计算砾性土层埋深和地下水位影响系数在取值不同值情况下对液化点判别成功率和非液化点判别成功率,液化点和非液化点判别成功率均达到较大的影响系数,即为最佳取值,通过优化计算 α_s 取为 0.05,α_w 取为−0.05,这两个取值使得液化与非液化判别成功率均超过90%。

3. 复判计算公式

综合上面分析结果,得到的影响系数 α_s 和 α_w 分别为 0.05 和−0.05,临界动探击数计算公式可表达为

$$N_{cr\text{-}120}=N_{0\text{-}120}[1-0.05(d_w-2)+0.05(d_s-3)][1+0.5(G_c-50\%)] \quad (6.2)$$

或

$$N_{cr\text{-}120}=N_{0\text{-}120}[0.95+0.05(d_s-d_w)][1+0.5(G_c-50\%)] \quad (6.3)$$

式中，$N_{cr\text{-}120}$ 为临界动探击数；$N_{0\text{-}120}$ 为动探击数基准值，按表6.4取值；d_s 为砾性土埋深；d_w 为地下水深度；G_c 为大于5mm的颗粒质量百分含量。若实测的动探击数 N_{120} 小于临界动探击数 $N_{cr\text{-}120}$，则砾性土判为液化，否则为不液化。

采用式(6.3)对所有测试点进行回判，液化回判成功率为93%，非液化回判成功率为90%，在一定程度上说明了提出方法的合理性以及模型和公式的可靠性。

6.4.2 基于PGA的表达式

以地表峰值加速度PGA为地震动参数构造砾性土液化判别方法，需要建立地震剪应力比与现场指标的对应关系，并通过寻找液化点与非液化点的临界曲线作为液化判别的公式。在寻找砾性土层液化点与非液化点的临界曲线时，采用Logistic概率回归模型：

$$P_L(X)=\frac{1}{1+\exp[-(\theta_0+\theta_1x_1+\cdots+\theta_nx_n)]} \quad (6.4)$$

式中，x_1，x_2，…，x_n 为液化影响因素，这里分别为地震应力比、动探击数、剪切波速值、含砾量等；θ_0，θ_1，…，θ_n 为模型待定参数，通过对砾性土的液化数据回归得到。

将现场测试得到的砾性土液化资料看成样本，利用样本对参数 θ_0，θ_1，…，θ_n 进行估计时，对于砾性土液化场地，要使得到液化的概率最大，对于非液化点，使得到液化的概率最小，鉴于此，建立似然函数(Liao et al.，1988)：

$$L(X;\theta)=\prod_{i=1}^{m}[P_L(X)]^{y_i}[1-P_L(X)]^{1-y_i} \quad (6.5)$$

式中，m 为样本总数；对于液化点，y_i 取1，非液化点取0。

似然函数的含义是，反映了在观察结果 x_1，x_2，…，x_n 已知的条件下，θ_0，θ_1，…，θ_n 的各种取值的似然程度。根据极大似然函数法原理，当 $L(X;\theta)$ 取最大值时，得到的 $\hat{\theta}_0$，$\hat{\theta}_1$，…，$\hat{\theta}_n$ 将是 θ_0，θ_1，…，θ_n 最佳估计。将式(6.4)代入式(6.5)，并对其取对数，有

$$\ln[L(X;\theta)]=-\sum_{j=1}^{m}\ln\{1+\exp[-(\theta_0+\sum_{i=1}^{n}\theta_i(x_i)_j)]\}-\sum_{j=1}^{nm}[\theta_0+\sum_{i=1}^{n}\theta_i(x_i)_j] \quad (6.6)$$

式中，m 为液化和非液化点总数；nm 为非液化点总数；$(x_i)_j$ 为第 j 个样本的第 i 个液化影响因素。

由于对数函数单调递增，为使 $L(X;\theta)$ 达到最大，只需使 $\ln L(X;\theta)$ 达到最大。

当 P_L 对 $\theta_0,\theta_1,\cdots,\theta_n$ 存在连续偏导数时，可建立似然方程组：

$$\frac{\partial \ln[L(X;\theta)]}{\partial \theta_i}=0 \tag{6.7}$$

砾性土液化主要取决于两个方面的因素：一是受到的地震作用大小，用地震剪应力比(CSR)表示；二是砾性土本身的力学特性，采用修正动探击数 N'_{120}、含砾量 G_c(粒径>5mm 的颗粒质量百分含量)表示砾性土的抗液化能力。由于未获得每个测试点砾性土层相应的含砾量，含砾量不参与抗液化强度曲线的 Logistic 回归。如前所述，上覆有效压力对动探击数具有一定的影响，将实测动探击数修正至上覆有效压力为 100kPa 的修正动探击数。

$$N'_{120}=N_{120}(100/\sigma'_v)^{0.5} \tag{6.8}$$

式中，N'_{120} 为修正至上覆有效压力为 100kPa 的动探击数；N_{120} 为实测动探击数；σ'_v 为上覆有效压力。

因此，影响因素只有两个，即 N'_{120}、CSR，相应的回归参数只有 3 个，即 $\theta_0,\theta_1,\theta_2$。结合式(6.5)～式(6.7)，即

$$\frac{\partial \ln[L(X;\theta)]}{\partial \theta_0}=\sum_{j=1}^{m}\frac{\exp[-(\theta_0+\theta_1 N'_{120\text{-}j}+\theta_2 \ln \mathrm{CSR}_j)]}{1+\exp[-(\theta_0+\theta_1 N'_{120\text{-}j}+\theta_2 \ln \mathrm{CSR}_j)]}-\sum_{j=1}^{nm}1=0 \tag{6.9a}$$

$$\frac{\partial \ln[L(X;\theta)]}{\partial \theta_1}=\sum_{j=1}^{m}\frac{N'_{120\text{-}j}\cdot\exp[-(\theta_0+\theta_1 N'_{120\text{-}j}+\theta_2 \ln \mathrm{CSR}_j)]}{1+\exp[-(\theta_0+\theta_1 N'_{120\text{-}j}+\theta_2 \ln \mathrm{CSR}_j)]}-\sum_{j=1}^{nm}N'_{120\text{-}j}=0 \tag{6.9b}$$

$$\frac{\partial \ln[L(X;\theta)]}{\partial \theta_2}=\sum_{j=1}^{m}\frac{\ln \mathrm{CSR}_j\cdot\exp[-(\theta_0+\theta_1 N'_{120\text{-}j}+\theta_2 \ln \mathrm{CSR}_j)]}{1+\exp[-(\theta_0+\theta_1 N'_{120\text{-}j}+\theta_2 \ln \mathrm{CSR}_j)]}-\sum_{j=1}^{nm}\ln \mathrm{CSR}_j=0 \tag{6.9c}$$

式中，$m=48$，为液化点和非液化点总数；$nm=28$，为非液化点总数；$N'_{120\text{-}j}$ 为第 j 个样本(液化资料)的修正动探击数；$\ln \mathrm{CSR}_j$ 为第 j 个样本的对数应力比。

将砾性土液化场地、非液化场地的相关参数代入方程组(6.9)，并对方程组进行求解($n+1$ 个方程、$n+1$ 个未知数)可以得到模型待定参数 $\theta_0,\theta_1,\cdots,\theta_n$，根据式(6.4)可以求得砾性土液化概率，取液化概率为 50%时的关系曲线作为砾性土液化判别的临界曲线。将液化资料代入以上方程组，求解方程组时在 MATLAB 软件中采用逆 Broyden 方法，算得数值解：

$$\theta_0=6.65;\quad \theta_1=-0.28;\quad \theta_2=1.53$$

于是液化概率可表示为修正至上覆有效压力为 100kPa 的动探击数和对数应力比的函数关系：

$$P_L(X)=\frac{1}{1+\exp[-(6.65-0.28N'_{120}+1.53\ln \mathrm{CSR})]} \tag{6.10}$$

令 CSR＝CRR，可得式(6.11)相应的液化强度，如图 6.5 所示。

$$CRR=\exp\left[\frac{1}{1.53}(\ln[P_L/(1-P_L)]-6.65+0.28N'_{120})\right] \tag{6.11}$$

当处于临界状态时，液化概率取 $P_L(X)=50\%$，根据式(6.11)可得，基于加速度以修正动探击数为基本指标的砾性土液化判别公式为

$$CRR=\exp(0.18N'_{120}-4.35) \tag{6.12}$$

若砾性土抗液化强度应力比 CRR 小于所遭受的地震剪应力比 CSR，则砾性土判为液化，否则为不液化。

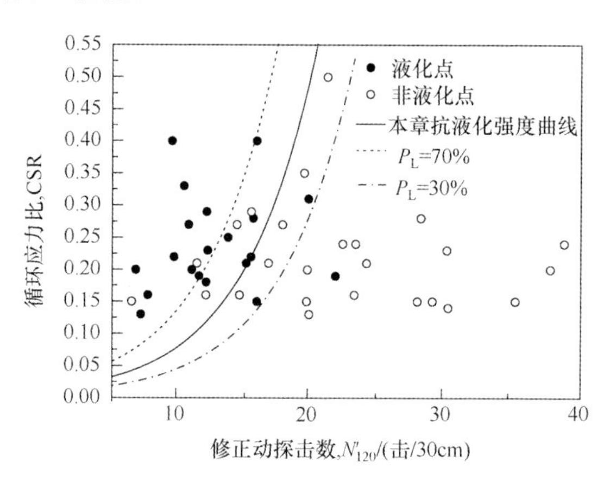

图 6.5　超重型动力触探临界判别曲线

6.5　动力触探砾性土液化判别方法的通用性研究

6.5.1　能量修正的必要性

采用重锤锤击的原位测试技术，受测试设备、操作人员、钻杆、重锤重量与落距等的影响较大，需要相应的修正才能进行相应的工程应用。我国往往采用对杆长修正的方式，而国际上则采用锤击能量修正。作者认为，能量修正具有更好的物理意义，使用能量修正可检验和改进我国的现有技术，同时可与国际接轨，因而有必要对动探击数进行能量修正。

采用能量测试设备对中国超重型动力触探试验的有效锤击能量进行测试和标定有两个目的。首先，超重型动力触探试验设备虽然简单，但测试手段和测试过程略显粗糙，测试过程中钻杆的垂直需要工人人力去维持(图 6.6)，不同工人操作的重锤提升速度不同，加上设备系统本身的摩擦阻力，这些都直接影响重锤的有效锤击能量，进而影响测试结果。目前我国超重型动力触探有效锤击能量尚不清楚，测试结果的不确定性较大，应用主要是以经验为主，缺少理论指导，精度缺乏验证，难

以进一步完善和改进。其次，由于各国所使用的重锤和落距标准不同，缺少关键的转换技术，即锤击能量标定，中国超重型动力触探这一技术目前无法被国外使用，测试结果不能通用。标准贯入试验结果在国际上可通用的原因之一是进行了有效锤击能量的标定(Youd et al.，2001)，若其他国家或地区采用中国超重型动力触探试验的标准探头，安装在他们自己国家的普通钻机上，对测试结果进行有效锤击能量标定后，可直接采用中国的动力触探研究成果，有利于中国超重型动力触探测试技术向国际推广。因此，要进行推广不仅需要测定中国超重型动力触探的锤击能量，还需要获取其他国家重锤的有效锤击能量。

图6.6 中国超重型动力触探重锤传递能量测试(成都平原)

6.5.2 中美动力触探锤击能量测定

为了研究中国超重型动力触探的可靠性以及国际通用的可能性，作者与美国杨百翰大学(Brigham Young University)、美国内政部垦务局(Bureau of Reclamation)合作,分别在中国和美国选取场地进行动力触探和有效锤击能量的联合测试与标定。中方场地为成都平原三个典型砾性土液化场地,美方场地为美国犹他Echo dam下游坝基上两个砾性土场地。

中美双方联合测试的目标,是以汶川地震砾性土液化场地超重型动力触探试验为基础,获取有效锤击能量比数据,建立动探击数修正系数,使提出的砾性土液化预测方法可以在其他国家应用,完成砾性土主要力学性能评价国际通用技术的基本构造(Cao et al.,2013)。

1. 成都平原砾性土场地锤击能量测定

在成都平原选取的三个砾性土液化场地分别为:成都市龙桥镇肖家村(附录A,场地编号CD-08)、成都市唐昌镇金星村(场地编号CD-01)、都江堰市聚源镇泉水村(场地编号CD-03)。

锤击能量测试设备为美国垦务局提供的能量测试仪器Pile Driving Analyzer (Pile Dynamics Inc.,PDI),配备有一根长0.6m、直径65mm的连接杆(图6.7),连接杆对称两侧分别安装两个应变传感器、两个加速度传感器,安装有应变、加速度传感器的连接杆安装在重锤与钻杆之间,测定重锤传递给钻杆的能量。

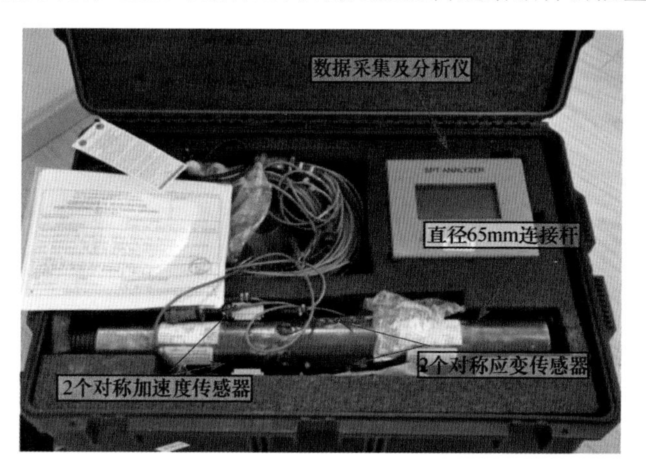

图6.7 美国垦务局提供的美国PDI公司的能量测试仪Pile Driving Analyzer

PDI公司的连接杆直径为65mm,而中国超重型动力触探试验钻杆直径为60mm,测试有效锤击能量时,需机械加工转接接头将PDI连接杆上端与承受重锤锤击的铁砧连接,下端与直径60mm的普通钻杆连接。

安装在连接杆上的应变和加速度传感器在每一锤击后可直接测定连接杆上产生的力和速度时程曲线(图6.8),图中虚线为连接杆上获取的速度时程曲线,实线为力时程曲线。有几个重要的符号需要说明,BN表示锤击编号,LP表示试验点的深度，LE 表示钻杆的总长度，EF0 表示理论总能量，ETR 表示能量传递系数。力与位移的乘积表示功（能量），重锤传递给钻杆的能量可根据时程曲线积分得到：

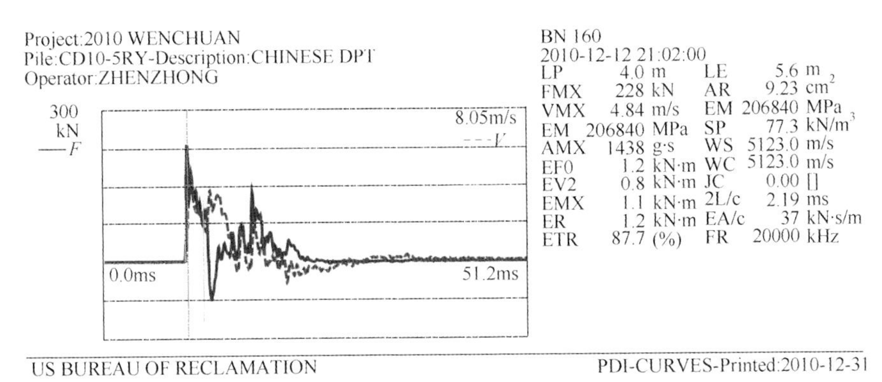

图 6.8　每一次锤击自动获取的有效能量传递系数（ETR）

$$\mathrm{EMX}=\int_a^b F(t)\cdot V(t)\mathrm{d}t \tag{6.13}$$

式中，EMX 为传递给钻杆的能量；$F(t)$ 为力时程曲线；$V(t)$ 为速度时程曲线；a 为能量传递开始时间；b 为能量传递结束时间。

锤击能量传递系数（energy transfer ratio，ETR）定义为：传递给钻杆的能量与重锤的理论总能量之比，直接用于修订采用不同重锤及落距获取的动探击数。传递给钻杆的能量即有效能量，由 PDI 有效能量测试仪直接测定，重锤的理论总能量为重锤的重量乘以落距，即理论总势能。超重型动力触探重锤质量为 120kg，落距为 1m，因此，理论总能量为 1200N×1m=1.2kN·m。

在超重型动力触探正常试验的同时，PDI 数据采集系统自动记录每一落锤所产生的有效能量，在三个典型场地上共获取了 1321 个锤击能量数据，其中 CD-08（737 个）、CD-01（458 个）场地上采用正常的锤击速度 15～30 击/min，锤击能量传递系数 ETR 平均值分别为 88%、91%，标准差 σ 分别为 6.9%、8.6%。图 6.9 给出了 CD-08 锤击能量传递系数的分布规律。

从图 6.9 可以看出，将近 40 次（共 737 次）锤击的有效传递能量比超过 100%，即重锤传递给钻杆的能量超过重锤所具有的总能量，理论上不应该出现这种情况。仔细观察超重型动力触探试验发现，测试过程中由于锤击速度过快，导致重锤在提升过程中速度较快，在重锤提升到导向杆的最高处时仍具有一定的初速度，重锤的实际落距超过 100cm 的理论值，因此总的能量有所增加，进而计算的有效锤击能量比偏大，甚至出现超过 100%的情况。为了查明重锤提升速度对 ETR 的影响，另外专门选取了一个场地 CD-03（126 个）进行了有效锤击能量测试，此时

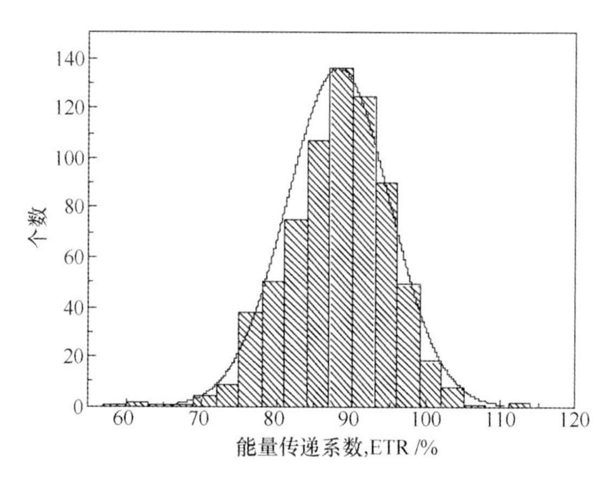

图 6.9 锤击能量传递系数分布规律(CD-08)

要求重锤以缓慢的速度提升,测试统计结果如图 6.10 所示。结果表明,采用缓慢锤击速度测试结果的离散性减少,有效传递能量比 ETR 为 85%,标准差为 2.9%,明显低于正常锤击速度测试时约 7%的标准差。

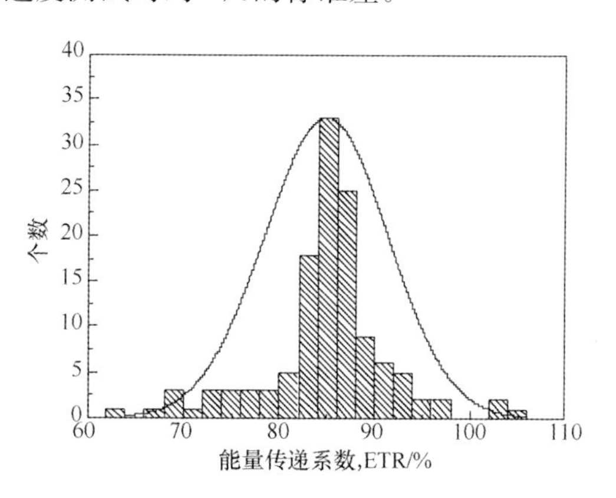

图 6.10 缓慢锤击速度下的有效锤击能量比分布规律(CD-03)

CD-01、CD-03、CD-08 三个场地进行超重型动力触探试验时,有效能量是在不同贯入深度获取的,有效传递能量比随贯入深度的增加而增加,如图 6.11 所示。两者之间拟合线性关系为

$$\mathrm{ETR}=0.99\times \mathrm{LP}+82.1 \tag{6.14}$$

式中,ETR 为能量传递系数(%);LP 为测试点深度或贯入深度。

超重型动力触探测试时,浅层的砾性土较松散,每一锤击的贯入度较大,重锤与铁砧碰撞后,重锤、连接杆和钻杆速度较大,会分担一部分的动能,因此连接杆上应变产生的弹性能、速度产生的动能相对较小。另外,浅层贯入时,钻杆晃动较大,

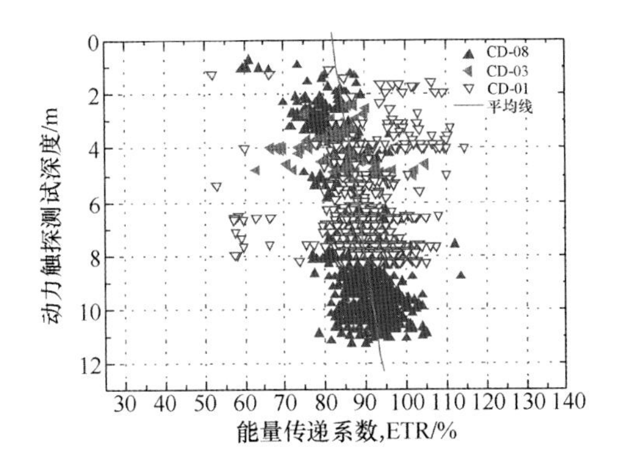

图6.11　能量传递系数与贯入深度的关系

也会导致浅层的有效锤击能量相对较小。

2. 美方场地上的动力触探锤击能量测定

在美国选取的砾性土场地位于美国中西部犹他州盐湖城北部的Echo dam下游坝基上。Echo dam是于1927～1931年修建的土石坝，位于Echo的上游1.6km、Coalville以北10km处，坝高158ft(48.2m)，1.54×10^6 yd^3 (1.2×10^6 m^3)土石方，泄洪能力1.5×10^4 ft^3/s ($424.5m^3/s$)，流域面积836$mile^2$ ($2165km^2$)。测试探头采用中国超重型动力触探标准探头，钻杆直径65mm，较中国钻杆直径60mm稍大，重锤采用美国常规钻机上的136.2kg自由落体重锤(300 lb safety hammer)，落距为76cm，美国重锤理论总能量为1362N×0.76m＝1.035kN·m。试验如图6.12所示。

美国常规钻机采用136.2kg重锤，试验时将提升重锤用的粗麻绳绕在钻机的卷扬机上两圈，麻绳一端通过钻机顶端的滑轮连接重锤，麻绳的另一端需要钻机工人拉住，等到重锤提升到设定高度时(76cm)，钻机工人将麻绳一松手，重锤自由落体锤击钻杆顶端的铁砧，这样一拉一放即完成一次锤击试验。由于重锤自由落体时带着麻绳一起运动，麻绳与滑轮、卷扬机存在摩擦，麻绳在卷扬机上绕的圈数，均对有效锤击能量有较大影响。由于麻绳摩擦力的影响，美国300lb safey hammer测试的能量传递系数相对较小。对获取1438个数据进行统计得到，采用中国超重型触探标准探头、美国65mm钻杆、美国300lb重锤获得的能量传递系数平均值为74.4%，标准差为8.7%(图6.13)。

6.5.3　能量修正方法

成都平原三个砾性土场地1321个有效锤击能量记录和Echo dam两个砾性

图 6.12　中国超重型动力触探技术在美国 Echo dam 上的推广试验

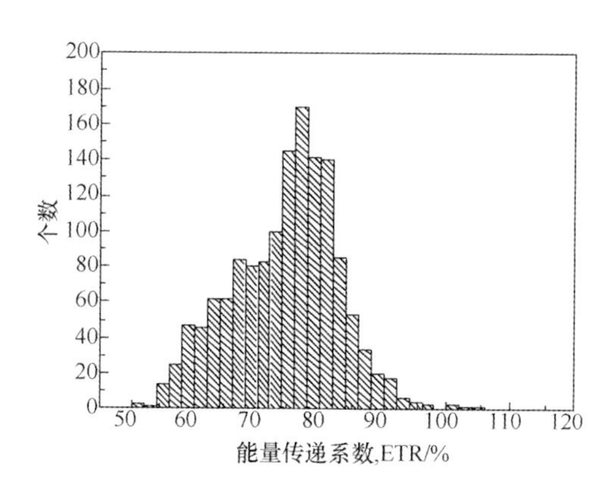

图 6.13　美国 Echo dam 场地有效锤击能量比分布规律(DPT-10-1、DPT-10-2)

土场地 1438 个有效锤击能量记录的统计结果表明(表 6.5),中国超重型动力触探自动脱钩落锤式高于美国拉绳式的有效锤击能量传递,离散性较为接近。

表6.5 有效锤击能量统计结果

编号	记录个数	传递系数均值/%	标准差/%	备注
CD-08	737	88	6.9	重锤理论总能量1.2kN·m
CD-01	458	91	8.6	
CD-03	126	85	2.9	
DPT-10-1	941	73	9.1	重锤理论总能量1.035kN·m
DPT-10-2	497	76	7.4	

中国超重型动力触探标准探头、120kg重锤、100cm自由落距的有效传递能量比约90%。已经建立的基于超重型动力触探砾性土液化判别公式及中国50余年超重型动力触探积累的图表、经验，均是在有效传递能量比约为90%这一标准下获取的锤击数据。若采用超重型动力触探120kg重锤，测试得到的锤击数不需要进行能量修正。若采用其他不同锤击能量的重锤，则需测定所使用重锤的传递能量，按120kg重锤的理论总能量计算传递能量比，借鉴标准贯入试验能量修正的基本思路，并按式(6.15)进行能量修正：

$$N_{m\text{-}120}=\frac{ETR}{90}N_{120} \tag{6.15}$$

式中，$N_{m\text{-}120}$为修正至理论总能量1.2kN·m下每贯入30cm的锤击数，即经能量修正的动探击数；ETR为能量传递系数(%)，理论总能量按1.2kN·m计算；N_{120}为采用中国超重型动力触探标准探头现场实测每贯入30cm的锤击数，即实测动探击数。

采用中国DPT标准探头、美国300lb重锤在Echo dam的试验，其理论总能量1.035kN·m下的能量传递系数为74%，因此，在Echo dam获取的超重型动力触探击数修正至理论总能量为1.2kN·m下的击数为

$$N_{m\text{-}120}=\frac{ETR}{90}N_{120}=\frac{74\times1.035/1.2}{90}N_{120}=0.71N_{120} \tag{6.16}$$

修正后的Echo dam超重型动力触探击数曲线如图6.15和图6.16所示。修正至理论总能量为1.2kN·m下的超重型动力触探击数$N_{m\text{-}120}$、密实程度、极限承载力及变形模量等常规土性特征可参考我国规范相应的公式、图表等，进行砾性土液化判别，则可直接采用砾性土抗液化强度计算公式(式6.12)。

6.5.4 方法通用性检验

20世纪早期西部大开发时，美国垦务局在美国中西部建造了大量的土石坝，坝体及坝基由大量的砾性土组成。受当时技术水平的限制，土石坝在修建时

碾压程度不够且未做稳定性分析和评价。随着年代的推移，土石坝的质量逐渐下降并出现较多隐患。自 90 年代至今，美国垦务局花费了大量的人力物力对土石坝进行稳定性评价，而砾性土的土性、抗液化强度、动力特性是其中重要的评价内容。

针对砾性土，目前美国仍无简便、可靠的测试手段，无奈之举是采用贝克贯入试验（BPT）。该试验设备笨重、操作复杂、造价昂贵，试验方法未标准化，应用推广较困难。美方对 BPT 试验手段的评价是造价高、测试结果不确定性大（high cost, uncertainty in measuring BPT resistances, uncertainties in correlations between SPT and BPT blow counts, and friction resistance between the soil and driven casing）。为了检验中国超重型动力触探试验技术在美国推广的可能性，选取美国中西部犹他州盐湖城北部的 Echo dam 下游坝基作为测试场地，进行动力触探对比试验（图 6.14）。

本次 Echo dam 动力触探测试之前，美国垦务局在水库下游坝基上进行了大量的钻探和测试。在 DPT-10-2 附近搜集到一个钻孔资料 SPT05-3（表 6.6）。从钻孔资料上可以看出，9.5～10.56ft、14.5～16.0ft、17.0～18.3ft、27.0～31.0ft、49.5～51.0ft 等为砾性土层，土类代码分别为 GM 或 GC，其他深度为砂层，但均不同程度地含有砾石。采用中国 DPT 探头、美国 300lb 重锤，在 Echo dam 砾性土场地上具有良好的适用性，贯入深度达 20m。DPT-10-2 在深度 8m、10m、13m 附近的超重型动力触探击数曲线突然增大往往是由于贯入探头遇到较大卵石，卵石被击碎或挤开后，继续贯入曲线即回归到正常值，这些突然增大的异常值应剔除。测试结束后，中国 DPT 探头上除有少量划痕外整体仍较完整。

图 6.14　美国 Echo dam 动力触探测试场地

表 6.6　美国 Echo dam 上 SPT05-03 钻孔资料(美国内政部垦务局提供)

Geology Log of Drill Hole No. SPT05-03					
Feature: Echo dam		Project: Weber River Project			State: Utah
Ground Elevation: 5520.5		Total Depth: 63.0			Depth and Elev. Water: 59.0(5461.49)
Notes	Depth	Geol. Unit	SPT	Soil class.	Classification and Physical condition
All measurements are from ground level and are measured in feet. Drill Equipment: Gus Pech #1 Drill Method: The hole was drilled from0.0' to 63.0' alternating SPT sampling with casing advancer which cleaned the hole out down to the next SPT test. The cathead and safety hammer were used to take the SPT samples in this hole. The hole was filled with water during the SPT test. Driling Character: Moderately difficult SPT sampling in coarse grained alluvial materials. Drilling Fluid: Drispac mud / bentonite mixture was used from surface to the bottom of the hole.		Q_{f2}			0.0-2.0' No recovery in this interval. Casing advancer used to start hole.
			21	(SM)g	2.0-3.5' Silty sand with gravel (SM)g: Lab classified as 31% coarse to fine, subangular to subrounded gravel, maximum size 1-1/4", 48% coarse to fine, subangular to subrounded sand, 14% silt, and 7% clay. Specific gravity of <#4 is 2.61. Total water content = 17.6%. Dark Brown. Strong reaction to HCI. Blow count was 12, 13, 8. Field sample #1.
				No Recovery	3.5-4.5' No recovery in this interval. Casing advancer used.
	5		22	Poor Sample	4.5-5.85' Poor sample. Only 3' recovery of broken rock fragments; about 90.5% coarse to fine angular gravel with a maximum size of 1-1/2". This sample was not saved.
				No Recovery	5.85-7.0' No recovery in this interval. Casing advancer used.
	10		50	(SM)g	7.0-8.48' Silty sand with gravel (SM)g: Lab classified as 28% coarse to fine, angular to subrounded gravel, maximum size 1/2", 48% coarse to fine, angular to subrounded sand, 15% silt, and 9% clay. Specific gravity of <#4 is 2.61. Total water content=10.1%. Brown. Strong reaction to HCI. Blow count was 18, 27, 23. Field sample #2.
				No Recovery	8.48-9.5' No recovery in this interval. Casing advancer used.
			50	(GM)s	9.5-10.56' Silty gravel with sand (GM)s: Lab classified as 53% coarse to fine, angular to subrounded gravel, maximum size 1", 32% coarse to fine, angular to subrounded sand, 8% silt, and 7% clay. Total water content=11.6%. Brown. Strong reaction to HCI. Blow count was 17, 46, 4. Field sample #3.

续表

Geology Log of Drill Hole No. SPT05-03

Feature: Echo dam Project: Weber River Project State: Utah

Ground Elevation: 5520. 5 Total Depth: 63. 0 Depth and Elev. Water: 59. 0(5461. 49)

Notes	Depth	Geol. Unit	SPT	Soil class.	Classification and Physical condition
The holes was filled with water during the SPT tests. Hole Completion: The hole was drilled to 63. 0'. Sand was installed from the bottom of the hole up to 62. 0' where the tip of the piezometer was placed. The 1-1/2" schedule 80 PVC piezometer with 0. 020 slots, is 5' long so its' top depth is 57'. Filter sand was then placed from 62. 0' up to 55. 0'. Bentonite pellets were then installed from 55. 0' up to 45. 0'. BH bentonite grout was then placed up to 5' depth. Cement was used in the upper 5' tu support the standpipe. Purpose of Hole: To obtain undisturbed samples for laboratory testing and determine char-				No Recovery	10. 56-12. 0' No recovery in this interval. Casing advancer used.
			50	(SM)g	12. 0-13. 16' Silty sand with gravel (SM)g: Lab classified as 33% coarse to fine, angular to subrounded gravel, maximum size 3/4", 51% coarse to fine, angular to subrounded sand, 10% silt, and 6% clay. Specific gravity of <#4 is 2. 67. Total water content=11. 8%. Brown. Strong reaction to HCl. Blow count was 18, 33,17. Field sample #4.
				No Recovery	13. 16-14. 5' No recovery in this interval. Casing advancer used.
	15		48	(GM)s	14. 5-16. 0' Silty gravel with sand (GM)g: Lab classified as 44% coarse to fine, angular to subrounded gravel, maximum size 1", 38% coarse to fine, angular to subrounded sand, 12% silt, and 6% clay. Specific gravity of <#4 is 2. 61. Total water content=11. 7%. Brown. Strong reaction to HCl. Blow count was 15, 22,26. Field sample #5.
		Q_{f2}		No Recovery	16. 0-17. 0' No recovery in this interval. Casing advancer used.
			50	(GC)s	17. 0-18. 3' Clayey gravel with sand (GC)s: Lab classified as 46% coarse to fine, angular to subrounded gravel, maximum size 1-1/4", 30% coarse to fine, angular to subrounded sand, 16% silt, and 8% clay. Total water content=13. 2%. Brown. Weak to moderate reaction to HCl. Blow count was 7, 15,35. Field sample #6.
				No Recovery	18. 3-19. 5' No recovery in this interval. Casing advancer used.
	20		50	(SM)g	19. 5-20. 88' Silty sand with gravel(SM)g: Lab classified as 21% coarse to fine, angular to subrounded gravel, maximum size 1-1/2", 44% coarse to fine, angular to subrounded sand, 22% silt, and 13% clay. Specific gravity of <#4 is 2. 64. Total water content=13. 6%. Brown. Strong reaction to HCl. Blow count was 20, 13,37. Field sample #7.

续表

Geology Log of Drill Hole No. SPT05-03

Feature: Echo dam　　Project: Weber River Project　　State: Utah

Ground Elevation: 5520. 5　　Total Depth: 63. 0　　Depth and Elev. Water: 59. 0(5461. 49)

Notes	Depth	Geol. Unit	SPT	Soil class.	Classification and Physical condition
acter, gradation, moisture content, and density in embankment material. Conduct Standard Penetration Tests (SPT) through alluvial materials and determine character, gradation, moisture, and Penetration resistance of the alluvial materials.				No Recovery	20. 88-22. 0' No recovery in this interval. Casing advancer used.
			50	(SM)g	22. 0-23. 22' Silty sand with gravel (SM) g: Lab classified as 25% coarse to fine, angular to subrounded gravel, maximum size 1", 40% coarse to fine, angular to subrounded sand, 21% silt, and 14% clay. Specific gravity of <#4 is 2. 61. Total water content=14. 6%. Brown. Strong reaction to HCI. Blow count was 21, 32, 18. Field sample #8.
	25			No Recovery	23. 22-24. 5' No recovery in this interval. Casing advancer used.
			50	No sample	24. 5-25. 6' Poor recovery 1-1/2" rock in shoe-sample discarded. Blow count was 39, 43, 7.
				No Recovery	25. 6-27. 0' No recovery in this interval. Casing advancer used.
	30	Q_{f2}	40	(GM)s	27. 0-28. 42' Silty gravel with sand (GM) s: Lab classified as 56% coarse to fine, angular to subrounded gravel, maximum size 1-1/2", 29% coarse to fine, angular to subrounded sand, 9% silt, and 6% clay. Total water content=13. 5%. Brown. Moderate reaction to HCI. Blow count was 23, 32, 8. Field sample #9.
				No Recovery	28. 42-29. 5' No recovery in this interval. Casing advancer used.
			40	(GM)s	29. 5-31. 0' Silty gravel with sand (GM) s: Lab classified as 41% coarse to fine, angular to subrounded gravel, maximum size 1", 34% coarse to fine, angular to subrounded sand, 17% silt, and 8% clay. Total water content=14. 3%. Brown. Weak to moderate reaction to HCI. Blow count was 13, 23, 17. Field sample #10.
				No Recovery	31. 0-32. 0' No recovery in this interval. Casing advancer used.

续表

Geology Log of Drill Hole No. SPT05-03 Feature: Echo dam　Project: Weber River Project　State: Utah Ground Elevation: 5520.5　Total Depth: 63.0　Depth and Elev. Water: 59.0(5461.49)					
Notes	Depth	Geol. Unit	SPT	Soil class.	Classification and Physical condition
	35		50	(SM)	32.0-33.09' Silty sand (SM): Lab classified as 9% fine, angular to subangular gravel, maximum size 1/2", 52% coarse to fine, angular to subangular sand, 26% silt, and 13% clay. Specific gravity of ＜＃4 is 2.64. Total water content＝10.9%. Reddish brown. Weak reaction to HCl. Blow count was 21, 37, 13. Field sample ＃11.
				No Recovery	33.09-34.5' No recovery in this interval. Casing advancer used.
	40		50	(SM)g	34.5-35.36' Silty sand with gravel (SM)g: Lab classified as 26% coarse to fine, angular to subangular gravel, maximum size 1/2", 43% coarse to fine, angular to subangular sand, 21% silt, and 10% clay. Specific gravity of ＜＃4 is 2.67. Total water content＝13.1%. Reddish brown. Weak reaction to HCl. Blow count was 20, 28, 22. Field sample ＃12.
		Q_{f2}		No Recovery	35.36-37.0' No recovery in this interval. Casing advancer used.
			44	(SM)g	37.0-38.5' Silty sand with gravel (SM)g: Lab classified as 39% coarse to fine, angular to subangular gravel, maximum size 1-1/4", 43% coarse to fine, angular to subangular sand, 11% silt, and 7% clay. Total water content＝14.5%. Reddish brown. Weak reaction to HCl. Blow count was 25, 28, 16. Field sample ＃13.
				No Recovery	38.5-39.5' No recovery in this interval. Casing advancer used.
			50	(SM)g	39.5-40.62' Silty sand with gravel (SM)g: Lab classified as 27% coarse to fine, angular to subangular gravel, maximum size 1", 47% coarse to fine, angular to subangular sand, 16% silt, and 10% clay. Total water content＝12.9%. Reddish brown. Strong reaction to HCl. Blow count was 25, 43, 7. Field sample ＃14.

续表

Geology Log of Drill Hole No. SPT05-03

Feature: Echo dam　　Project: Weber River Project　　State: Utah

Ground Elevation: 5520.5　　Total Depth: 63.0　　Depth and Elev. Water: 59.0(5461.49)

Notes	Depth	Geol. Unit	SPT	Soil class.	Classification and Physical condition
				No Recovery	40.62-42.0' No recovery in this interval. Casing advancer used.
			50	No sample	42.0-43.0' Poor recovery 1-1/2" rock in shoe-sample discarded. Blow count was 23, 50, refusal.
				No Recovery	43.0-44.5' No recovery in this interval. Casing advancer used.
	45	Q_{f2}	50	(SM)g	44.5-45.38' Silty sand with gravel (SM)g: Lab classified as 38% coarse to fine, angular to subangular gravel, maximum size 1", 41% coarse to fine, angular to subangular sand, 13% silt, and 8% clay. Total water content = 9.6%. Brown. Strong reaction to HCI. Blow count was 40, 50, refusal. Field sample #15.
				No Recovery	45.38-47.0' No recovery in this interval. Casing advancer used.
			50	(SM)g	47.0-48.07' Silty sand with gravel (SM)g: Lab classified as 33% coarse to fine, angular to subrounded gravel, maximum size 1", 46% coarse to fine, angular to subrounded sand, 14% silt, and 7% clay. Specific gravity of <#4 is 2.64. Total water content=13.4%. Brown. Strong reaction to HCI. Blow count was 42, 44, 6refusal. Field sample #16.
				No Recovery	48.07-49.5' No recovery in this interval. Casing advancer used.
	50	Q_{al2}	21	(GM)s	49.5-51.0' Silty gravel with sand (SM)g: Lab classified as 49% coarse to fine, angular to subangular gravel, maximum size 1", 33% coarse to fine, angular to subangular sand, 11% silt, and 7% clay. Total water content = 12.8%. Brown. Weak reaction to HCI. Blow count was 14, 12, 9refusal. Field sample #17.
				No sample	51.0-52.0' No recovery in this interval. Casing advancer used.

续表

Geology Log of Drill Hole No. SPT05-03					
Feature: Echo dam		Project: Weber River Project			State: Utah
Ground Elevation: 5520.5		Total Depth: 63.0			Depth and Elev. Water: 59.0(5461.49)
Notes	Depth	Geol. Unit	SPT	Soil class.	Classification and Physical condition
		Q_{al2}	32	No sample	52.0-53.5' Poor recovery 1-1/2" rock in shoe-sample discarded. Blow count was 26, 17, 15.
				No sample	53.5-63.0'
					51.0-52.0' No recovery in this interval. Casing advancer used. Water table 59'.
Comments: Cobble and boulder sizes noted in the samples are limited by the inside diameter of the soil sampler. Actual cobble and boulder sizes present may be larger than those retrieved by the soil sampler and shown in the drill log. Reservoir elevation on the same date as the water level was read 2/13/2006 was 5544.7.					

注:2.0～3.5':棕黑色砂土,土类代码SM,含砾、粉土,31%为半圆滑的砾石,最大粒径3.2cm,砂土、粉土、黏土的含量分别为48%、14%、7%,粒径小于4.75mm部分的比重为2.61。

7.8～8.48':棕黑砂土,土类代码SM,含砾、粉土,28%为半圆滑的砾石,最大粒径1.27cm,砂土、粉土、黏土的含量分别为48%、15%、9%,粒径小于4.75mm部分的比重为2.61。

9.5～10.56'、12.0～13.16'、14.5～16.0':均为砂土,土类代码SM,砾石含量分别为53%、33%、44%,最大粒径分别为2.54cm、1.9cm、2.54cm。

17.0～18.3':棕色砾石,土类代码GC,含砂土、黏土,46%为半圆滑的砾石,最大粒径3.2cm,砂土、粉土、黏土的含量分别为30%、16%、8%,含水量为13.2%。

19.5～20.88'、22.0～23.22'、32～33.09:均为棕色砂土,土类代码SM,含粉土、砾石,含砾量分别为21%、25%、9%,最大粒径分别为3.2cm、2.54cm、1.27cm,粒径小于4.75mm部分的比重分别为2.64、2.61、2.64。

27.0～28.42'、29.5～31.0':均棕色砾石,土类代码GM,含砾量分别为56%、41%,最大粒径分别为3.2cm、2.54cm,含水量分别为13.5%、14.3%。

34.5～35.36'、37.0～38.5'、39.5～40.62'、44.5～45.38'、47.0～48.07':红棕色、棕色砂土,土类代码SM,含粉土、砾石,含砾量分别为26%、39%、27%、38%、33%,最大粒径分别为1.27cm、3.2cm、2.54cm、2.54cm、2.54cm,含水量分别为13.1%、14.5%、12.9%、9.6%、13.4%。

49.5～51.0':棕色砾石,土类代码GM,含砾量为49%,最大粒径为2.54cm,含水量分别为13.5%、14.3%,砂土、粉土、黏土的含量分别为33%、11%、7%。

52.0～53.5,基岩,取样率差。

如前所述,Echo dam记录的动力触探击数,由于重锤的理论总能量及实测的能量传递系数均不同,需根据式(6.16)进行能量修正,然后可根据式(6.12)对砾性土层的液化可能性进行判别。

具体的计算步骤,首先根据式(6.17)

$$P_L(X)=\frac{1}{1+\exp[-(6.65-0.28N'_{120}+1.53\ln\mathrm{CSR})]} \tag{6.17}$$

得到液化概率为50%时的临界曲线：

$$-6.65+0.28N'_{120}-1.53\ln\mathrm{CSR}=0 \tag{6.18}$$

而

$$N'_{120}=N_{120}(100/\sigma'_v)^{0.5} \tag{6.19}$$

$$\mathrm{CSR}=\tau_{av}/\sigma'_v=0.65r_d(a_{max}/g)(\sigma_v/\sigma'_v) \tag{6.20}$$

假定砾性土的重度为19kN/m^3，上覆压力及有效压力分别为

$$\sigma_v=19d_s \tag{6.21}$$

$$\sigma'_v=19d_s-10(d_s-d_w)=9d_s+10d_w \tag{6.22}$$

此时的临界动探击数为

$$N_{120\text{-cri}}=\frac{1}{10}(9d_s+10d_w)^{0.5}\left\{5.46\ln\left[0.65(1-0.00765d_s)(a_{max}/g)\left(\frac{19d_s}{9d_s+10d_w}\right)\right]+23.75\right\} \tag{6.23}$$

式中，d_s为测试点深度；d_w为地下水位；a_{max}为地表峰值加速度。

分别绘制临界动探击数随深度的变化曲线，可判定液化区域，即若实测动探击数小于临界动探击数，则可判为液化。DPT-10-1、DPT-10-2的地下水位很深，达到18m，整个砾性土层基本上处于地下水位以上，没有进行液化判别的意义。从动探击数变化曲线上可以看出(图6.15和图6.16)，这两个场地浅层砾性土处于松

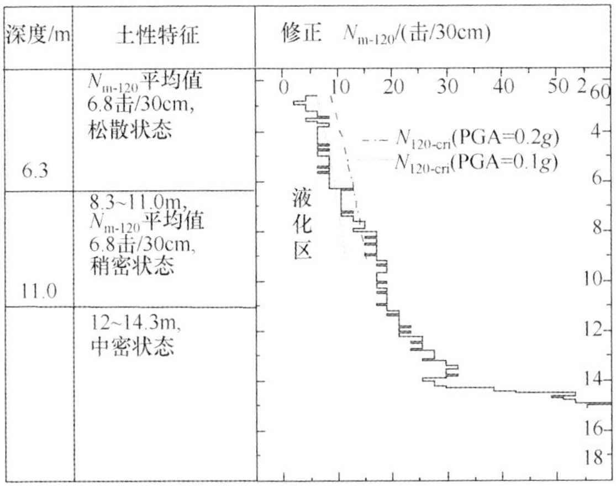

图6.15　美国Echo dam DPT-10-1密实程度及液化区判定结果

散状态，一旦地下水位上升，则发生液化的可能性急剧上升。假定地下水位均上升至 2.0m 时，分别绘制地表峰值加速度在 0.1g、0.2g 下的临界动探击数 $N_{120\text{-cri}}$ 分布曲线。0.1g 时，DPT-10-1 浅层 2.0～6.3m 的土层处于临界状态，而 DPT-10-2 的软弱夹层（砾性土）4.7～6.5m 落入液化区域，当达到 0.2g 时，DPT-10-1 浅层 2.0～6.3m 的土层亦被划入液化区域。

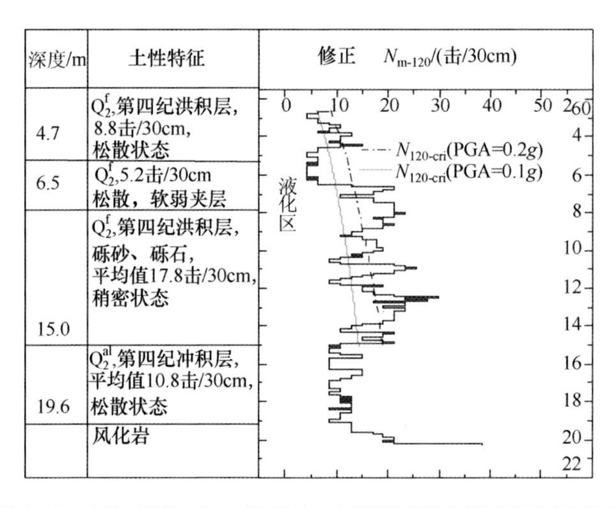

图 6.16　美国 Echo dam DPT-10-2 密实程度及液化区判定结果

6.6　小　　结

本章介绍了我国的超重型动力触探测试技术，作者及所在研究团队基于动力触探测试技术所建立起来的砾性土液化评价方法，以及作者团队与美国杨百翰大学、美国内政部垦务局合作，在中美双方不同场地上进行的动力触探进行联合测试。主要结果如下。

（1）采用现场测试技术评价土体力学性能是发展趋势，建立新的砾性土液化判别方法也应侧重于选择现场指标，但现有标准贯入试验和静力触探试验不适于砾性土场地，而大直径动三轴试验方法在造价和可靠性方面也存在明显限制。

（2）超重型动力触探具有设备简单、快速、经济、耐用、能连续测试、不容易错过薄夹层、具有较长应用历史等明显优势。尽管该技术在我国推广和普及 50 余年，但主要用于砾性土场地工程勘察及地基承载力评价，作者根据超重型动力触探原位试验建立砾性土液化评价方法还是第一次尝试。

（3）以动探击数为基本指标，建立了砾性土液化判别公式，包括基于烈度的表达式及基于 PGA 的液化概率表达式，可供我国工程应用及规范修订参考，所提出的方法与国际同类方法相比也具有明显优势，具备很强竞争力。

（4）在美国 Echo dam 和中国四川成都平原砾性土场地上的测试表明，在进行有效锤击能量影响修正之后，美国可直接采用中国超重型动力触探试验标准探头以及我们提出的砾性土液化判别方法，使我们的方法和技术具备国际通用的可行性，并且完善后还有望成为砾性土场地一般力学性能评价的国际通用方法。

第7章 基于剪切波速的砾性土液化判别技术

7.1 剪切波速测试技术

7.1.1 物理意义

剪切波速是土动力学中涉及土惯性力和波传播特性的一个重要物理量，与剪切模量的平方根成正比，它能反映不同场地土动力性质的某些差别。剪切波速测试在岩土地震工程减灾问题中具有较广泛的应用：建筑场地类型划分时的定量指标；评价砂土液化可能性的重要依据之一；为土工地震反应计算中不可缺少的参数；作为实验室用扰动砂重塑原状饱和砂结构特性的可能控制参数(汪闻韶，1994)。

剪切波速测试现在已是工程上常用的现场试验技术，也正逐步成为液化判别方法的基本指标之一。土层剪切波速和抗液化能力具有很强的相关性，也形成了不同形式的液化判别式。但是，目前基于剪切波速的液化判别方法是建立在砂土液化资料基础之上的，第3章室内弯曲元剪切波速测试结果表明，相同密实程度下砾性土的剪切波速明显大于砂土的，即剪切波速很大的情况下，砂土已经接近密实状态，而对砾性土来说仍处于稍密状态，仍具有很大的液化可能性，理论上基于剪切波速的砂土液化判别方法不能应用于砾性土，本章将根据汶川地震现场剪切波速实测数据对这一结论进行检验。

7.1.2 离散性分析

Hardin曾列出了室内试验时影响土体剪切模量的主要因素：

$$G=f(\overline{\sigma_0},e,H,S,\tau_0,C,A,f,t,\theta,T) \tag{7.1}$$

式中：$\overline{\sigma_0}$为有效八面体法向应力；e为孔隙比；H为周围应力历史和振动历史；S为饱和度；τ_0为八面体剪应力；C为颗粒特征，包括形状、尺寸、级配和矿物质；A为振动应变幅；f为振动频率；t为时间效应；θ为土的结构；T为温度，包括冰冻。

剪切波速与剪切模量的平方根成正比，因此，剪切波速必然也受上述因素影响，即土的种类、结构状态、饱和度、孔隙比、有效应力状态、剪应变水平和动剪应变幅值、应力和应变历史等。土层中的剪切波速是衡量土力学性能的综合指标，剪切波速测试方法原理比较简单，易于工程师接受，已经成为工程上常用的技术手段，但剪切波速的测试结果受测试设备、试验条件、测试及数据分析人员的影响很大。测试结果不确定性主要源于两个方面：一是对某一具体场地，剪切波速自身的分布具有离散性；二是对某个固定的场地，由于剪切波速测试技术及不同人员引起的测试误差，而且即使在保持其他条件一致的情况下，多次测量也存在偏差。美国多家公司和机构对同一试验场地 Turkey Flat 进行了剪切波速测试(Kwok et al.，2008)，测试结果表明，同一场地，不同测试单位、测试方法、测试人员的结果差异较大(图 7.1)，如 6～20m 范围内为含黏土的砂土，剪切波速的平均值约为 625m/s，1倍标准差的变化范围为 500～765m/s。因而，就目前情况看，比较目前工程上其他常用的测试技术，剪切波速测试的精度还有待提高。

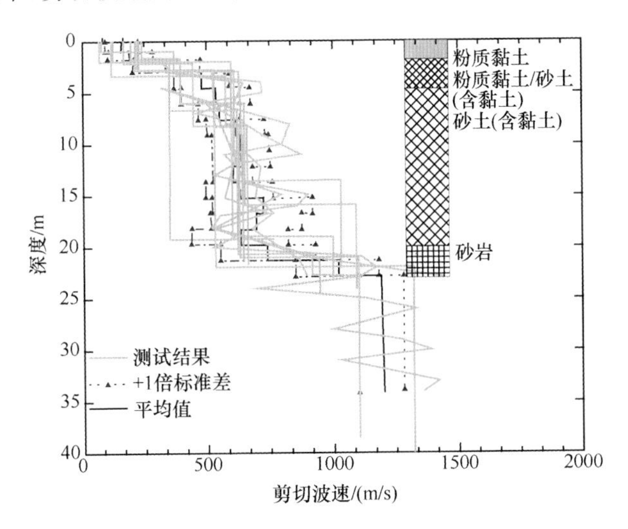

图 7.1 Turkey Flat 场地剪切波速测试结果对比(Kwok，2008)

7.2 汶川地震现场剪切波速测试

为了了解汶川地震砾性土场地的剪切波速结构，并为相应的判别方法建立提供基础数据，在汶川地震现场，选取了 57 个典型场地进行测试，其中有 34 个液化场地，23 个非液化场地。勘察场地位于不同烈度区，7 度区内 19 个，8 度区内 30 个，9 度区内 8 个(图 7.2)。部分剪切波速测试点与超重型动力触探测试点为同一场地，其相应砾性土层深度及厚度的选取主要依据钻孔柱状图以及超重型动力触探曲线，其他测试点砾性土层深度及厚度的选取则主要依据钻孔柱状图以及土层剪切波速结构(附录 A)。

所有测试点均采用日本 OYO 公司瞬态表面波仪测试场地土层剪切波速。表面波仪为 24 通道，4.5Hz 检波器间距 2m，分别在相邻检波器中点重锤敲击(共 25 击)，软件自动生成二维土层剪切波速结构，最后计算时取各层的平均值。

瑞利波沿地面表层传播，表层的厚度约为一个波长，因此，同一波长的瑞利波

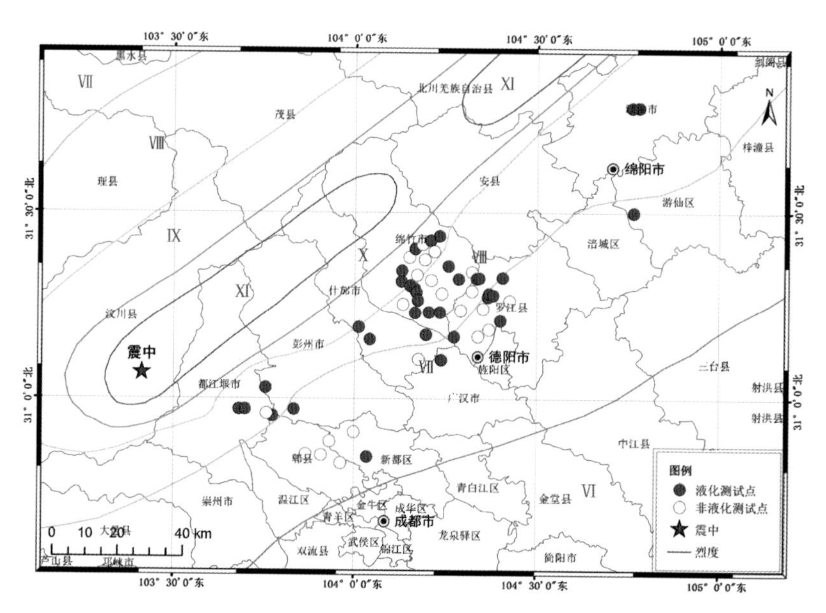

图 7.2　剪切波速测试点地理位置

的传播特性反映了地质条件在水平方向的变化情况，不同波长的瑞利波的传播特性反映不同深度的地质情况。在地面上沿波的传播方向，以一定的道间距 Δx 设置 $N+1$ 个检波器，可以检测到瑞利波在 $N\Delta x$ 长度范围内的传播过程(图 7.3)，设瑞利波的频率为 f，相邻检波器记录的瑞利波的时间差为 Δt 或相位差 $\Delta\phi$，则相邻道 Δx 长度内瑞利波的传播速度为

$$V_{R}=\Delta x/\Delta t \tag{7.2}$$

或

$$V_{R}=2\pi f\Delta x/\Delta\phi \tag{7.3}$$

测量范围 $N\Delta x$ 内平均波速为

$$V_{R}=\frac{N\Delta x}{\sum\Delta t} \tag{7.4}$$

或

$$V_{R}=2\pi f\frac{N\Delta x}{\sum\Delta\varphi} \tag{7.5}$$

在同一地段测量出一系列频率的 V_{R} 值，就可以得到一条 V_{R}-f 曲线，即所谓的频散曲线，如图 7.4 所示。频散曲线的变化规律与地下地质条件存在内在联系，通过对频散曲线进行反演解释，可得到地下某一深度范围内的地质构造情况和不同深度的瑞利波传播速度 V_{R}，而剪切波速 V_{s} 与瑞利波速有如下关系(杨成林，1993)：

$$V_R=\frac{0.87+1.12\sigma}{1+\sigma}V_s \tag{7.6}$$

式中，σ 为泊松比。

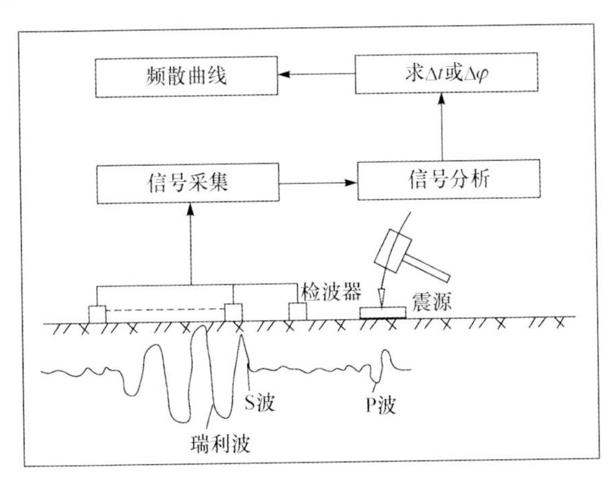

图 7.3　瞬态瑞利波法测试原理示意图

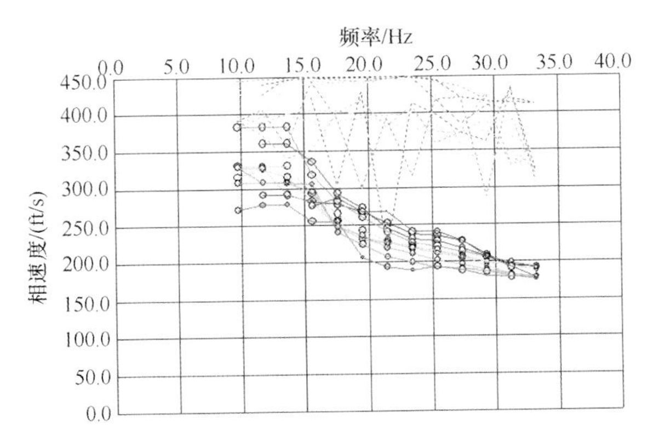

图 7.4　日本 OYO 瞬态表面波仪频散曲线(德阳市禾丰镇镇江村)

瞬态表面波法测试的有效深度及精度主要受激发的瑞利波频率的影响。如图 7.5所示，测试深度与激发的下限频率呈反指数关系，测试深度越大则要求激发、接收的下限频率越低。采用日本 OYO 公司的瞬态表面波仪，检波器自振频率为 4.5Hz，有效测试深度为 20m。

当采用重锤为激发震源时，重锤撞击地面产生的地震波的主频为

$$f_0=\frac{1}{2\pi}\sqrt{\frac{4\mu r_0}{M(1-\sigma)}} \tag{7.7}$$

式中，r_0 为重锤底面积半径；M 为重锤质量。从式中可以看出，f_0 与重锤质量的平方根成反比，与重锤底面积半径的平方根成正比。因此，当测试深度较大时，应采

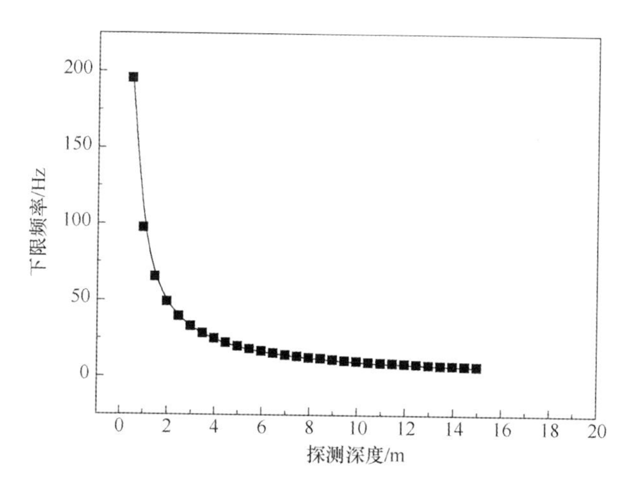

图 7.5　下限频率与探测深度的对应关系

用大锤以及小的重锤底面积作为震源。

7.3　现有砂土液化判别式的适用性分析

目前国外比较公认的基于剪切波速的砂土液化判别式为 Andrus 等(2000)提出的计算方法，分别计算砂层受到的地震剪应力比 CSR 及其抗液化应力比 CRR，其中 CSR 按 Seed 的简化法计算(式 5.11)，CRR 为

$$CRR=0.022(V_{s1}/100)^2+2.8[1/(V_{s1c}-V_{s1})-1/V_{s1c}] \tag{7.8}$$

式中，V_{s1} 为修正剪切波速；V_{s1c} 为液化剪切波速上限值。若计算得到的 CRR 小于 CSR，则该场地判别为液化，否则为非液化。

国内较具影响力的判别方法为石兆吉等(1993)提出的砂土液化剪切波速判别式，此方法已纳入天津市《建筑地基基础设计规范》(TBJ 1—88)。这一公式随后进行了细微调整，其表达如下：

$$V_{scri}=\overline{V_s}(d_s-0.0133d_s^2)^{0.5}[1.0-0.185(d_w/d_s)] \tag{7.9}$$

式中，d_s 为砂层埋深；d_w 为地下水位深度；$\overline{V_s}$ 为剪切波速基准值，在 7、8、9 度时分别取 65m/s、90m/s 和 130m/s；V_{scri} 为剪切波速临界值，若实测剪切波速小于 V_{scri}，则该场地判别为液化，否则判别为非液化；

采用上述两个计算公式，对所有测试点进行判别：采用 Andrus 等(2000)方法对所有测试点进行判别，对所有液化点判别成功率仅为 40%，对所有非液化点判别成功率为 100%。而采用石兆吉等(1993)方法对液化测试点判别成功率为 25%，对非液化点判别成功率为 88%(曹振中和袁晓铭，2010)。

判别结果表明，这两种液化判别方法对于汶川地震中砾性土场地液化判别结果趋势较为一致：对液化场地的判别成功率均较低，而对非液化场地的判别成功率很高，甚至达到100%，将很多实际液化场地判别为非液化，明显偏于危险，超出了可接受的范围。另外，目前国际上具有剪切波速测试结果的砾性土液化实例非常有限，Andrus(2000)公式对获取的三个实例的检验结果均为误判(图7.10)。

这两种砂土液化判别方法对于砾性土场地液化判别成功率低的缘故是它们均是根据砂土液化资料建立起来的。通过比较这两种方法的临界应力比及临界剪切波速发现，当实测剪切波速超过一定值后(210m/s左右)，就认为砂土场地没有液化可能性。根据第3章砂土、砾性土室内弯曲元剪切波速测试结果以及工程实践经验，约210m/s这一剪切波速值对砂土来说已经处于密实状态，而对砾性土层来说仍处于松散状态，具有很大的液化可能性，这也正是造成现有基于剪切波速的砂土液化判别方法对于砾性土层液化场地大量误判的重要原因。

7.4 砾性土液化判别式

7.4.1 基于烈度的表达式

第5章中借鉴我国抗震规范砂土液化判别式建立的基本思路，采用剪切波速作为基本指标，给出了砾性土液化判别的临界剪切波速基本模型，本章着重推导复判模型中相应的计算参数：

$$V_{s\text{-}cr}=V_{s\text{-}0}[1+\alpha_w'(d_w-2)+\alpha_s'(d_s-3)][1+0.5(G_c-50\%)] \tag{7.10}$$

式中，$V_{s\text{-}cr}$为临界剪切波速；$V_{s\text{-}0}$为剪切波速基准值；d_s为砾性土埋深；d_w为地下水深度；α_w'为地下水位对临界剪切波速的影响系数；α_s'为埋深对临界剪切波速的影响系数；G_c为含砾量(粒径>5mm的颗粒质量百分含量)。若实测剪切波速V_s小于临界剪切波速$V_{s\text{-}cr}$，则砾性土判为液化，否则为非液化。

1. 剪切波速基准值$V_{s\text{-}0}$的确定

通过汶川地震砾性土液化数据分析可知，砾性土埋深及地下水位的深度变化较大。为建立剪切波速与烈度的关系，这里借国内外对剪切波速的修正关系(Andrus et al.，2000；石兆吉，1991)，将实测剪切波速修正至同一水平下的修正剪切波速(砾性土埋深为3m，地下水位为2m，上覆有效压力约47kPa)，有

$$V_s'=V_s(47/\sigma_v')^{0.25} \tag{7.11}$$

式中，V_s'为修正至上覆有效压力为47kPa的剪切波速；V_s为实测剪切波速；σ_v'为有效上覆压力。建立修正剪切波速与烈度的关系如图7.6所示。

通过直观方法确定图7.6中液化点与非液化点的临界曲线，以此作为砾性土层埋深3m、地下水位2m时区分液化与非液化的界线，相应的剪切波速即为基准值，结果见表7.1。

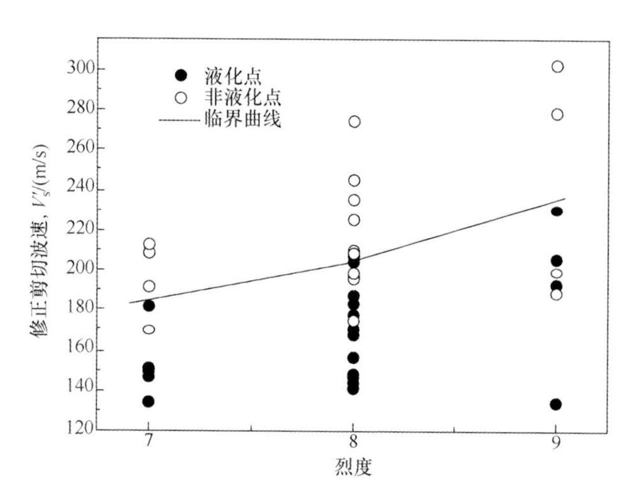

图 7.6 修正剪切波速与烈度对应关系

表 7.1 剪切波速基准值 (单位:m/s)

烈度	7	8	9
$V_{s\text{-}0}$	180	200	230

2. 砾性土深度及地下水位影响系数 α_s'、α_w'的确定

汶川地震液化场地测试结果表明,液化砾性土层的埋深及地下水位均具有较大变化,砾性土层埋深和地下水位深度影响系数具有不确定性,采用优化方法解决这一问题。为此,首先分别计算砾性土层埋深与地下水位不同影响系数下判别式对液化点、非液化点的判别成功率,满足判别式对液化点、非液化点的判别成功率均达到最大时的影响系数即为最佳取值。优化方法获取的深度及地下水位影响系数分别为 0.06、−0.06,并将所有数据代入式(7.10)对测试点进行回判,液化点的判别成功率为 89%,非液化点的判别成功率为 88%,表明构建的模型基本上是合理可信的。

3. 复判计算公式

从上面分析可得到,系数 α_s'、α_w'分别为 0.06、−0.06。这样,砾性土液化临界波速计算公式可具体表达为

$$V_{s\text{-}cr}=V_{s\text{-}0}[1-0.06(d_w-2)+0.06(d_s-3)][1+0.5(G_c-50\%)] \tag{7.12}$$

或

$$V_{s\text{-}cr}=V_{s\text{-}0}[0.94+0.06(d_s-d_w)][1+0.5(G_c-50\%)] \tag{7.13}$$

式中,$V_{s\text{-}cr}$为临界剪切波速;$V_{s\text{-}0}$为剪切波速基准值;d_s 为砾性土埋深;d_w 为地下水

深度；G_c 为含砾量。若实测剪切波速 V_s 小于临界剪切波速 $V_{s\,cr}$，则砾性土判为液化，否则为非液化。

7.4.2　基于 PGA 的表达式

依据剪切波速资料，建立基于地表峰值加速度 PGA 形式的砾性土液化判别公式，需将实测剪切波速按式(7.14)修正至上覆压力为 100kPa 的修正剪切波速。

$$V_s'=V_s(100/\sigma_v')^{0.25} \tag{7.14}$$

式中，V_s'为修正剪切波速；V_s 为实测剪切波速；σ_v'为有效上覆压力。

1. 回归模型

采用 Logistic 回归模型进行分析，用地震剪应力比(CSR)表示受到的地震作用的大小，采用修正剪切波速 V_s'、含砾量，G_c 表示砾性土层的抗液化能力。由于未获得每个测试点相应砾性土层深度处的含砾量，所以含砾量不参与抗液化强度曲线的 Logistic 回归，相应的液化概率形式可表示为

$$P_L(X)=\frac{1}{1+\exp[-(\theta_0+\theta_1V_s'+\theta_2\ln\mathrm{CSR})]} \tag{7.15}$$

采用与第 6 章类似的 Logistic 回归方法，得到液化概率公式中的三个参数为

$$\theta_0=8.72,\quad \theta_1=-0.027,\quad \theta_2=1.33$$

于是液化概率可表示为修正剪切波速和对数应力比的函数关系：

$$P_L(X)=\frac{1}{1+\exp[-(8.72-0.027V_s'+1.33\ln\mathrm{CSR})]} \tag{7.16}$$

令 CSR=CRR，可得式(7.17)中相应的液化强度，如图 7.7 所示。

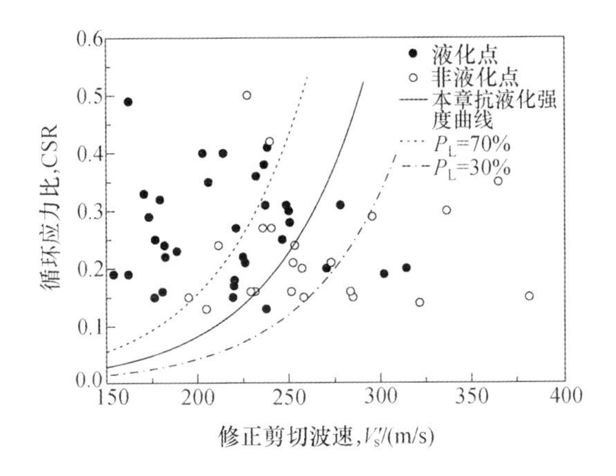

图 7.7　砾性土剪切波速临界判别曲线(Cao et al.,2011)

$$\mathrm{CRR}=\exp\left[\frac{1}{1.33}(\ln[P_{\mathrm{L}}/(1-P_{\mathrm{L}})]-8.72+0.027V_{\mathrm{s}}')\right] \tag{7.17}$$

2. 复判计算公式

当处于临界状态时，液化概率取 $P_{\mathrm{L}}(X)=50\%$，根据式(7.17)可得，基于加速度以剪切波速为基本指标的砾性土液化判别公式为

$$\mathrm{CRR}=\exp(0.02V_{\mathrm{s}}'-6.56) \tag{7.18}$$

式中，V_{s}'为修正剪切波速。若砾性土抗液化强度应力比 CRR 小于所遭受的地震剪应力比 CSR，则砾性土判为液化，否则为非液化。

采用美国国家地震工程研究中心 NCEER(1997)的砂土液化判别公式模型，将式(7.18)的趋势线按式(7.19)进行拟合，拟合结果如图 7.8 所示。

$$\mathrm{CRR}=a(V_{\mathrm{s}}'/100)^2+b[1/(V_{\mathrm{s1c}}-V_{\mathrm{s}}')-1/V_{\mathrm{s1c}}] \tag{7.19}$$

式中，V_{s}'为修正至基准压力下(约 100kPa，或一个大气压)的剪切波速；a、b 为曲线的拟合参数，分别为−0.003、18.7；V_{s1c}为砾性土发生液化的修正剪切波速上限，即 320m/s。

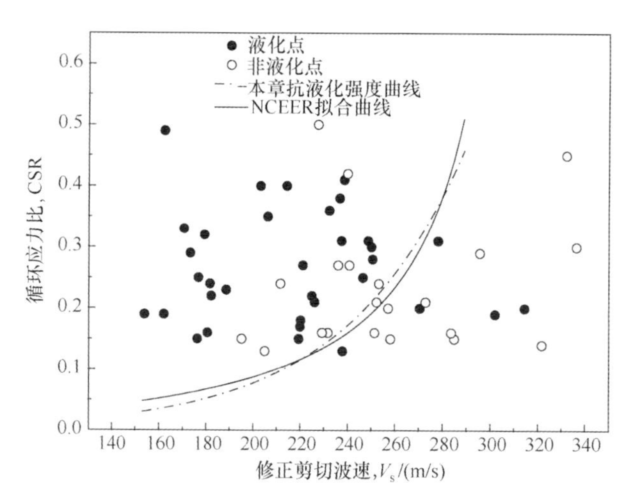

图 7.8　砾性土剪切波速拟合临界曲线

采用式(7.18)与式(7.19)，尽管表达式不一样，但判别曲线较为接近，因此对砾性土液化的判别效果较为一致。

7.4.3　公式检验

目前国内外液化判别中还没有以动探击数作为基本判别指标的方法，因而所提出的基于动探击数的砾性土判别方法没有可与之对比的方法和实例。剪切波速与抗液化能力具有良好的相关性，目前已形成不同形式的砂土液化判别式，且相对

较为成熟。目前国外比较公认的基于剪切波速的砂土液化判别式为Andrus等(2000)提出的计算方法，本章将与之比较，包括抗液化强度曲线及其他砾性土液化实例的检验。

1. 与砂土抗液化强度曲线的对比

将本章所提出的基于剪切波速的砾性土液化判别方法与Andrus法得到的抗液化强度曲线绘制于同一图上，如图7.9所示。

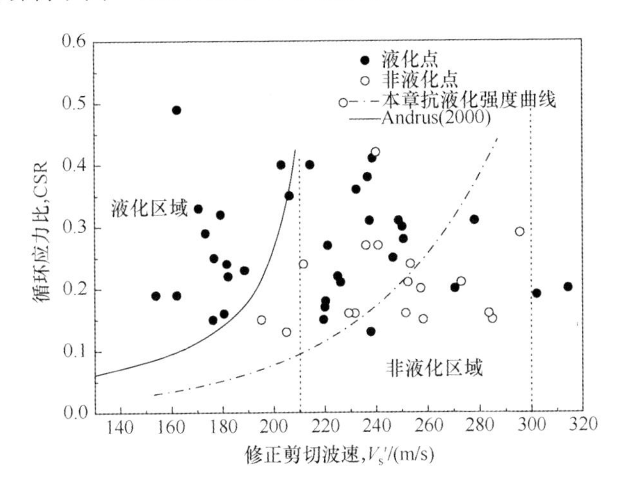

图7.9　本章公式与Andrus(2000)方法抗液化强度曲线对比

从图7.9可以看出，Andrus(2000)方法将汶川地震大量液化点判别为非液化场地，明显偏于危险。原因是该方法主要是根据砂土液化资料建立的，不再适用于砾性土液化判别。另外，从图上还可以看出，当修正剪切波速大于200m/s时，Andrus(2000)抗液化强度曲线迅速增长上升，并以修正剪切波速约210m/s竖直线为渐近线，表明当修正剪切波速大于210m/s时，抗液化应力比值较大而认为没有液化可能性。第6章超重型动力触探以及剪切波速试验结果表明，210m/s左右这一剪切波速对砂土来说已经处于密实状态，而对砾性土来说仍处于松散状态，仍具有很大的液化可能性，这也正是Andrus(2000)方法将砾性土液化场地大量误判的重要原因。因此，根据砂土液化资料建立的剪切波速液化判别方法不再适用于砾性土的液化判别。

而本章所提出的抗液化强度曲线以300m/s左右为渐近线，当砾性土的修正剪切波速大于这一值时，砾性土已经较为密实，液化的可能性已非常小，符合客观事实。

2. 其他砾性土液化实例的对比检验

为进一步说明问题，这里将其他地震的砾性土液化实例进行对比检验。国内外历史地震中砾性土液化实例十分有限，而砾性土液化场地的土层埋藏条件、剪切波速、地震动均齐全的数据则更是寥寥可数。本章共收集到三例其他地震的砾性土液化数据，以此检验本章提出的砾性土剪切波速液化判别方法以及 Andrus (2000) 方法。

我们收集到了美国、意大利和中国台湾等几个地震的砾性土液化资料，列于表 7.2。

表 7.2　其他地震砾性土液化实例

编号	地震名称	d_s/m	d_w/m	V_s/(m/s)	a_{max}/g	CSR	V_s'/(m/s)
1	1964 年美国 Alaska 地震	7.6	3.05	220	0.47	0.42	221
2	1976 年意大利地震	7.0	2.7	194	0.20	0.18	199
3	1999 年台湾集集地震	5.5	2.9	215	0.79	0.65	228

分别计算三例砾性土液化场地的地震剪应力比 CSR 以及修正剪切波速 V_s'，并与本章抗液化强度曲线(式(7.18))及 Andrus(2000)抗液化强度曲线进行对比，如图 7.10 所示。结果表明，三例砾性土液化点均落在 Andrus 强度曲线之外，受到的地震剪应力比小于 Andrus(2000)抗液化应力比，判别为非液化场地，全部误判。相反，本章提出的抗液化强度曲线，将三例砾性土液化点判别为液化场地，均判别正确。

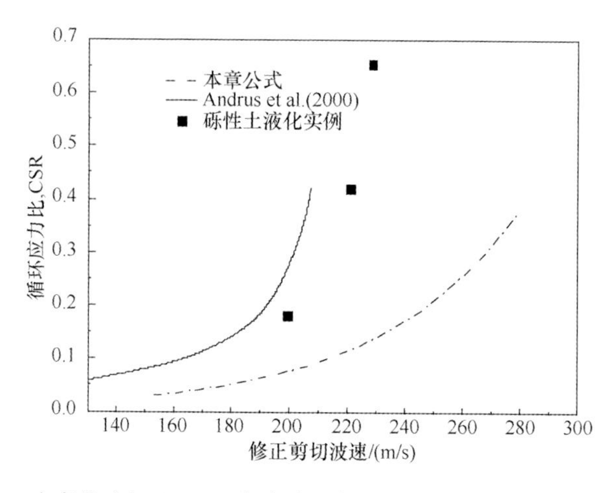

图 7.10　本章公式与 Andrus 公式对现有砾性土液化实例的对比检验结果

7.5 小　　结

土层中的剪切波速是衡量土力学性能的综合指标之一,涉及许多影响因素,如孔隙比、有效应力、应力历史和地层年代等,剪切波速测试已经成为工程上常用的技术手段。土层剪切波速和抗液化能力有较强相关性,以剪切波速为基本指标,针对砂土也形成了一些液化判别式,但以往缺少针对砾性土的液化判别方法。我们在汶川地震现场选取了57个典型场地进行剪切波速测试,以此检验了目前砂土液化判别式的适用性,分别建立了烈度与加速度下基于剪切波速的砾性土液化评价方法,也用国际上现有的砾性土液化实例对新公式进行了检验。主要结果如下。

(1) 国内外较具影响力的剪切波速液化判别方法对汶川地震砾性土实际液化场地判别的成功率仅有25%～40%,明显偏于危险,其原因是方法本身来源于砂土液化资料,而相同剪切波速下砂土和砾性土层密实程度不同,方法间不能相互代替。

(2) 所构建的基于剪切波速的砾性土液化判别方法,不仅符合汶川地震砾性土的实际情况,对美国、意大利和中国台湾三次地震中的砾性土液化实例的检验结果也均正确,可供工程应用及规范修订参考。

参考文献

曹振中. 2010. 汶川地震液化特征及砂砾土液化预测方法研究. 哈尔滨:中国地震局工程力学研究所博士论文.

曹振中,袁晓铭. 2010. 砂砾土液化的剪切波速判别方法. 岩石力学与工程学报, 29(5): 943-951.

曹振中,侯龙清,袁晓铭,等. 2010. 汶川8.0级地震液化震害及特征. 岩土力学, 31(11): 3549-3555.

曹振中,徐学燕, Youd T L,等. 2011. 汶川8.0级地震板桥学校液化震害剖析. 岩土工程学报, 33(s1): 324-329.

常亚屏,王昆耀,陈宁. 1998. 关于一个饱和砂砾料液化性状的试验研究. 第五届全国土动力学学术会议论文集,大连: 161-166.

陈达生,时振梁,徐宗和,等. 2004. 中国地震烈度表(GB/T 17742—1999). 北京:中国标准出版社.

陈国兴. 2007. 岩土地震工程学. 北京:科学出版社.

《地球科学大辞典》编委会. 2005. 地球科学大辞典. 北京:地质出版社.

郭孟明. 1980. 德阳幅 H-48-9 1/20 万区域地质调查报告. 四川省地矿局航空区域地质调查队研究报告.

何银武. 1992. 论成都盆地的成生时代及其早期沉积物的一般特征. 地质论评, 38(2): 149-156.

李海兵,王宗秀,付小方. 2008. 2008年5月12日汶川地震(Ms8.0)地表破裂带的分布特征. 中国地质, 35(5):803-813.

李宏男,李东升,赵柏东. 2002. 光纤健康监测方法在土木工程中的研究与应用进展. 地震工程与工程震动, 22(6):77-83.

李学宁,刘惠珊,周根寿. 1992. 液化层减震机理研究. 地震工程与工程振动, 12(3): 84-91.

李远图. 1975. 灌县幅 H-48-8 1/20 万区域地质调查报告. 四川省地质局第2区测队研究报告.

刘恢先. 1989. 唐山大地震震害. 北京:地震出版社.

刘惠珊. 1998. 砾石的液化判别探讨. 第五届全国地震工程学术会议论文集,北京: 183-188.

刘惠珊,张在民. 1991. 地震区的场地与地基基础. 北京:中国建筑工业出版社.

刘惠珊,周根寿,李学宁,等. 1994. 液化层的减震机理及对地面地震反应的影响. 冶金工业部建筑研究总院院刊,(2):19-22.

刘令瑶,李桂芬,丙东屏. 1982. 密云水库白河主坝保护层地震破坏及砂料振动液化特性. 水利水电科学研究院论文集第8集(岩土工程),北京:水利出版社: 46-54.

刘兴诗. 1983. 四川盆地的第四系. 成都:四川科学技术出版社.

刘颖. 1975. 海城地震砂土液化的若干问题. 中国科学院工程力学研究所研究报告.

刘颖,谢君斐,等. 1984. 砂土震动液化. 北京:地震出版社.

刘云从. 1989. 成都市及邻近地区水循环系统特征及水资源开放管理对策研究. 四川省地矿局成都水文工程地质队研究报告.

裴华富，殷建华，朱鸿鹄，等. 2010. 基于光纤光栅传感技术的边坡原位测斜及稳定性评估方法. 岩石力学与工程学报，29(8)：1570-1576.

钱洪，唐荣昌. 1997. 成都平原的形成与演化. 四川地震，(3)：1-7.

沈珠江，徐志英. 1981. 1976年7月28日唐山地震时密云水库白河主坝有效应力动力分析. 水利水运科学研究，(3)：46-63.

石兆吉. 1991. 剪切波速液化势判别的机理和应用. 国家地震局工程力学研究所研究报告.

石兆吉. 1992. 液化地区房屋震害预测. 自然灾害学报，1(2)：80-93.

石兆吉，陈国兴. 1990. 自由场地深层液化可能性研究. 水利学报，(12)：55-61.

石兆吉，王兰民. 1999. 土壤动力特性.液化势及危害性评价. 北京：地震出版社.

石兆吉，郁寿松. 1993. 液化对房屋震害影响的宏观分析. 工程抗震，(1)：25-28.

石兆吉，郁寿松，丰万玲. 1993. 土壤液化式的剪切波速判别方法. 岩土工程学报，15(1)：74-80.

石兆吉，张荣祥，孙锐. 1995. 液化土层隔震和地基失效共同作用下多层砖房震害分析. 自然灾害学报，4(1)：55-63.

四川省地质局. 1970. 绵阳幅 H-48-3 1/20万区域地质测量报告. 四川省地质局区测2队研究报告.

四川省质量技术监督局，四川省建设厅. 2001. 成都地区建筑地基基础设计规范. DB51/T 5026—2001.

苏栋，李相崧. 2006. 地震历史对砂土抗液化性能影响的试验研究. 岩土力学，27(10)：1815-1818.

孙锐. 2006. 液化土层地震动和场地液化识别方法研究. 哈尔滨：中国地震局工程力学研究所博士学位论文.

唐福辉. 2011. 现有液化识别方法对比研究. 哈尔滨：中国地震局工业程力学所硕士学位论文.

汪闻韶. 1994. 土工地震减灾工程中的一个重要参量——剪切波速. 水利学报，(3)：80-84.

汪闻韶. 1997. 土的动力强度和液化特性. 北京：中国电力出版社.

汪闻韶，常亚屏，左秀泓. 1986. 饱和砂砾料在振动和往返加荷下的液化特性. 水利水电科学研究院论文集第23集(结构材料、岩土工程、抗震与爆破)，水利出版社：195-203.

汪云龙. 2014. 先进土工实验技术研发与砾性土动力特性试验研究. 哈尔滨：中国地震局工程力学研究所博士学位论文.

王昆耀，常亚屏，陈宁. 2000. 饱和砂砾料液化特性的试验研究. 水利学报，(2)：37-41.

王维铭. 2010. 汶川地震液化宏观现象及场地特征对比分析. 哈尔滨：中国地震局工程力学研究所硕士学位论文.

王维铭. 2013. 场地液化特征研究及液化影响因素评价. 哈尔滨：中国地震局工程力学研究所博士学位论文.

王志华，周恩全，吕丛，等. 2013. 基于流动性的饱和砂砾土液化机理. 岩土工程学报，35(10)：1816-1822.

吴朝霞，吴飞. 2011. 光纤光栅传感器原理及应用. 北京：国防工业出版社.

向衍，马福恒，刘成栋. 2008. 土石坝工程安全预警系统关键技术. 河海大学学报(自然科学版)，36(5)：635-639.

萧峻铭. 2004. 921地震雾峰、员林、大村、社头地区液化灾损及复旧调查之研究. 桃园："中央大学"硕士学位论文.

谢君斐. 1984. 关于修改抗震规范砂土液化判别式的几点意见. 地震工程与工程振动，4(2)：95-125.

徐斌，孔宪京，邹德高，等. 2005. 砂砾料液化机理与孔压特性的试验研究. 东南大学学报(自然科学版)，35(s1)：100-104.

徐锡伟，闻学泽，叶建青，等. 2008. 汶川 M_S8.0地震地表破裂带及其发震构造. 地震地质，30(3)：597-629.

杨成林. 1993. 瑞雷波勘探. 北京：地质出版社.

尹之潜，鄢家全，徐锡伟，等. 2004. 地震现场工作第3部分：调查规范(GB/T 18208.3—2000). 北京：中国标准出版社.

袁晓铭，曹振中. 2011. 砂砾土液化判别的基本方法及计算公式. 岩土工程学报，33(4)：509-519.

袁晓铭，曹振中，孙锐，等. 2009. 汶川8.0级地震液化特征初步研究. 岩石力学与工程学报，28(6)，1288-1296.

袁一凡. 2008a. 汶川地震烈度核定考察报告. 中国地震局工程力学研究所研究报告.

袁一凡. 2008b. 四川汶川8.0级地震损失评估. 地震工程与工程振动，28(5)：10-19.

张建民，谢定义. 1991. 饱和砂土振动孔隙水压力增长的实用算法. 水利学报，(8)：45-51.

张克绪，谢君斐. 1989. 土动力学. 北京：地震出版社.

张伦玉. 1984. 四川省工程地质图说明书：1/100万. 四川省地矿局南江水文工程地质队研究报告.

郑向高. 2001. 贝克锤贯入试验应用于砾石土液化潜能分析之研究. 台北：中兴大学硕士学位论文.

中国地震局. 2008. 汶川8.0级地震烈度分布图. http://www.cea.gov.cn/manage/html/8a8587881632fa5c0116674a018300cf/_content/08_08/29/1219979564089.html

中国地质调查局. 2001. 全国1∶250万地质图空间数据库. 中国地质调查局.

中国地质科学院. 1973. 中华人民共和国地质图集地层简表. 中国地质科学院.

中国地质科学院. 1979. 中华人民共和国水文地质图集. 北京：地质出版社.

中国建筑科学研究院. 1980. 唐山强震区地震工程地质研究——第二部分场地液化. 中国建筑科学研究院研究报告.

中国科学院工程力学研究所. 1975a. 海城地震砂土液化考察. 中国科学院工程力学研究所研究报告.

中国科学院工程力学研究所. 1975b. 海城地震震害分布与场地条件的关系. 中国科学院工程力学研究所研究报告.

中国科学院工程力学研究所. 1979. 海城地震震害. 北京：地震出版社.

中国科学院工程力学研究所，河北省地震局抗震组. 1978. 唐山地震震害调查初步总结. 北京：地震出版社.

中华人民共和国电力行业标准. 2006. 水利水电工程土工试验规程. DL/T 5355—2006.

中华人民共和国国家标准. 1994. 岩土工程勘察规范. GB 50021—94.

中华人民共和国国家标准. 2001. 岩土工程勘察规范(2009 年版). GB 50021—2001.

中华人民共和国国家标准. 2007. 土的工程分类标准. GB/T 50145—2007.

中华人民共和国国家标准. 2010. 建筑抗震设计规范. GBJ 50011—2010. 北京:中国建筑工业出版社.

中华人民共和国行业标准. 1999. 土工试验规程. SL 237—1999. 北京: 中国水利水电出版社.

中华人民共和国行业标准. 2005. 地震现场工作第四部分:灾害直接损失评估. GB/T 18208.4—2005.

朱鸿鹄, 殷建华, 靳伟, 等. 2010. 基于光纤光栅传感技术的地基基础健康监测研究. 土木工程学报, 43(6):109-115.

Abdoun T, Bennett V, Dobry R, et al. 2008. Full-scale laboratory tests using a shape-acceleration array system. Geotechnical Earthquake Engineering and Soil Dynamics Ⅳ: 1-9.

Andrus R D, Youd T L, Carter R R. 1986. Geotechnical evaluation of a liquefaction induced lateral spread, Thousand Springs Valley, Idaho. 22nd Symposium on Engineering Geology and Soils Engineering, Idaho, February 24-26, Proceedings, 383-402.

Andrus R D, Stokoe K H. 2000. Liquefaction resistance of soils from shear-wave velocity. Journal of Geotechnical and Geoenviromental Engineering, ASCE, 126(11): 1015-1025.

Banerjee G N, Seed H B, Chan C K. 1979. Cyclic behavior of dense coarse-grained materials in relation to the seismic stability of dams. Report No. EERC-79/13.

Becker E, Chan C K, Seed H B. 1972. Strength and deformation characteristics of rockfill materials in plain strain and triaxial compression test. Report No. TE 72-3, U. C. Berkeley.

Bishop A W, Green G E. 1965. The influence of end restraint on the compression strength of cohesionless soil. Geotechnique, (15): 244-266.

Cao Z, Youd T L, Yuan X. 2011. Gravelly soils that liquefied during 2008 Wenchuan, China earthquake, Ms = 8. 0. Soil Dynamics and Earthquake Engineering, Elsevier, (31): 1132-1143.

Cao Z, Youd T L, Yuan X. 2013. Chinese dynamic penetration test for liquefaction evaluation in gravelly soils. Journal of Geotechnical and Geoenvironmental Engineering, ASCE, 139(8): 1320-1333.

Cox R B. 2006. Development of a direct test method for dynamically assessing the liquefaction resistance of soils in situ. Austin: The University of Texas at Austin Ph. D. dissertation.

Das B M. 2009. Principles of Geotechnical Engineering. Cengage Learning, 7th edition.

Evans D M, Seed H B. 1987. Undrained cyclic triaxial testing of gravels-the effect of membrane compliance. Report No. UCB/EERC-87/08.

Evans M D, Seed H B, Seed R B. 1992. Membrane compliance and liquefaction of sluiced gravel specimens. Journal of Geotechnical Engineering, 118(6):856-872.

Evans M D, Zhou S. 1995. Liquefaction behavior of sand-gravel composites. Journal of

Geotechnical Engineering, 121(3): 287-298.

Fioravante V, Giretti D, Jamiolkowski M, et al. 2012. Triaxial tests on undisturbed gravelly soils from the Sicilian shore of the Messina Strait. Bull Earthquake Engineering. 10: 1717-1744.

Harder L F, Seed H B. 1986. Determination of penetration resistance for coarse-grained soils using the Becker hammer drill. Earthquake Engineering Research Center, Report No. UCB/EERC-86/06.

Hatanaka M, Uchida A, Oh-oka H. 1995. Correlation between the liquefaction strengths of saturated sands obtained by in-situ freezing method and rotary-type triple tube method. Soils and Foundations, 35(2):67-75.

Hatanaka M, Uchida A, Ohara J. 1997. Liquefaction characteristics of a gravelly fill liquefied during the 1995 Hyogo-Ken Nanbu Earthquake. Soils and Foundations, 37(3):107-115.

Ishihara K. 1985. Stability of natural deposits during earthquakes. 11th International Conference on Soil Mechanics and Foundation Engineering, 1: 321-376.

Jovicic V, Coop M R, Simic M. 1996. Objective criteria for determing Gmax from bender elements tests. Geotechnique, 46(2): 357-362.

Kiekbusch M, Schuppener B. 1977. Membrane penetration and its effect on pore pressures. Journal of the Geotechnical Engineering Division, 103 (11): 1267-1279.

Koester P J, Daniel C, Anderson M. 2000. In situ investigation of liquefied gravels at Seward, Alaska. Innovations and Applications in Geotechnical Site Characterization, GSP 97: 33-48.

Kokusho T, Tanaka Y, Kawai, et al. 1995. Case study of rock debris avalanche gravel liquefied during 1993 Hokkaido-Nansei-Oki Earthquake. Soils and Foundations, 35(3):83-95.

Kwok A O L, Stewart J P, Hashash Y M A. 2008. Nonlinear ground-response analysis of Turkey flat shallow stiff-soil site to strong ground motion. Bulletin of the Seismological Society of America, 98(1): 331-343.

Lee K L, Albaisa A. 1974. Earthquake induced settlements in saturated sands. Journal of the Geotechnical Engineering Division, 100(GT4): 387-406.

Liao S S C, Veneziano D, Whitman R V. 1988. Regression models for evaluating liquefaction probability. Journal of Geotechnical Engineering, ASCE, 114(4):389-411.

Lin P, Chang C, Chang W. 2004. Characterization of liquefaction resistance in gravelly soil: Large hammer penetration test and shear wave velocity approach. Soil Dynamics and Earthquake Engineering, (24):675-687.

Martin G R, Fin W O L, Seed H B. 1978. Effects of system compliance on liquefaction tests. Journal of the Geotechnical Engineering Division, (GT4) : 463-479.

Seed H B, Idriss I M. 1971. Simplified procedure for evaluating soil liquefaction potential. Journal of the Soil Mechanics and Foundations Division, ASCE, 107(SM9):1249-1274.

Seed H B, Martin P P, Lysmer J. 1976. Pore water pressure changes during soil liquefaction. Journal of the Geotechnical Engineering Division,(GT4): 323-346.

Siddiqi F H, Seed R B, Chan C K, et al. 1987. Strenght evaluation of coarse-grained soils. Earthquake Engineering Research Center, Report No. 87-22.

Sirovich L. 1996. Repetitive liquefaction at a gravelly site and liquefaction in overconsolidated sands. Soils and Foundations, 36(4):23-34.

Sun R, Yuan X. 2004. Effect of sand liquefaction on response spectrum of surface acceleration. The 11th Int. Conf. on Soil Dynamics & Earthq. Enging. and the 3rd Int. Conf. on Earthq. Geotechnical Engng, Berkeley, USA.

Sy A, Campanella R G, Stewart R A. 1995. BPT-SPT correlations for evaluation of liquefaction resistance in Gravelly soils. ASCE National Convention, San Diego, California, Session on Dynamic Properties of Gravelly Soils: 1-19.

Todd M D, Overbey L A. 2007. Real-time measurement of liquefied soil shear profiles with fiber Bragg gratings (FBG). The 2nd International Workshop on Opto-electronic Sensor-based Monitoring in Geo-engineering, Nanjing: 18-19.

Tsuchida H. 1970. Prediction and countermeasure against the liquefaction in sand deposits. Yokosuka: Seminar in the port and Harbor Research Institute, 3. 1-3. 33.

Vucetic M, Dobry R. 1986. Pore pressure build up and liquefaction at level sandy sites during earthquakes. Research report, Department of Civil Engineering, Rensselaer Polytechnic Institute, Troy, New York.

Wong R T, Seed H B, Chan C K. 1974. Liquefaction of gravelly soils under cyclic loading conditions. Report No. UCB/EERC-74/11.

Yegian M K, Ghahraman V G, Harutiunyan R N. 1994. Liquefaction and embankment failure case histories, 1988 Armenia Earthquake. Journal of Geotechnical Engineering, 120(3): 581-596.

Youd T L. 1984. Geologic effects-liquefaction and associated ground failure. Proceedings of the Geologic and Hydrologic Hazards Training Program, U. S. Geological Survey Open-File Report 84-760, 210-232.

Youd T L, Garris C T. 1995. Liquefaction-induced ground surface disruption. Journal of Geotechnical Engineering, ASCE, 121(11):805-809.

Youd T L, Idriss I M. 2001. Liquefaction Resistance of Soils: Summary Report from the 1996 NCEER and 1998 NCEER/NSF Workshops on Evaluation of Liquefaction Resistance of Soils. Journal of Geotechnical and Geoenvironment Engineering, 127(4): 297-313.

Youd T L, Harp E L, Keefer D K, et al. 1985. The Borah Peak, Idaho Earthquake of October 28, 1983 Liquefaction. Earthquake Spectra, 2(1): 71-89.

附录A 汶川地震现场钻孔及原始测试数据

附录A-1 砾性土场地超重型动力触探 N_{120} 及剪切波速 V_s 结果

序号	地理位置	场地编号	烈度	PGA /g	CSR	d_s /m	d_w /m	σ_v'/kPa	N_{120} /(击/30cm)	V_s /(m/s)	是否液化
1	广汉市南丰镇昆庐小学	DY-17	7	0.22	0.22	5.2	1.4	61	7.5	161	Y
2	德阳市柏隆镇果园村	DY-28	7	0.21	0.15	1.9	1.5	32	9.0	165	Y
3	德阳市黄许镇金桥村	DY-38	7	0.18	0.16	5.1	2.2	68	6.3	164	Y
4	德阳市天元镇白江村	DY-24	7	0.23	0.19	4.1	2.2	59	—	142	Y
5	德阳市略坪镇安平村	DY-35	8	0.20	0.15	2.5	1.8	41	—	141	Y
6	德阳市德新镇胜利村	DY-07	7	0.21	0.18	3.7	1.9	52	8.7	187	Y
7	德阳市德新镇长征村	—	7	0.20	0.17	2.0	1.0	28	—	160	Y
8	绵阳市游仙区涌泉村	MY-02	7	0.24	0.24	4.0	1.3	49	—	152	Y
9	成都市龙桥镇肖家村	CD-08	7	0.17	0.13	1.8	1.4	30	3.9	176	Y
10	彭州市丽春镇天鹅村	CD-25	7	0.24	0.19	4.1	2.4	61	9.0	136	Y
11	绵竹市富新镇永丰村	DY-04	8	0.34	0.30	6.0	2.8	82	—	238	Y
12	绵竹市新市镇新市学校	DY-27	8	0.34	0.33	3.0	1.0	37	6.3	133	Y
13	绵竹市板桥镇板桥学校	DY-09	8	0.37	0.29	4.6	3.0	71	10.2	159	Y
14	德阳市柏隆镇松柏村	DY-45	8	0.24	0.27	4.6	0.8	49	7.5	185	Y
15	绵竹市板桥镇兴隆村	DY-08	8	0.42	0.40	6.8	2.4	85	8.7	195	Y
16	绵竹市新市镇石虎村	DY-22	8	0.33	0.25	4.4	2.9	69	11.4	161	Y
17	绵竹市孝德镇齐福小学	DY-26	8	0.30	0.23	5.3	3.5	83	11.1	180	Y
18	绵竹市玉泉镇桂花村	DY-41	8	0.39	0.40	2.2	0.6	26	8.1	153	Y
19	什邡市禾丰镇镇江村	DY-42	8	0.29	0.28	2.4	0.9	31	8.7	187	Y
20	绵竹市齐天镇桑园村	DY-44	8	0.29	0.21	3.5	2.8	60	11.7	199	Y
21	什邡市湔底镇白虎头村	DY-39	9	0.46	0.38	2.2	1.2	32	—	178	Y
22	绵竹市板桥镇白杨村	—	8	0.35	0.32	3.8	1.5	49	—	150	Y
23	绵竹市土门镇林堰村	DY-10	8	0.47	0.31	7.0	6.0	123	—	250	Y
24	德阳市柏隆镇清凉村	DY-06	8	0.24	0.25	4.0	1.0	46	—	203	Y
25	什邡市师古镇思源村	DY-11	8	0.41	0.35	3.0	1.5	42	—	166	Y
26	江油市火车站候车室外	MY-13	8	0.49	0.41	4.7	2.4	66	—	215	Y
27	都江堰幸福镇永寿村	CD-17	8	0.25	0.19	2.9	2.1	47	15.0	250	Y
28	成都市唐昌镇金星村	CD-01	7	0.21	0.22	3.5	0.9	41	9.9	180	Y
29	都江堰聚源镇泉水村	CD-03	8	0.24	0.20	1.7	0.9	24	3.3	220	Y
30	都江堰桂花镇丰乐村	CD-04	8	0.25	0.20	2.1	1.4	33	6.3	205	Y

续表

序号	地理位置	场地编号	烈度	PGA /g	CSR	d_s /m	d_w /m	σ_v'/kPa	N_{120} /(击/30cm)	V_s /(m/s)	是否液化
31	绵竹市兴隆镇安仁村	DY-02	9	0.44	0.31	5.0	4.0	85	—	267	Y
32	绵竹市拱星镇祥柳村	DY-03	9	0.41	0.31	4.8	3.4	77	17.4	233	Y
33	绵竹市汉旺镇武都村	DY-31	9	0.48	0.49	6.3	1.6	73	—	150	Y
34	绵竹市遵道镇双泉村	DY-30	9	0.49	0.36	3.3	2.5	55	—	200	Y
35	德阳市德新镇五郎村	—	7	0.20	0.16	9.0	5.0	131	13.8	269	N
36	什邡市回澜镇雀柱村	—	7	0.26	0.20	10.5	6.0	155	24.6	287	N
37	德阳市黄许镇胜华村	—	7	0.18	0.16	5.0	2.0	65	—	208	N
38	德阳市扬嘉镇火车站	—	7	0.20	0.13	7.4	6.1	128	22.5	218	N
39	彭州市馨艺幼儿园	—	7	0.26	0.20	2.1	1.4	33	21.9	—	N
40	绵阳市凌峰机械公司	—	7	0.20	0.15	6.1	4.1	96	6.3	—	N
41	郫县三道堰镇秦家庙	—	7	0.18	0.15	4.2	2.1	59	21.6	171	N
42	郫县古城镇马家庙村	—	7	0.20	0.15	3.2	2.4	53	21.3	243	N
43	郫县团结镇石堤庙村	—	7	0.18	0.14	7.0	4.0	103	30.9	324	N
44	郫县新民镇永胜村	—	7	0.17	0.15	7.1	3.4	98	19.5	380	N
45	青白江大桥旁	—	7	0.21	0.15	3.7	3.0	63	28.2	230	N
46	德阳市柏隆镇南桂村	—	8	0.24	0.21	11.9	4.7	154	14.1	304	N
47	绵竹市区某制药厂	—	8	0.37	0.29	5.4	3.4	83	14.1	282	N
48	德阳市孝感镇和平村	—	8	0.18	0.16	10.8	3.7	134	27.0	305	N
49	绵竹市板桥镇八一村	—	8	0.43	0.27	6.7	6.2	122	15.9	248	N
50	绵竹市玉泉镇永宁村	—	8	0.41	0.45	10.2	1.4	106	37.5	337	N
51	绵竹市孝德镇大乘村	—	8	0.32	0.24	6.8	4.5	106	23.1	257	N
52	德阳市孝泉镇民安村	—	8	0.25	0.21	8.2	3.7	111	17.7	259	N
53	绵竹市什地镇五方村	—	8	0.27	0.24	4.6	2.0	61	18.3	187	N
54	江油市火车站铁路线	—	8	0.49	0.42	6.5	3.0	89	—	233	N
55	都江堰天马镇金玉村	—	8	0.20	0.16	2.6	1.5	38	9.0	180	N
56	绵竹市兴隆镇川木村	—	9	0.41	0.27	9.2	8.0	163	22.8	272	N
57	绵竹市九龙镇同林村	—	9	0.48	0.50	10.2	2.0	112	22.5	234	N
58	绵竹市东北镇天齐村	—	9	0.43	0.30	5.0	4.0	85	—	323	N
59	绵竹市汉旺镇林法村	—	9	0.47	0.35	6.3	4.3	100	19.5	365	N
60	都江堰工商职业学院	—	9	0.27	0.21	3.5	2.3	55	18.0	—	N
61	灌口镇财政金融大厦	—	9	0.31	0.23	3.8	2.7	61	23.7	—	N
62	绵阳市睢水镇凯江桥	—	9	0.44	0.48	4.1	0.8	45	41.4	—	N
63	都江堰市瑞康花园	—	9	0.31	0.22	6.9	5.4	116	48.0	—	N
64	都江堰紫坪铺镇紫坪村	—	9	0.37	0.28	4.2	3.0	68	23.4	—	N
65	玉堂镇海关招待所	—	9	0.32	0.24	2.0	1.5	33	22.5	—	N

注：d_s 为液化砾性土测试深度，d_w 为地下水位深度。Y 表示液化；N 表示非液化。

附录 A-2　钻孔及原始测试数据

1. 广汉市南丰镇昆庐小学(7度;埋深2.3～8.0m;水位1.4m;液化点)

深度/m	土性特征
1.5	素填土:灰色至褐灰色,松散,稍湿,较均匀,含少量碎石
2.3	黏土:褐黄色,均匀,可塑
7.3	砾石:褐黄色,级配良好,颗粒以砂土为主,卵石含量占15%左右,小于0.074mm的颗粒含量小于10%,呈松散稍密状态6.0~6.4m的黑色淤泥,软塑,均质有轻微臭味
8.5	砾石:褐黄色,颗粒抗风化能力强,次圆,7.3~8.2m为稍密至中密状态,8.2~8.5m为密实状态,本层未揭穿

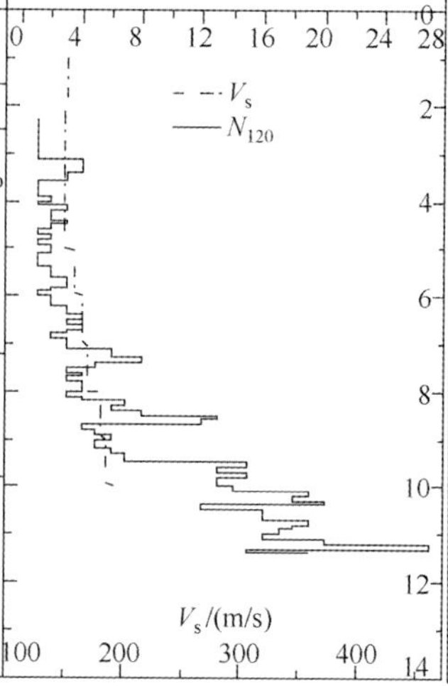

N_{120}/(击/10cm)：0　4　8　12　16　20　24　28
- - V_s　—— N_{120}
V_s/(m/s)：100　200　300　400
0　2　4　6　8　10　12　14

深度/m	V_s/(m/s)	深度/m	N_{120}/(击/10cm)	续左 深度/m	续左 N_{120}
1	152	2.3	1	8.1	4
2	151	2.5	1	8.3	6
3	149	2.7	1	8.5	13
4	151	2.9	1	8.7	4
5	158	3.1	4	8.9	6
6	166	3.3	4	9.1	5
7	170	3.5	3	9.3	7
8	181	3.7	1	9.5	15
9	187	3.9	2	9.7	15
10	205	4.1	3	9.9	13
		4.3	2	10.1	19
		4.5	2	10.3	20
		4.7	2	10.5	16
		4.9	2	10.7	19
		5.1	1	10.9	17
		5.3	1	11.1	20
		5.5	2	11.3	15
		5.7	3		
		5.9	1		
		6.1	2		
		6.3	3		
		6.5	3		
		6.7	3		
		6.9	3		
		7.1	6		
		7.3	8		
		7.5	3		
		7.7	3		
		7.9	4		
		续右			

2. 德阳市柏隆镇果园村(7度;埋深1.5～2.2m;水位1.5;液化点)

深度/m	土性特征
1.5	粉质黏土:灰褐色,稍密至中密,稍湿,含少量砾石
1.9	粗砂:灰褐色,稍密,稍湿,含砾石
5.5	卵石:抗风化能力强,次圆,稍密,湿,最大粒径达120mm,多数50~100mm
5.9	细砂:褐色至褐黄色,稍密至中密饱和夹少量细砾
7.0	卵石:褐黄色,稍密至中密,最大粒径40mm,多数10~30mm
12.0	7.0~20m为黏土:黄色,均匀中密,湿,可塑至硬塑,光泽,干强度和韧性高,手不易捏变形;20~20.5m为粉砂:褐黄色至黄色,均匀,稍密至中密,饱和;20.5~21.5m为中风化粉砂岩,紫红,RQD=80%

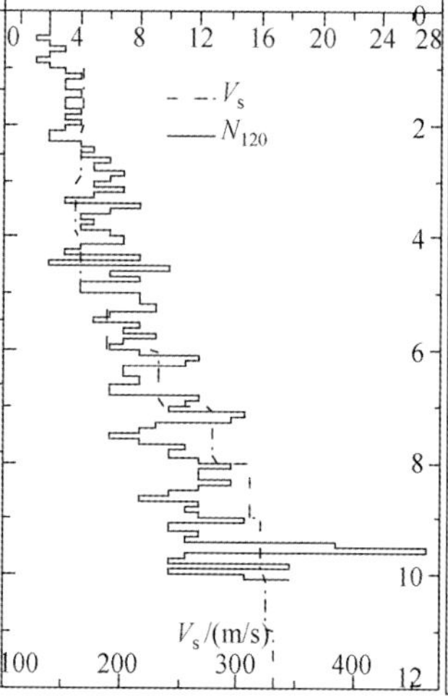

N_{120}/(击/10cm)：0　4　8　12　16　20　24　28
- - V_s　—— N_{120}
V_s/(m/s)：100　200　300　400
0　2　4　6　8　10　12

深度/m	V_s/(m/s)	深度/m	N_{120}/(击/10cm)	续左 深度/m	续左 N_{120}
1	168	0.1	2	5.5	8
2	165	0.3	2	5.7	9
3	161	0.5	2	5.9	6
4	165	0.7	2	6.1	12
5	189	0.9	2	6.3	7
6	233	1.1	4	6.5	8
7	279	1.3	3	6.7	6
8	310	1.5	3	6.9	11
9	321	1.7	4	7.1	15
10	325	1.9	4	7.3	9
11	331	2.1	2	7.5	6
12	334	2.1	4	7.7	11
13	332	2.5	4	7.9	12
14	339	2.7	5	8.1	12
15	353	2.9	6	8.3	14
16	357	3.1	7	8.5	10
17	343	3.3	3	8.7	12
18	330	3.5	6	8.9	12
19	342	3.7	5	9.1	10
20	362	3.9	6	9.3	11
		4.1	4	9.5	27
		4.3	8	9.7	10
		4.5	10	9.9	10
		4.7	8		
		4.9	4		
		5.1	8		
		5.3	6		
		续右			

3. 德阳市黄许镇金桥村(7度;埋深4.0～6.1m;水位2.2m;液化点)

深度/m	土性特征
2.4	粉质黏土: 灰褐色, 较均匀可塑, 稍湿, 韧性中等
4.0	卵石: 褐黄色, 级配良好, 最大粒径12cm, 次圆, 抗风化能力差, 局部粗砂较多
6.1	细砂: 褐黄色, 稍密至中密, 含卵石
11.5	卵石: 褐黄, 中密, 湿, 级配良好, 次圆, 最大粒径80mm
12.5	卵石: 夹有杂色, 次圆, 粒径多为10~40cm, 粗粒以粒间接触为主, 有细砾充填
16.4	粗砂: 褐黄色, 中密, 含砾石, 约占10%, 最大粒径50mm

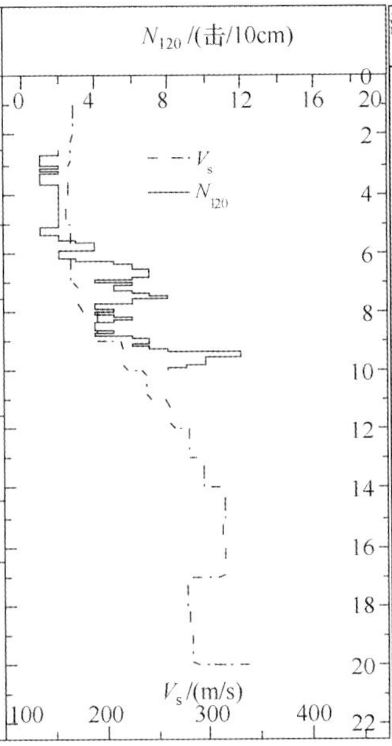

N_{120}/(击/10cm)　　V_s/(m/s)

深度/m	V_s/(m/s)
1	168
2	167
3	163
4	161
5	165
6	165
7	174
8	190
9	217
10	240
11	262
12	280
13	296
14	316
15	314
16	316
17	278
18	280
19	284
20	347

深度/m	N_{120}/(击/10cm)
2.5	2
2.6	2
2.7	2
2.8	1
2.9	1
3	1
3.1	2
3.2	1
3.3	2
3.4	1
3.5	1
3.6	1
3.7	1
3.8	2
3.9	2
4	2
4.1	2
4.2	2
4.3	2
4.4	2
4.5	2
4.6	2
4.7	2
4.8	2
4.9	2
5	2
5.1	2
5.2	1

续右

续左

深度/m	N_{120}/(击/10cm)
5.3	1
5.4	1
5.5	2
5.6	2
5.7	3
5.8	4
5.9	4
6	2
6.1	2
6.2	2
6.3	3
6.4	5
6.5	6
6.6	6
6.7	7
6.8	7
6.9	6
7	4
7.1	6
7.2	5
7.3	5
7.4	6
7.5	7
7.6	8
7.7	6
8.7	5
9.7	10
10	8

4. 德阳市天元镇白江村(7度;埋深2.2～6.0m;水位2.2m;液化点)

深度/m	土性特征
1.5	粉质黏土: 褐灰色, 稍密可塑, 韧性干强度中等
3.0	粗砂: 黄色, 松散至稍密饱和, 不含砾石和卵石
8.6	卵石: 褐黄色, 稍密饱和, 最大粒径100mm, 多数小于50mm大于20mm, 占60%, 粗颗粒次棱角至次圆状, 少见强风化
9.5	粗砂: 褐黄色, 稍密饱和含10%~20%的砾石和卵石最大颗粒粒径为30mm, 次圆
22.6	卵石: 色杂, 以黄色至褐黄色为主, 稍密至中密, 砾石和卵石间夹杂局部灰白色细砂, 卵石次圆, 抗风化能力强, 最大粒径为100mm, 大于20mm颗粒占60%, 其中16.5~17.0m含砂粒较多, 为黄色粗砂

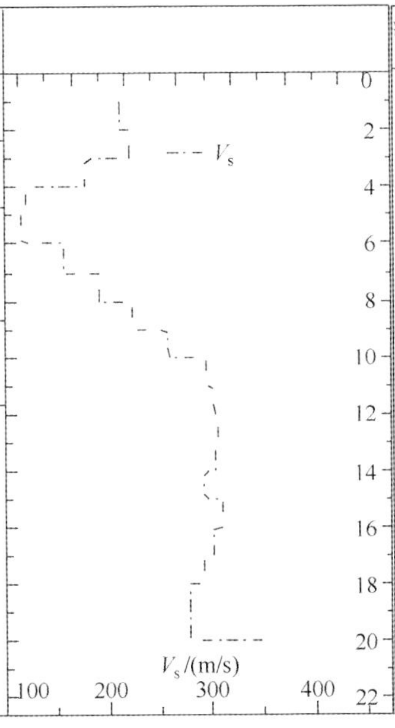

V_s/(m/s)

深度/m	V_s/(m/s)
1	212
2	221
3	178
4	120
5	115
6	156
7	191
8	224
9	258
10	295
11	302
12	306
13	303
14	293
15	310
16	301
17	291
18	280
19	279
20	306

5. 德阳市略坪镇安平村(8度;埋深2.8～3.8m;水位1.8m;液化点)

深度/m	土性特征
2.8	粉质黏土: 灰黑, 均匀, 稍密稍湿, 可塑, 稍有光泽, 干强度和韧性中等
3.0	粉砂: 灰黑色, 均匀,稍密
5.8	卵石: 灰色, 饱和, 稍密, 级配不良, 含砂量少, 4.0m含泥较多
8.0	粉质砂岩: 紫红色, 偶夹灰白和灰绿, 强风化钙质胶结, 岩心呈短柱状, 锤击不易碎

深度/m	V_s/(m/s)
1	163
2	154
3	137
4	146
5	196
6	248
7	315
8	346
9	361
10	382
11	386
12	411
13	287
14	281
15	273
16	267
17	263
18	262
19	262
20	421

6. 德阳市德新镇胜利村(7度;埋深2.4～5.0m;水位1.9m;液化点)

深度/m	土性特征
2.4	素填土, 褐黄色至褐色, 稍湿松散,成分以黏性土为主, 含少量卵砾石
8.4	卵石, 褐黄色, 级配不良, 圆砾含量32%~42%, 卵石含量23%~34%, 其余多为粗砂和细砂; 小于0.25mm的颗粒含量很少, 颗粒形状为次圆, 稍密至中密
9.5	卵石, 褐黄色, 卵砾石呈次圆至次棱状, 颗粒1~22cm, 多为2~5cm, 卵砾石间填充物为黄色细砂和中粗砂, 局部有20~30cm夹层。本层风化极其剧烈
	黏土, 褐黄至棕黄色, 均质致密, 硬塑, 含铁锰结核, 韧性强, 干强度高
17.5	粉质黏土, 褐黄色, 均质致密, 可塑, 黏性较强, 用手易捏变形。
19.8	细砂, 褐黄色至黄色,松散饱和, 级配不良,细砂粒含量62.55%, 其余中砂粉粒
20.4	

深度/m	V_s/(m/s)
1	198
2	194
3	186
4	184
5	193
6	209
7	240
8	258
9	284
10	288
11	352
12	310
13	353
14	360
15	359
16	359
17	305
18	328
19	335
20	367

7. 德阳市德新镇长征村(7度;埋深1.0～3.0m;水位1.0m;液化点)

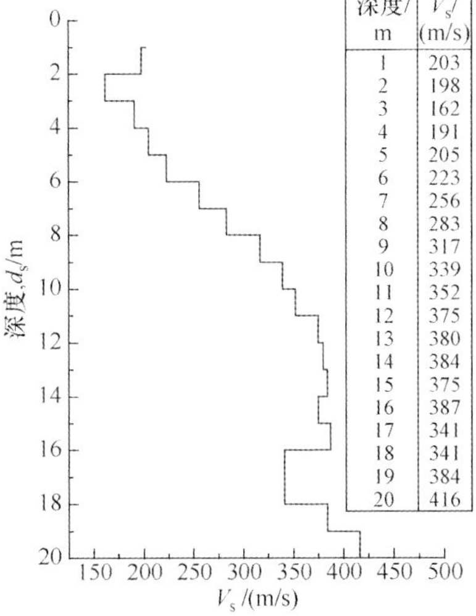

深度/m	V_s/(m/s)
1	203
2	198
3	162
4	191
5	205
6	223
7	256
8	283
9	317
10	339
11	352
12	375
13	380
14	384
15	375
16	387
17	341
18	341
19	384
20	416

8. 绵阳市游仙区涌泉村(7度;埋深2.0～6.0m;水位1.3m;液化点)

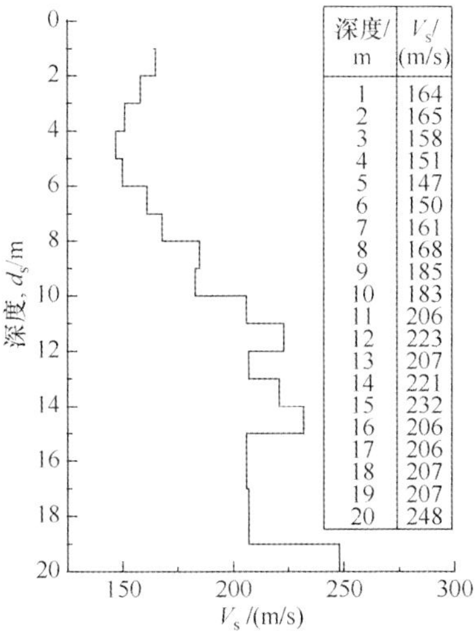

深度/m	V_s/(m/s)
1	164
2	165
3	158
4	151
5	147
6	150
7	161
8	168
9	185
10	183
11	206
12	223
13	207
14	221
15	232
16	206
17	206
18	207
19	207
20	248

9. 成都市龙桥镇肖家村(7度;埋深1.4～2.2m;水位:1.4m;液化点)

深度/m	土性特征
1 2.2	粉质黏土:灰色,均质,可塑,稍湿,韧性和黏性一般,下部含卵石和砾石颗粒
4.3	粗砂:灰色,均质,松散至稍密。0.5~2.0mm的颗粒占85.2%,大于2.0mm的颗粒很少
7.6	砾石:灰色,稍密,分选性较差。卵石和砾石颗粒以石英质为主,坚硬,抗风化能力强,次圆状,其中粒径大于60mm的颗粒约占20%,大于20mm的,占60%~70%,小于2mm的颗粒约20%,其中,灰色中粗砂主要充填在卵砾石
	粗砂:灰色,均质,松散至稍密
17.2	卵石:灰色,稍密至中密,分选性较差。卵、砾石颗粒以石英质为主,坚硬,抗风化能力强,次圆状,其中粒径大于60mm的颗粒约30%,大于20mm的颗粒约70%,小于2mm的颗粒约15%,其中,灰色中粗砂主要充填在孔隙中

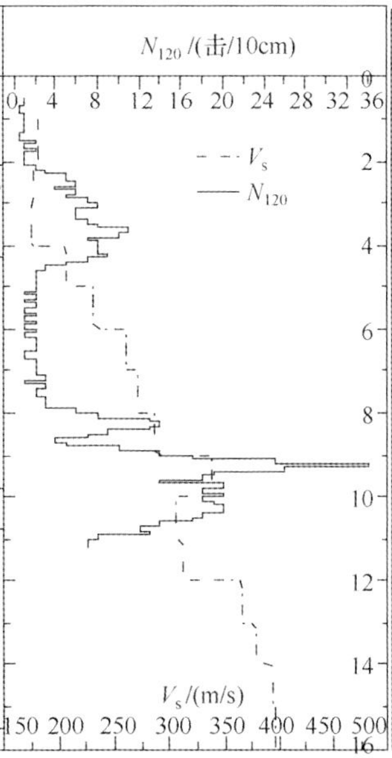

深度/m	V_s/(m/s)
1	181
2	176
3	176
4	207
5	231
6	260
7	272
8	286
9	339
10	306
11	312
12	367
13	379
14	393
15	396
16	413
17	358
18	451
19	378
20	504

深度/m	N_{120}/(击/10cm)
0.5	1
0.7	0.5
0.9	1
1.1	1
1.3	0.5
1.5	2
1.7	2
1.9	1
2.1	2
2.3	5
2.5	6
2.7	6
2.9	7
3.1	6
3.3	6
3.5	8
3.7	10
3.9	8
4.1	8
4.3	7
4.5	3
4.7	2
4.9	2
5.1	1
5.3	1
5.5	1
5.7	1
5.9	1
6.1	1
续右	

续左	
6.3	2
6.5	1
6.7	2
6.9	2
7.1	3
7.3	3
7.5	2
7.7	3
7.9	6
8.1	13
8.3	13
8.5	7
8.7	5
8.9	14
9.1	25
9.3	26
9.5	18
9.7	20
9.9	20
10.1	19
10.3	20
10.5	17
10.7	12
10.9	8
11.1	7

10. 彭州市丽春镇天鹅村(7度;埋深3.1～5.1m;水位:2.4m;液化点)

深度/m	土性特征
3.1	粉质黏土:褐黄色, 均质, 可塑, 稍湿, 韧性和黏性一般
8.0	砾石:灰色, 稍密, 分选性较差。卵、砾石颗粒以石英质为主, 坚硬, 抗风化能力强, 次圆状, 无大于60mm的颗粒, 大于20mm的占20%~45%, 大于2mm的颗粒55%~67%, 小于2mm的颗粒主要为灰色中粗砂
16	卵石:灰色, 中密, 分选性较差。卵、砾石颗粒以石英质为主, 坚硬, 抗风化能力强, 次圆状, 其中粒径大于60mm的颗粒约5%, 大于20mm的颗粒约74%, 小于2mm的颗粒12%~22%,其中, 灰色中粗砂主要充填在孔隙中

深度/m	V_s/(m/s)
1	168
2	168
3	149
4	138
5	134
6	159
7	181
8	204
9	221
10	239
11	257
12	265
13	301
14	319
15	331
16	376
17	398
18	399
19	438
20	500

深度/m	N_{120}/(击/10cm)	深度/m	N_{120}/(击/10cm)
1.3	1	7.1	7
1.5	1	7.3	10
1.7	2	7.5	8
1.9	1	7.7	7
2.1	1	7.9	9
2.3	1	8.1	8
2.5	1	8.3	11
2.7	1	8.5	10
2.9	2	8.7	9
3.1	3	8.9	9
3.3	3	9.1	11
3.5	3	9.3	11
3.7	4	9.5	11
3.9	5	9.7	12
4.1	4	9.9	13
4.3	3	10.1	13
4.5	1	10.3	14
4.7	2	10.5	9
4.9	2	10.7	18
5.1	4	10.9	14
5.3	10	11.1	13
5.5	9		
5.7	9		
5.9	9		
6.1	10		
6.3	11		
6.5	8		
6.7	8		
6.9	9		
续右		续左	

11. 绵竹市富新镇永丰村(8度;埋深4.0～8.0m;水位2.8m;液化点)

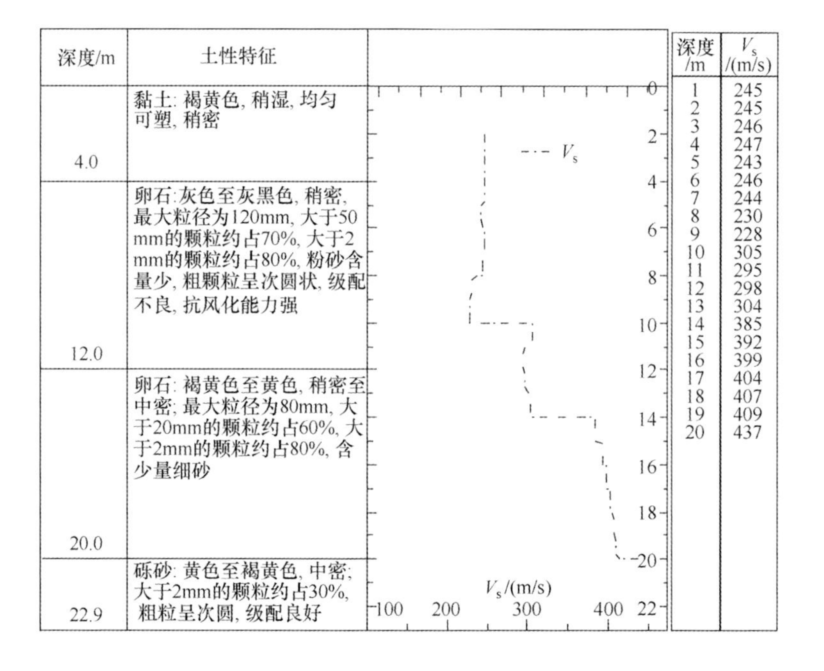

深度/m	土性特征
4.0	黏土: 褐黄色, 稍湿, 均匀可塑, 稍密
12.0	卵石:灰色至灰黑色, 稍密, 最大粒径为120mm, 大于50mm的颗粒约占70%, 大于2mm的颗粒约占80%, 粉砂含量少, 粗颗粒呈次圆状, 级配不良, 抗风化能力强
20.0	卵石: 褐黄色至黄色, 稍密至中密; 最大粒径为80mm, 大于20mm的颗粒约占60%, 大于2mm的颗粒约占80%, 含少量细砂
22.9	砾砂: 黄色至褐黄色, 中密; 大于2mm的颗粒约占30%, 粗粒呈次圆, 级配良好

深度/m	V_s/(m/s)
1	245
2	245
3	246
4	247
5	243
6	246
7	244
8	230
9	228
10	305
11	295
12	298
13	304
14	385
15	392
16	399
17	404
18	407
19	409
20	437

12. 绵竹市新市镇新市学校(8 度;埋深 2.6~3.5m;水位 1.0m;液化点)

深度/m	土性特征
1.8	杂填土:灰至灰黑色, 稍湿至饱和, 松散
2.6	含砂粉质黏土: 灰黑、灰黄色,可塑, 饱和, 可塑-软塑主要由粉质粘土, 细砂组成, 砂粒含量10%~30%
	稍密卵石: 灰, 灰黄色, 饱和卵石含量50%~60%, 卵石间以中、粗砂充填
7.8	中密卵石: 浅灰黄色, 饱和, 卵石含量60%~70%, 卵石间以砾石、中粗砂充填
9.1	

深度/m	V_s/(m/s)
1	134
2	130
3	126
4	144
5	196
6	271
7	260
8	271
9	280
10	332
11	326
12	367
13	402
14	385
15	411
16	416
17	421
18	427
19	435
20	443

深度/m	N_{120}/(击/10cm)	深度/m	N_{120}/(击/10cm)
2.3	4	5.1	7
2.4	6	5.2	5
2.5	3	5.3	8
2.6	2	5.4	11
2.7	2	5.5	11
2.8	1	5.6	7
2.9	1	5.7	6
3.0	4	5.8	4
3.1	2	5.9	2
3.2	1	6.0	3
3.3	2	6.1	5
3.4	1	6.2	5
3.5	4	6.3	6
3.6	5	6.4	7
3.7	7	6.5	10
3.8	12	6.6	15
3.9	9	6.7	14
4.0	6	6.8	14
4.1	8	6.9	8
4.2	7	7.0	11
4.3	6	7.1	9
4.4	7	7.2	8
4.5	8	7.3	14
4.6	9	7.4	10
4.7	9	7.5	8
4.8	16	7.6	6
4.9	15	7.7	6
5.0	10		

13. 绵竹市板桥镇板桥学校(8 度;埋深 3.0~6.1m;水位 3.0m;液化点)

深度/m	土性特征
1.5	粉质黏土: 褐色至褐黄色,均质、可塑,稍湿,韧性较低,干强度低
6.5	卵石: 褐色至褐黄色,级配不良, 以卵石圆砾为主,并见漂石 (最大粒径25cm) 细粒含量少, 次圆,抗风化能力强,稍密至中密状态
22.5	卵石:为剧烈风化的冰碛-冰水堆积物, 色杂总体呈褐黄色,含灰白棕色黑色等明显单粒结构,次圆至次棱,主要为石英岩,花岗岩,安山山岩,砂岩燧岩等,填充物为褐黄色至黄色中粗细砂,在12.2m和4.2m处含20~40cm厚砂夹层,稍密至中密.卵石中密至密实,本层最大特点是风化极剧烈,大多数呈剧烈风化, 颗粒周界清晰, 用手易捏成粉末,本层未揭穿

深度/m	V_s/(m/s)
1	136
2	133
3	128
4	140
5	165
6	204
7	234
8	253
9	267
10	269
11	304
12	265
13	322
14	358
15	339
16	355
17	380
18	317
19	381
20	421

深度/m	N_{120}/(击/10cm)	深度/m	N_{120}/(击/10cm)
0.8	1	6.2	8
1	1	6.4	13
1.2	1	6.6	8
1.4	2	6.8	7
1.6	4	7	6
1.8	2	7.2	4
2	5	7.4	4
2.2	5	7.6	6
2.4	4	7.8	4
2.6	3	8	7
2.8	3	8.2	16
3	2	8.4	17
3.2	3	8.6	11
3.4	3	8.8	13
3.6	2	9	8
3.8	1	9.2	7
4	3	9.4	7
4.2	4	9.6	15
4.4	3	9.8	7
4.6	3		
4.8	4		
5	3		
5.2	3		
5.4	4		
5.6	4		
5.8	4		
6	4		

14. 德阳市柏隆镇松柏村(8 度;埋深 0.8~8.3m;水位 0.8m;液化点)

深度/m	土性特征
0.8	素填土:灰色,稍湿,松散,较均匀,以黏性土为主,偶含卵石
11.0	卵石:灰色至褐黄色,单粒结构,级配不良,粗砂,圆砾,卵石共占85%左右,细颗粒含量少,次圆,抗风化能力强,在5.3m处见约10cm的黄色细砂夹层
15.4	卵石:为剧烈风化的冰碛-冰水堆积物,色杂总体呈褐黄色,含棕色黑色等,级配不良,以卵砾石为主,颗粒最大15cm,多为2~5cm,充填物以黄色细砂为主,不含泥质,砾石主要为石英岩花岗岩,安山岩等,呈次圆至次棱状,可见颗粒大多数呈剧烈风化,外形清晰,用手易捏成粉末
18.0	黏土:褐黄色,均质致密硬塑,含铁锰结核,韧性强硬塑,含铁锰结核,韧性强
20.3	粉砂岩:暗红至紫红色,钙质胶结,中等风化,岩芯长度达1.5m,较完整,锤击不易碎

N_{120}/(击/10cm)
- - · V_s
—— N_{120}
V_s/(m/s)

深度/m	V_s (m/s)	深度/m	N_{120}/(击/10cm)	续左 深度/m	续左 N_{120}
1	164	0.5	1	6.1	2
2	162	0.7	1	6.3	2
3	161	0.9	1	6.5	2
4	167	1.1	1	6.7	2
5	181	1.3	1	6.9	4
6	199	1.5	1	7.1	3
7	216	1.7	2	7.3	2
8	234	1.9	2	7.5	2
9	254	2.1	2	7.7	3
10	271	2.3	4	7.9	2
11	280	2.5	2	8.1	3
12	300	2.7	3	8.3	4
13	324	2.9	2	8.5	5
14	329	3.1	2	8.7	5
15	339	3.3	2	8.9	5
16	371	3.5	3	9.1	8
17	381	3.7	4	9.3	11
18	378	3.9	3	9.5	9
19	402	4.1	2	9.7	8
20	426	4.3	2	9.9	8
		4.5	3	10.1	7
		4.7	4	10.3	10
		4.9	3	10.5	6
		5.1	3	10.7	8
		5.3	3	10.9	8
		5.5	3	11.1	8
		5.7	4	12.1	8
		5.9	4	13.1	8
		续右			

15. 绵竹市板桥镇兴隆村(8 度;埋深 4.0~9.5m;水位 2.4m;液化点)

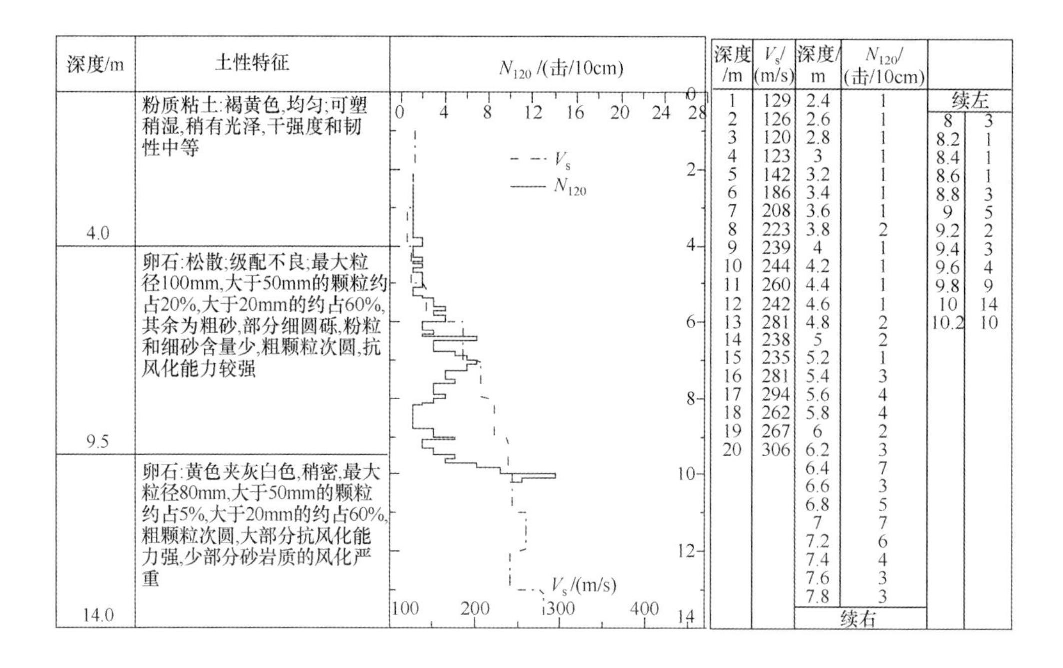

深度/m	土性特征
4.0	粉质粘土:褐黄色,均匀;可塑稍湿,稍有光泽,干强度和韧性中等
9.5	卵石:松散;级配不良;最大粒径100mm,大于50mm的颗粒约占20%,大于20mm的约占60%,其余为粗砂,部分细圆砾,粉粒和细砂含量少,粗颗粒次圆,抗风化能力较强
14.0	卵石:黄色夹灰白色,稍密,最大粒径80mm,大于50mm的颗粒约占5%,大于20mm的约占60%,粗颗粒次圆,大部分抗风化能力强,少部分砂岩质的风化严重

深度/m	V_s/(m/s)	深度/m	N_{120}/(击/10cm)	续左 深度/m	续左 N_{120}
1	129	2.4	1	8	3
2	126	2.6	1	8.2	1
3	120	2.8	1	8.4	1
4	123	3	1	8.6	1
5	142	3.2	1	8.8	3
6	186	3.4	1	9	5
7	208	3.6	1	9.2	2
8	223	3.8	2	9.4	3
9	239	4	1	9.6	4
10	244	4.2	1	9.8	9
11	260	4.4	1	10	14
12	242	4.6	1	10.2	10
13	281	4.8	2		
14	238	5	2		
15	235	5.2	1		
16	281	5.4	3		
17	294	5.6	4		
18	262	5.8	4		
19	267	6	2		
20	306	6.2	3		
		6.4	7		
		6.6	3		
		6.8	5		
		7	7		
		7.2	6		
		7.4	4		
		7.6	3		
		7.8	3		
		续右			

16. 绵竹市新市镇石虎村(8度;埋深4.0～5.8m;水位2.9m;液化点)

深度/m	土性特征
4.0	黏土: 褐色至黄色, 稍密, 湿, 可塑, 有光泽, 干强度和韧性中等
4.8	粗砂: 灰黑, 均匀, 松散, 级配不良, 含卵砾等粗粒
10.5	卵石: 黄色至褐黄色;松散至稍密;最大粒径120mm, 大于20mm的占60%~70%粒间以砂粒为主, 其含量小于20%, 颗粒呈次圆状
14.8	粗砂: 黄色至褐黄色, 稍密, 含少量卵砾石, 次圆, 分散于砂粒中最大粒径50mm;少量灰白卵石风化成白砂, 大部分抗风化能力强, 大于2mm的颗粒约占20%
22.0	卵石: 黄夹灰白色, 稍密, 最大粒径55mm,部分风化成砂, 大分未见风化,呈次圆,大于20mm的颗粒约占55%, 大于2mm颗粒约占70%

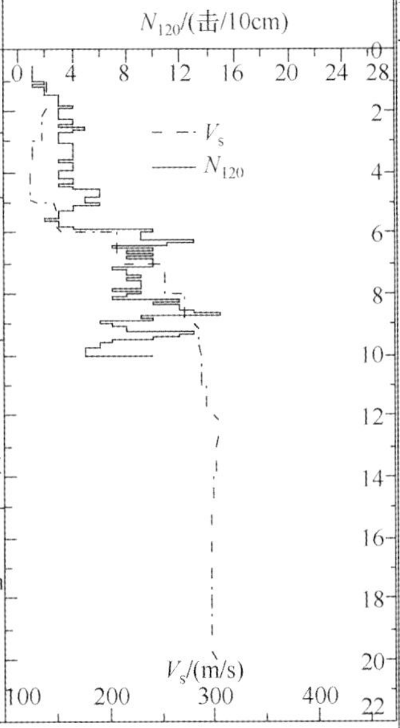

深度/m	V_s/(m/s)	深度/m	N_{120}/(击/10cm)	深度/m(续左)	N_{120}/(击/10cm)(续左)
1	141	0.5	1	5.9	10
2	137	0.7	1	6.1	9
3	126	0.9	1	6.3	11
4	124	1.1	1	6.5	10
5	149	1.3	2	6.7	10
6	208	1.5	3	6.9	10
7	254	1.7	3	7.1	7
8	273	1.9	3	7.3	8
9	286	2.1	3	7.5	8
10	287	2.3	4	7.7	9
11	292	2.5	5	7.9	9
12	304	2.7	3	8.1	7
13	301	2.9	3	8.3	10
14	299	3.1	4	8.5	13
15	298	3.3	4	8.7	9
16	297	3.5	4	8.9	6
17	297	3.7	4	9.1	8
18	297	3.9	3	9.3	12
19	298	4.1	3	9.5	7
20	305	4.3	4	9.7	6
		4.5	4	9.9	5
		4.7	6		
		4.9	5		
		5.1	4		
		5.3	3		
		5.5	2		
		5.7	3		
		续右			

17. 绵竹市孝德镇齐福小学(8度;埋深3.5～7.0m;水位3.5m;液化点)

深度/m	土性特征
2.8	粉质黏土: 褐黄色;均质;可塑稍有光泽,干强度和韧性中等
5.2	卵石: 灰色至灰黑色;松散;粒径最大为150mm,大于50mm的约占70%其余为粗砂粒, 颗粒次圆, 抗风化能力强
10.0	砾石: 褐灰夹黄色;松散至稍密最大粒径为40mm;大于2mm的颗粒约占70%
18.4	卵石: 黄色, 稍密至中密, 最大粒径80mm, 大于20mm的约占50%, 其余多为粗砂, 除部分灰白色砂岩和棕色砂岩风化外, 其余抗风能力强

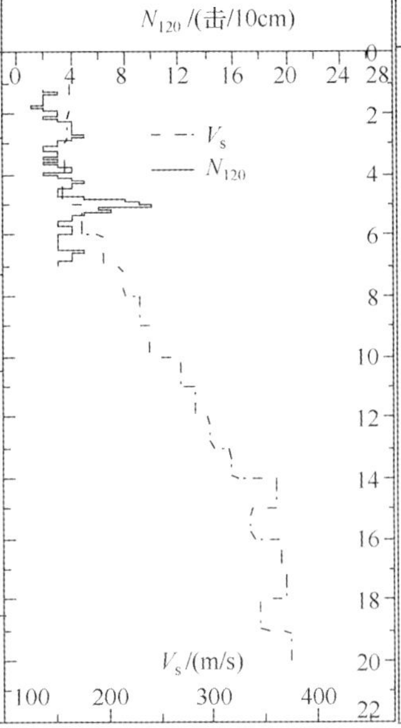

深度/m	V_s/(m/s)	深度/m	N_{120}/(击/10cm)	深度/m(续左)	N_{120}/(击/10cm)(续左)
1	164	1.2	2	3.9	2
2	162	1.3	3	4	3
3	158	1.4	2	4.1	4
4	157	1.5	2	4.2	5
5	175	1.6	2	4.3	4
6	196	1.7	1	4.4	4
7	214	1.8	2	4.5	3
8	231	1.9	3	4.6	3
9	240	2	3	4.7	5
10	269	2.1	2	4.8	8
11	283	2.2	3	4.9	9
12	297	2.3	4	5	10
13	317	2.4	4	5.1	6
14	361	2.5	4	5.2	7
15	335	2.6	4	5.3	5
16	367	2.7	5	5.4	4
17	370	2.8	4	5.5	3
18	345	2.9	3	5.6	3
19	376	3	3	5.7	4
20	377	3.1	2	5.8	4
		3.2	3	5.9	4
		3.3	3	6	3
		3.4	2	6.1	3
		3.5	3	6.2	3
		3.6	2	6.3	3
		3.7	3	6.4	3
		3.8	4	6.5	5
		续右		6.6	4

18. 绵竹市玉泉镇桂花村(8 度;埋深 2.8～3.7m;水位 0.6m;液化点)

深度/m	土性特征
2.8	粉质黏土：褐黄色;均质;可塑稍有光泽,干强度和韧性中等
10.0	卵石：灰褐色;松散;最大粒径为120mm,大于20mm的约占70%,细颗粒为粉细砂,中粗砂含量少,级配不良
18.4	卵石：灰色至灰黑色,松散,粒径大于100mm的约占60%,大于20mm的约占85%,多数颗粒50～150mm,粗颗粒夹少量粉细砂,级配不良,颗粒抗风化能力强

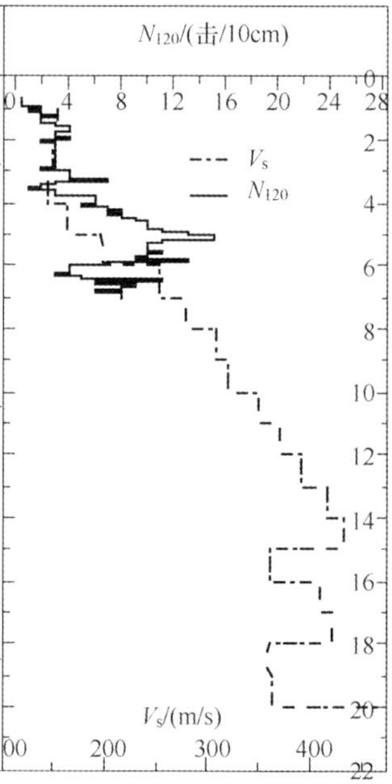

N_{120}/(击/10cm)

V_s

N_{120}

V_s/(m/s)

深度/m	V_s/(m/s)	深度/m	N_{120}/(击/10cm)	续左	
1	155	0.7	0.5		
2	150	0.8	0.5	3.5	1
3	144	0.9	2	3.6	3
4	164	1	1	3.7	3
5	197	1.1	2	3.8	6
6	254	1.2	3	3.9	6
7	278	1.3	2	4	5
8	309	1.4	2	4.1	7
9	320	1.5	3	4.2	8
10	349	1.6	4	4.3	7
11	371	1.7	3	4.4	8
12	392	1.8	3	4.5	9
13	417	1.9	4	4.6	10
14	432	2	2	4.7	10
15	361	2.1	3	4.8	11
16	409	2.2	3	4.9	13
17	422	2.3	3	5	15
18	358	2.4	3	5.1	15
19	363	2.5	3	5.2	11
20	467	2.6	3	5.3	10
		2.7	3	5.4	10
		2.8	3	5.5	11
		2.9	2	5.6	10
		3	4	5.7	9
		3.1	4	5.8	13
		3.2	7	5.9	7
		3.3	3	6	4
				6.1	4
		续右		6.2	3

19. 什邡市禾丰镇镇江村(8 度;埋深 1.8～2.9m;水位 0.9m;液化点)

深度/m	土性特征
0.7	粉质黏土：褐黄色;均质;可塑,稍有光泽,干强度和韧性中等
7.0	卵石：褐灰至褐黄色;松散,粒径最大为150mm,大于20mm的约占70%,其余细颗粒为砂粒,粗颗粒多数抗风化能力较强,少部分砂岩质的卵石风化较强
18.4	卵石：黄褐至黄色;稍密;最大粒径为50mm；大于20mm的约占55%；小于2mm的约占30%

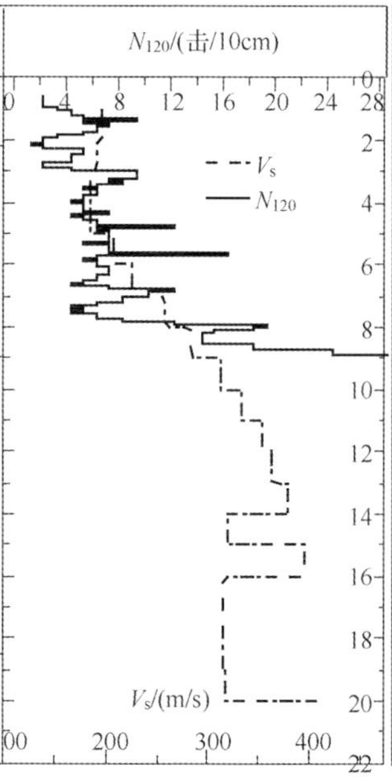

N_{120}/(击/10cm)

V_s

N_{120}

V_s/(m/s)

深度/m	V_s/(m/s)	深度/m	N_{120}/(击/10cm)	续左	
1	195	0.6	2		
2	190	0.8	2	6	6
3	184	1	4	6.2	7
4	184	1.2	5	6.4	6
5	207	1.4	5	6.6	4
6	226	1.6	6	6.8	12
7	259	1.8	3	7	8
8	284	2	2	7.2	6
9	313	2.2	2	7.4	5
10	333	2.4	4	7.6	6
11	355	2.6	4	7.8	12
12	364	2.8	2	8	18
13	380	3	9	8.2	14
14	319	3.2	7	8.4	14
15	396	3.4	6	8.6	18
16	316	3.6	6	8.8	24
17	315	3.8	5		
18	316	4	5		
19	318	4.2	5		
20	411	4.4	4		
		4.6	6		
		4.8	6		
		5	7		
		5.2	7		
		5.4	7		
		5.6	16		
		5.8	5		
		续右			

20．绵竹市齐天镇桑园村（8 度；埋深 2.8～4.2m；水位 2.8m；液化点）

深度/m	土性特征
1.2	素填土：褐色，均匀，松散稍湿，主要成分为黏土
4.0	粗砂：黄褐色至褐色，稍密至中密，含砾石和卵石
17.3	卵石：褐黄色，中密，饱和；粗粒次圆至次棱角面状，抗风化能力强，最大粒径为150mm，大于50mm的约占50%砾粒占30%左右，缺少中间粒径，局部含砂粒较多

N_{120}/(击/10cm)　V_s/(m/s)

深度/m	V_s/(m/s)	深度/m	N_{120}/(击/10cm)	续左	
1	205	0.7	2		
2	205	0.9	2	6.1	7
3	202	1.1	2	6.3	12
4	196	1.3	2	6.5	7
5	187	1.5	4	6.7	7
6	193	1.7	10	6.9	6
7	209	1.9	8	7.1	4
8	222	2.1	4	7.3	6
9	235	2.3	3	7.5	5
10	239	2.5	3	7.7	8
11	265	2.7	3	7.9	7
12	277	2.9	3	8.1	5
13	269	3.1	6	8.3	7
14	299	3.3	5	8.5	8
15	309	3.5	5	8.7	4
16	264	3.7	4	8.9	6
17	267	3.9	4		
18	322	4.1	4		
19	281	4.3	9		
20	349	4.5	5		
		4.7	5		
		4.9	6		
		5.1	7		
		5.3	5		
		5.5	7		
		5.7	9		
		5.9	6		
		续右			

21．什邡市湔底镇白虎头村（9 度；埋深 1.2～3.2m；水位 1.2m；液化点）

22．绵竹市板桥镇白杨村（8 度；埋深 1.5～6.1m；水位 1.5m；液化点）

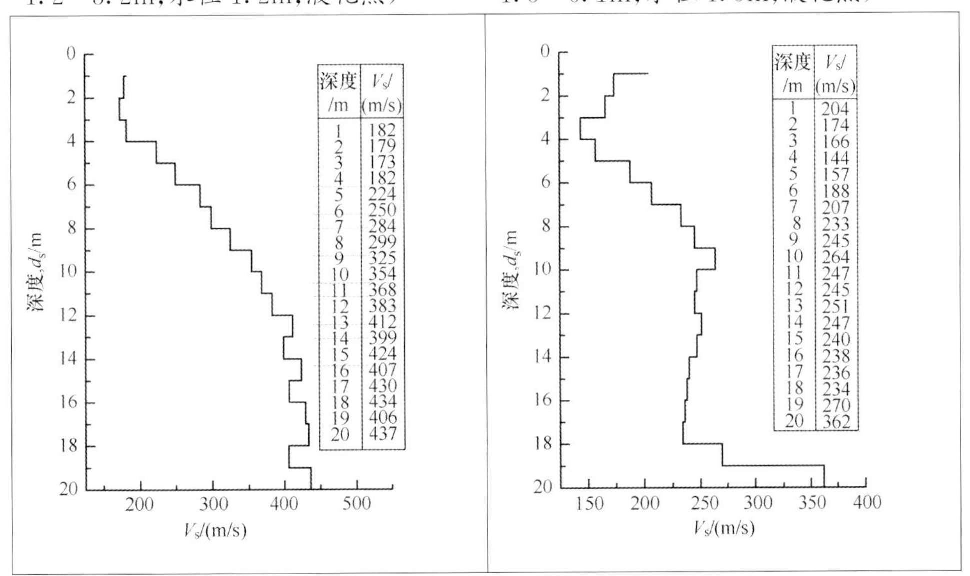

深度/m	V_s/(m/s)
1	182
2	179
3	173
4	182
5	224
6	250
7	284
8	299
9	325
10	354
11	368
12	383
13	412
14	399
15	424
16	407
17	430
18	434
19	406
20	437

深度/m	V_s/(m/s)
1	204
2	174
3	166
4	144
5	157
6	188
7	207
8	233
9	245
10	264
11	247
12	245
13	251
14	247
15	240
16	238
17	236
18	234
19	270
20	362

23. 绵竹市土门镇林堰村(8度;埋深6.0～8.0m;水位6.0m;液化点)

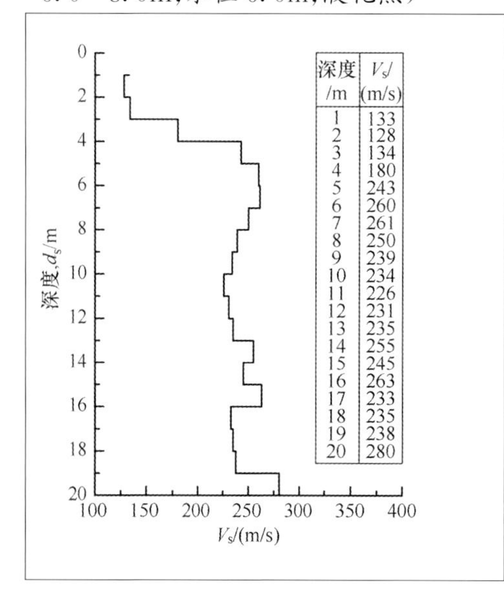

24. 德阳市柏隆镇清凉村(8度;埋深1.0～5.0m;水位1.0m;液化点)

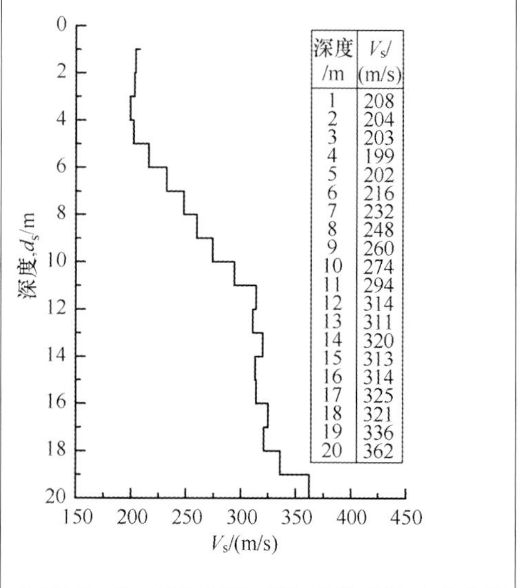

25. 什邡市师古镇思源村(8度;埋深2.0～4.0m;水位1.5m;液化点)

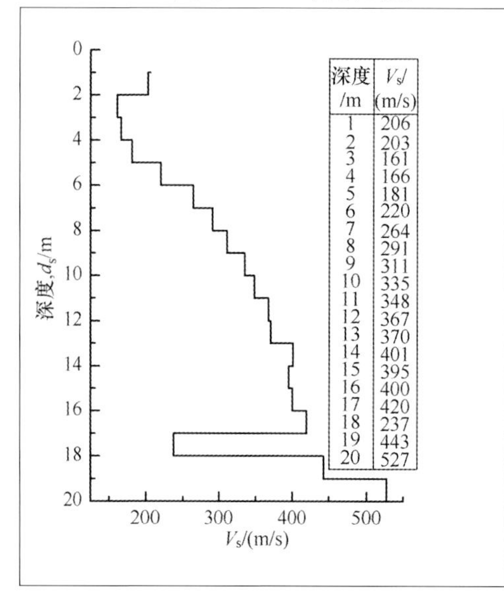

26. 江油市火车站候车室外(8度;埋深2.4～7.0m;水位2.4m;液化点)

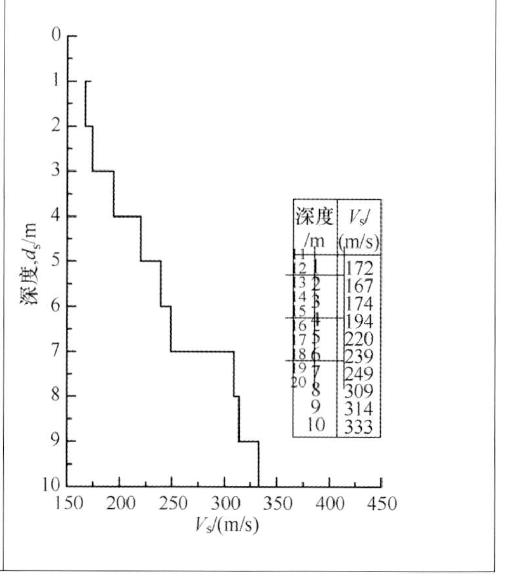

27. 都江堰幸福镇永寿村(8 度;埋深 2.1～3.7m;水位:2.1m,液化点)

深度/m	土性特征
1.0	粉质黏土:灰色,均质,可塑,稍湿
12.2	卵石:灰色,稍密至中密,分选性较差。卵、砾石颗粒以石英质为主,坚硬,抗风化能力强,次圆状,最大粒径24cm,其中大于60mm的颗粒占60%,含有大量长度大于10cm的岩芯,大于40mm的约占80%,小于2mm的颗粒约12%,2～40mm的颗粒含量少,仅占5.5%,灰色砂粒主要充填在孔隙中

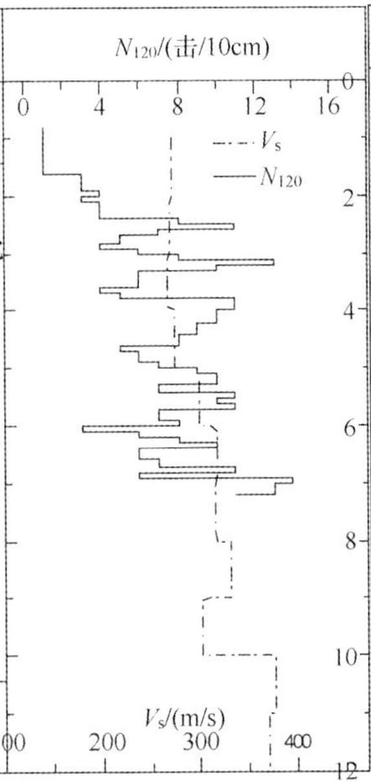

N_{120}/(击/10cm)　V_s/(m/s)

深度/m	V_s/(m/s)	深度/m	N_{120}/(击/10cm)	续左 深度/m	续左 N_{120}
1	271	0.8	1	3.9	11
2	268	0.9	1	4	10
3	267	1	1	4.1	10
4	274	1.1	1	4.2	9
5	300	1.2	1	4.3	9
6	317	1.3	1	4.4	8
7	315	1.4	1	4.5	8
8	332	1.5	1	4.6	5
9	300	1.6	3	4.7	6
10	377	1.7	3	4.8	6
11	369	1.9	4	4.9	7
12	427	2	3	5	9
13	476	2.1	4	5.1	10
14	492	2.2	4	5.2	10
15	481	2.3	4	5.3	7
16	514	2.4	8	5.4	11
17	557	2.5	11	5.5	10
18	579	2.6	7	5.6	11
19	531	2.7	5	5.7	7
20	635	2.8	4	5.8	7
		2.9	6	5.9	8
		3	8	6	3
		3.1	13	6.1	6
		3.2	10	6.2	8
		3.3	6	6.3	10
		3.4	6	6.4	6
		3.5	6	6.5	6
		3.6	4	6.6	7
		3.7	5	6.7	11
		3.8	11	6.8	6
		续右			

28. 成都市唐昌镇金星村(7 度;埋深:2.1～5.0m;水位:0.9m,液化点)

深度/m	土性特征
2.1	粉质黏土:灰色,均质,可塑,稍湿,下部含次圆状卵石颗粒
6.3	砾石:灰色,松散至稍密,分选性较差。卵、砾石颗粒以石英质为主,坚硬,抗风化能力强,次圆状,最大粒径7cm,其中大于20mm的约占30%,大于2mm的颗粒约65%,灰色中粗砂粒主要充填在孔隙中
15	卵石:灰色,稍密至中密,分选性较差。卵、砾石颗粒以石英质为主,坚硬,抗风化能力强,次圆状,最大粒径26cm,其中大于60mm的颗粒占20%～50%不等,含有大量长度大于10cm的岩芯,大于20mm的占60%～75%,小于2mm的颗粒15%～30%,灰色砂粒主要充填在孔隙中

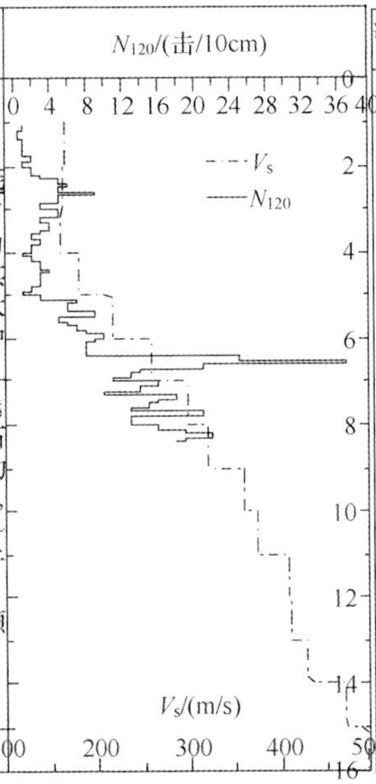

N_{120}/(击/10cm)　V_s/(m/s)

深度/m	V_s/(m/s)	深度/m	N_{120}/(击/10cm)	续左 深度/m	续左 N_{120}
1	165	1.1	1	4.1	2
2	162	1.2	0.5	4.2	3
3	160	1.3	0.5	4.3	3
4	179	1.4	1	4.4	4
5	216	1.5	1	4.5	3
6	258	1.6	1	4.6	3
7	297	1.7	1	4.7	3
8	320	1.8	2	4.8	2
9	358	1.9	1	4.9	1
10	373	2	2	5	3
11	407	2.1	2	5.1	7
12	411	2.2	3	5.2	6
13	429	2.3	5	5.3	6
14	470	2.4	6	5.4	9
15	494	2.5	5	5.5	5
16	523	2.6	9	5.6	6
17	534	2.7	5	5.7	7
18	554	2.8	5	5.8	8
19	565	2.9	3	5.9	10
20	579	3	5	6	9
		3.1	5	6.1	8
		3.2	3	6.2	8
		3.3	4	6.3	8
		3.4	4	6.4	25
		3.5	3	6.5	37
		3.6	2	6.6	21
		3.7	3	6.7	14
		3.8	2	6.8	13
		3.9	2	6.9	11
		4	1	7	16
		续右			

29. 都江堰聚源镇泉水村(8 度;埋深 1.0～2.4m;水位:0.9m,液化点)

深度/m	土性特征
1.0	粉质黏土:褐色,均质,可塑,松散
2.8	中砂:褐黄色,松散,2～10mm颗粒占21%,大于0.25mm的约占54%,0.075～0.25的颗粒41.5%
8	卵石:褐黄色,松散至稍密,分选性较差。卵、砾石颗粒以石英质为主,坚硬,抗风化能力强,次圆状,最大粒径14cm,其中大于60mm的颗粒占40%,大于20mm的约占59.3%,小于2mm的颗粒约16%,褐黄色砂粒主要充填在孔隙中

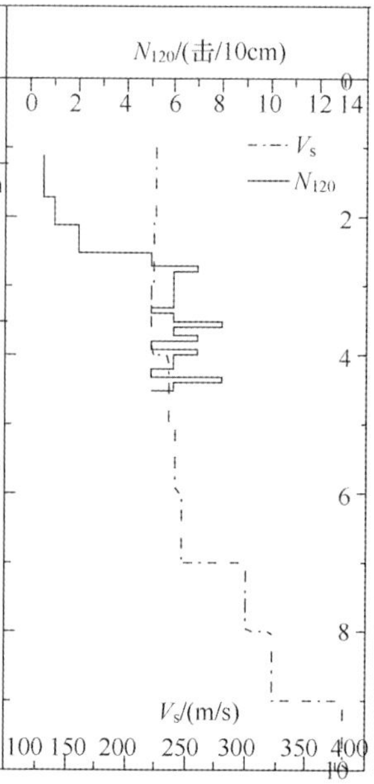

N_{120}/(击/10cm)　0　2　4　6　8　10　12　14

V_s/(m/s)　100　150　200　250　300　350　400

图例:V_s;N_{120}

深度/m	V_s/(m/s)	深度/m	N_{120}/(击/10cm)	续左	
1	225	1.1	0.5	4.1	6
2	223	1.2	0.5	4.2	5
3	221	1.3	0.5	4.3	8
4	235	1.4	0.5	4.4	6
5	241	1.5	0.5	4.5	5
6	246	1.6	0.5		
7	300	1.7	1		
8	323	1.8	1		
9	381	1.9	1		
10	388	2	1		
11	401	2.1	2		
12	417	2.2	2		
13	413	2.3	2		
14	428	2.4	2		
15	444	2.5	5		
16	450	2.6	5		
17	485	2.7	7		
18	502	2.8	6		
19	531	2.9	6		
20	575	3	6		
		3.1	6		
		3.2	6		
		3.3	5		
		3.4	6		
		3.5	8		
		3.6	6		
		3.7	7		
		3.8	5		
		3.9	7		
		4	6		
		续右			

30. 都江堰桂花镇丰乐村(8 度;埋深 1.4～2.8m;水位:1.4m,液化点)

深度/m	土性特征
1.4	粉质黏土:褐黄色,均质,可塑,松散
2.3	中砂:褐黄色,松散至稍密,均质
7.5	砾石:灰色,稍密,分选性较差;卵、砾石颗粒以石英质为主,坚硬,抗风化能力强,次圆状,最大粒径10cm,大于2mm的约占60%,小于2mm的颗粒以灰色砂粒为主
13.6	砾石:黄褐色,稍密至中密,分选性较差。卵、砾石颗粒风化透彻,用手容易捏碎,其中大于60mm的颗粒占30%,大于20mm的约占46%,大于2mm的颗粒约62.3%

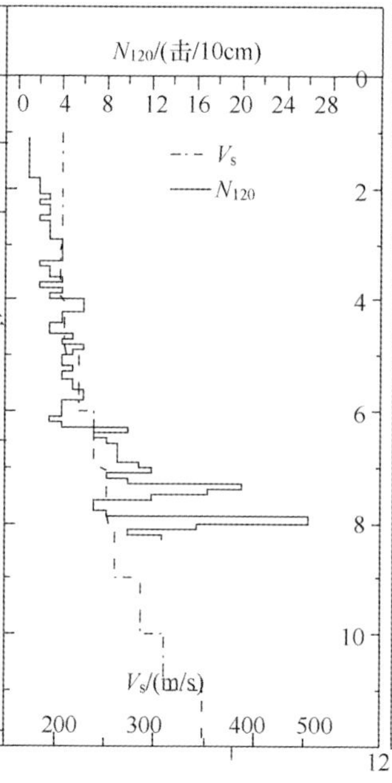

N_{120}/(击/10cm)　0　4　8　12　16　20　24　28

V_s/(m/s)　200　300　400　500

图例:V_s;N_{120}

深度/m	V_s/(m/s)	深度/m	N_{120}/(击/10cm)	续左	
1	208	1.1	1	7.1	8
2	206	1.3	1	7.3	20
3	205	1.5	1	7.5	12
4	209	1.7	1	7.7	7
5	224	1.9	2	7.9	26
6	239	2.1	3	8.1	10
7	253	2.3	3	8.3	13
8	262	2.5	2		
9	287	2.7	3		
10	311	2.9	4		
11	350	3.1	4		
12	379	3.3	2		
13	410	3.5	3		
14	418	3.7	2		
15	466	3.9	3		
16	470	4.1	6		
17	469	4.3	4		
18	472	4.5	3		
19	482	4.7	4		
20	511	4.9	5		
		5.1	4		
		5.3	4		
		5.5	5		
		5.7	6		
		5.9	4		
		6.1	3		
		6.3	10		
		6.5	8		
		6.7	9		
		6.9	11		
		续右			

31. 绵竹市兴隆镇安仁村(9 度;埋深 4.8～6.0m;水位 4.0m;液化点)

深度/m	土性特征
4.8	黏土:褐至褐黄色,均质,可塑,稍密,稍湿,稍有光泽,干强度和韧性中等,夹5～50mm的圆砾和卵石
9.4	卵石:褐黄色,松散,级配不良最大粒径为200mm,大于70mm的约占40%,其颗粒呈刺菱角状大于20mm的约占75%,次圆状粗颗粒间夹10%的砂粒

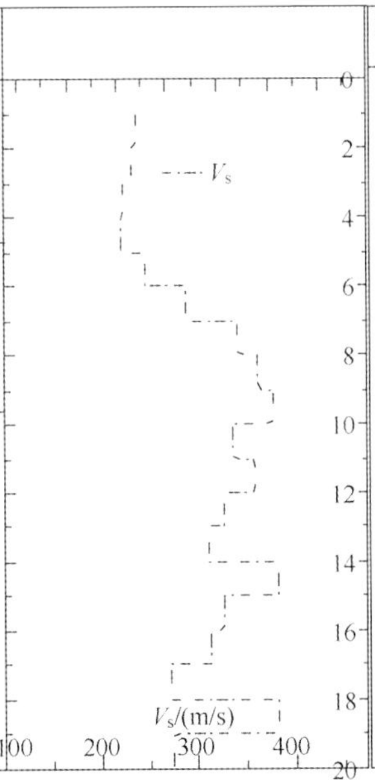

V_s/(m/s)

深度/m	V_s/(m/s)
1	238
2	232
3	223
4	221
5	246
6	287
7	340
8	362
9	378
10	335
11	359
12	327
13	312
14	381
15	328
16	312
17	271
18	381
19	274
20	405

32. 绵竹市拱星镇祥柳村(9 度;埋深 3.4～6.2m;水位 3.4m;液化点)

深度/m	土性特征
3.0	素填土:灰褐,不均匀,松散夹杂卵石,卵石呈次圆,粒径多为2mm左右
7.4	卵石:灰色,松散,卵石呈次圆,粒径2～5mm
9.3	黏土:褐黄色,稍密,不均匀;湿,可塑,夹细砂和卵石

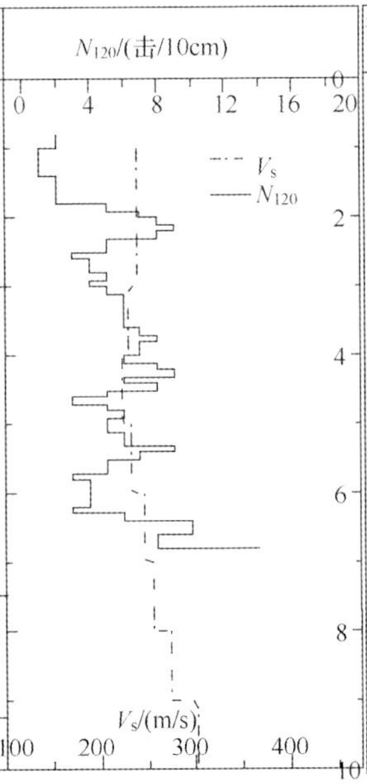

N_{120}/(击/10cm)　V_s/(m/s)

深度/m	V_s/(m/s)
1	240
2	239
3	229
4	223
5	232
6	246
7	255
8	274
9	301
10	302
11	314
12	263
13	271
14	209
15	225
16	238
17	213
18	225
19	229
20	425

深度/m	N_{120}/(击/10cm)
0.8	2
0.9	2
1	1
1.1	1
1.2	1
1.3	1
1.4	2
1.5	2
1.6	2
1.7	2
1.8	5
1.9	7
2	8
2.1	9
2.2	8
2.3	5
2.4	5
2.5	3
2.6	4
2.7	4
2.8	5
2.9	4
3	5
3.1	6
3.2	6
3.3	6
3.4	6
3.5	6
续右	

续左	
3.6	7
3.7	8
3.8	7
3.9	7
4	6
4.1	8
4.2	9
4.3	6
4.4	8
4.5	5
4.6	3
4.7	5
4.8	6
4.9	5
5	5
5.1	6
5.2	6
5.3	9
5.4	7
5.5	5
5.6	5
5.7	3
5.8	4
5.9	4
6	4
6.1	4
6.2	3
6.3	6
6.4	10
6.5	10

33. 绵竹市汉旺镇武都村(9 度;埋深 5.0～7.7m;水位 1.6m;液化点)

深度/m	土性特征
5.0	灰褐色粉土,饱和,可塑上部均质,下部含约10%的砾粒
7.7	褐黄色砾石,饱和松软,大于2mm的颗粒占50.4%,小于0.25mm的占28.4%
21.0	灰黑色黏土,饱和,软塑至可塑,含约5%的砾粒,未见底

深度/m	V_s/(m/s)
1	168
2	169
3	164
4	152
5	142
6	143
7	148
8	160
9	164
10	174
11	166
12	178
13	199
14	199
15	199
16	199
17	199
18	198
19	197
20	217

34. 绵竹市遵道镇双泉村(9 度;埋深 2.5～5.0m;水位 2.5m;液化点)

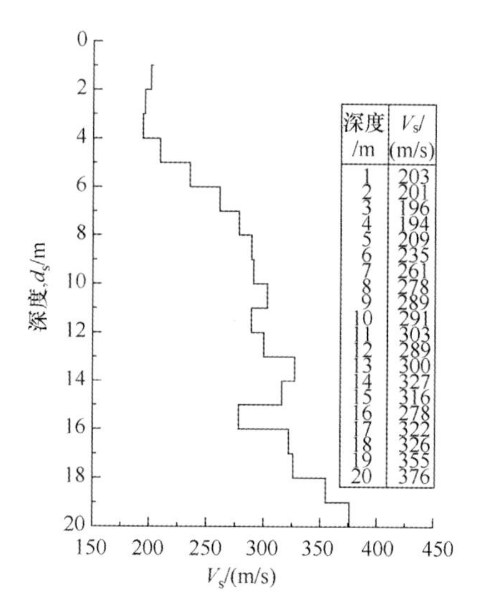

深度/m	V_s/(m/s)
1	203
2	201
3	196
4	194
5	209
6	235
7	261
8	278
9	289
10	291
11	303
12	289
13	300
14	327
15	316
16	278
17	322
18	326
19	355
20	376

35. 德阳市德新镇五郎村(7度;埋深5.0～13.0m;水位5.0m;非液化点)

36. 什邡市回澜镇雀柱村(7度;埋深6.0～15.0m;水位6.0m;非液化点)

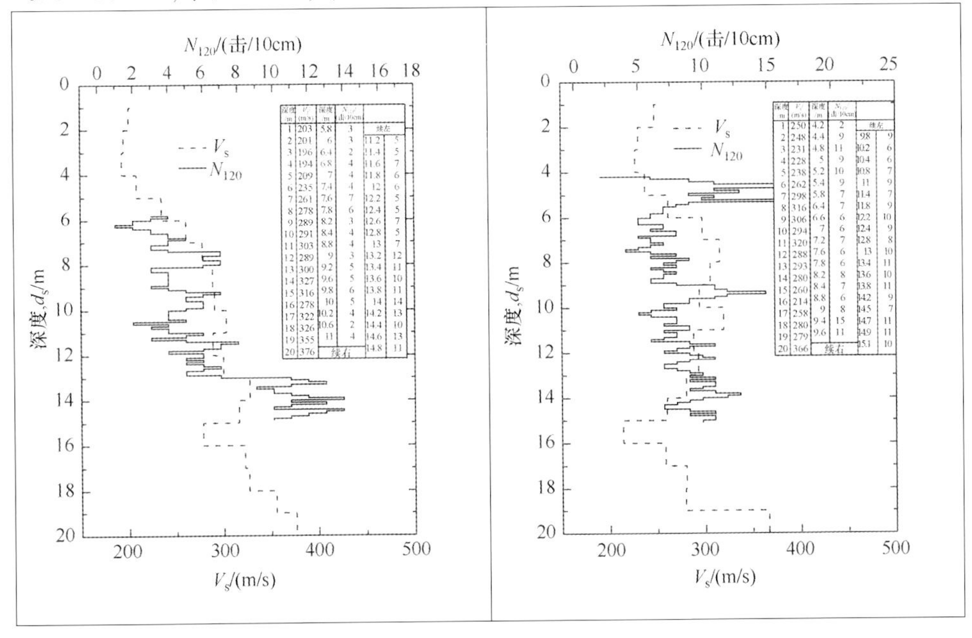

深度/m	V_s/(m/s)	深度/m	N_{120}/(击/10cm)		
1	203	5.8	3	续左	
2	201	6	3	11.2	5
3	196	6.4	2	11.4	5
4	194	6.8	4	11.6	7
5	209	7	4	11.8	6
6	235	7.4	4	12	6
7	261	7.6	7	12.2	5
8	278	7.8	6	12.4	5
9	289	8.2	3	12.6	7
10	291	8.4	4	12.8	5
11	303	8.8	4	13	7
12	289	9	3	13.2	12
13	300	9.2	5	13.4	11
14	327	9.6	5	13.6	10
15	316	9.8	6	13.8	11
16	278	10	5	14	14
17	322	10.2	4	14.2	13
18	326	10.6	2	14.4	10
19	355	11	4	14.6	13
20	376	续右		14.8	11

深度/m	V_s/(m/s)	深度/m	N_{120}/(击/10cm)		
1	250	4.2	2	续左	
2	248	4.4	9	9.8	9
3	231	4.8	11	10.2	6
4	228	5	9	10.4	6
5	238	5.2	10	10.8	7
6	262	5.4	9	11	9
7	298	5.8	7	11.4	7
8	316	6.4	7	11.8	9
9	306	6.6	6	12.2	10
10	294	7	6	12.4	9
11	320	7.2	7	12.8	8
12	288	7.6	6	13	10
13	293	7.8	6	13.4	11
14	280	8.2	8	13.6	10
15	260	8.4	7	13.8	11
16	214	8.8	6	14.2	9
17	258	9	8	14.5	7
18	280	9.4	15	14.7	11
19	279	9.6	11	14.9	11
20	366	续右		15.1	10

37. 德阳市黄许镇胜华村(7度;埋深2.5～7.5m;水位2.0m;非液化点)

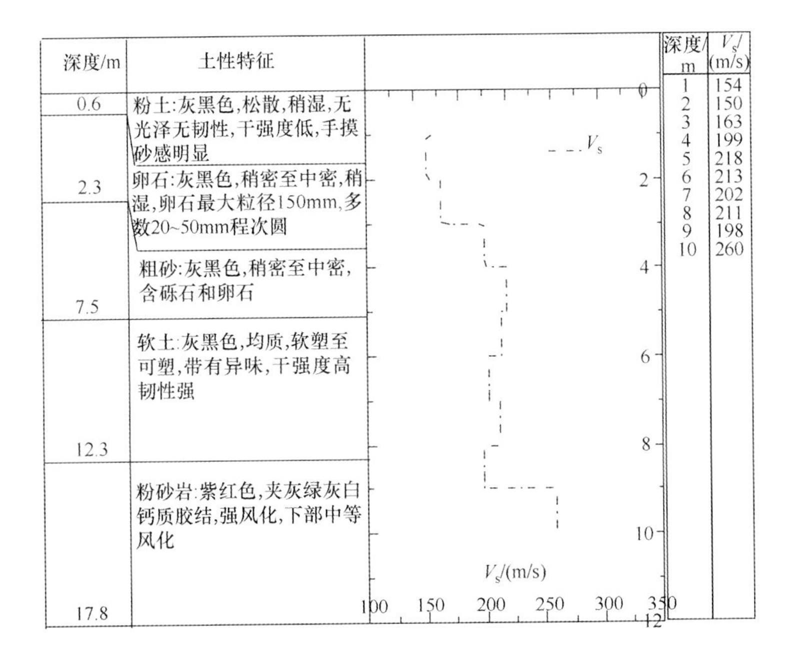

深度/m	土性特征
0.6	粉土:灰黑色,松散,稍湿,无光泽无韧性,干强度低,手摸砂感明显
2.3	卵石:灰黑色,稍密至中密,稍湿,卵石最大粒径150mm,多数20~50mm程次圆
7.5	粗砂:灰黑色,稍密至中密,含砾石和卵石
12.3	软土:灰黑色,均质,软塑至可塑,带有异味,干强度高韧性强
17.8	粉砂岩:紫红色,夹灰绿灰白钙质胶结,强风化,下部中等风化

深度/m	V_s/(m/s)
1	154
2	150
3	163
4	199
5	218
6	213
7	202
8	211
9	198
10	260

38. 德阳市扬嘉镇火车站(7度;埋深6.1～8.7m;水位6.1m;非液化点)

深度/m	土性特征
3.6	粉质黏土:灰褐色,稍湿,稍密,可塑,较均匀
9.0	卵石:褐至褐黄色,稍密至中密,最大粒径为50mm,大于20mm约占65%,多数10～30mm次圆状,6m以下湿,含砂粒少
10.0	粗粒:褐黄色至黄色,稍密,湿,含砾石和卵石
12.0	卵石:褐黄至黄色,稍密至中密,最大粒径为50mm次圆,大于20mm约占70%卵砾间填充黄色泥砂

深度/m	V_s/(m/s)
1	190
2	193
3	192
4	185
5	167
6	151
7	156
8	191
9	204
10	217
11	234
12	269
13	271
14	328
15	311
16	334
17	298
18	324
19	340
20	381

深度/m	N_{120}/(击/10cm)
0.1	4
0.3	7
0.5	6
0.7	6
0.9	2
1.1	2
1.3	4
1.5	5
1.7	4
1.9	4
2.1	5
2.3	4
2.5	4
2.7	5
2.9	6
3.1	7
3.3	8
3.5	7
3.7	8
3.9	5
4.1	7
4.3	10
4.5	14
4.7	15
4.9	14
5.1	12
5.3	8
5.5	8
5.7	6
5.9	7
6.1	7
6.3	9
6.5	6
6.7	7
6.9	6
7.1	4
7.3	5
7.5	7
7.7	11
7.9	12
8.1	8
8.3	8
8.5	5
8.7	6

39. 彭州市馨艺幼儿园(7度;埋深1.4～2.8m;水位1.4m;非液化点)

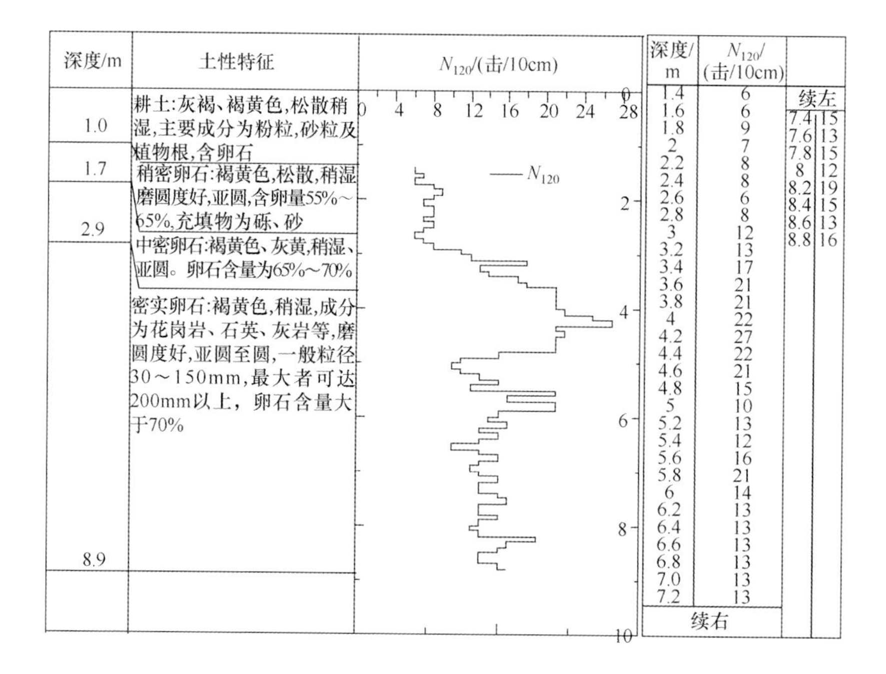

深度/m	土性特征
1.0	耕土:灰褐、褐黄色,松散稍湿,主要成分为粉粒,砂粒及植物根,含卵石
1.7	稍密卵石:褐黄色,松散,稍湿磨圆度好,亚圆,含卵量55%～65%,充填物为砾、砂
2.9	中密卵石:褐黄色、灰黄,稍湿、亚圆。卵石含量为65%～70%
8.9	密实卵石:褐黄色,稍湿,成分为花岗岩、石英、灰岩等,磨圆度好,亚圆至圆,一般粒径30～150mm,最大者可达200mm以上,卵石含量大于70%

深度/m	N_{120}/(击/10cm)
1.4	6
1.6	6
1.8	9
2	7
2.2	8
2.4	8
2.6	6
2.8	8
3	12
3.2	13
3.4	17
3.6	21
3.8	21
4	22
4.2	27
4.4	22
4.6	21
4.8	15
5	10
5.2	13
5.4	12
5.6	16
5.8	21
6	14
6.2	13
6.4	13
6.6	13
6.8	13
7.0	13
7.2	13
7.4	15
7.6	13
7.8	15
8	12
8.2	19
8.4	15
8.6	13
8.8	16

40. 绵阳市凌峰机械公司(7度;埋深4.1～8.1m;水位4.1m;非液化点)

深度/m	土性特征
0.5	耕土:褐色,松散,稍湿,主要由黏性土构成,含植物根茎
2.5	粉质黏土:黄褐色,可塑,无摇振反应,稍有光泽,干强度高、韧性中等,含较多铁锰质氧化物
3.5	粉土:饱和,灰黄,松散,局部少量砾石和个别卵石
7.8	圆砾:饱和,灰黄,稍密,由砾石、卵石、中细砂和黏土组成,卵石含量30%左右
10.0	稍密卵石:褐黄至灰黄色,饱和,次圆,呈中等-微风化,卵石含量55%,粒径2～5cm,其中含有较多砾石,充填物为黏性土和中细砂

N_{120}/(击/10cm)

深度/m	N_{120}/(击/10cm)
4.1	3
4.3	3
4.6	4
4.8	4
5	6
5.2	5
5.4	4
5.6	6
5.9	6
6.1	6
6.3	4
6.5	6
6.7	5
6.9	6
7.1	6
7.3	6
7.6	6
7.8	11
8	11
8.2	5
8.4	7
8.6	6
8.8	6
9	9
9.2	12
9.5	15
9.7	21
9.9	12
10.1	13
续右	

41. 郫县三道堰镇秦家庙(7度;埋深3.6～4.8m;水位:2.1m;非液化点)

深度/m	土性特征
3.6	粉质黏土:灰色,均质,可塑,稍湿至湿,韧性和黏性一般,含有粒径3～10cm的卵石和砾石颗粒,卵砾石颗粒呈次圆状,锤击不易碎
5.8	砾石:褐色～灰褐色,卵石和砾石颗粒粒径2～10cm,多数5～8cm,呈次圆状,由石英、灰岩等组成。孔隙中充填黄色粗砂
15.2	卵石:褐色,颗粒呈次圆状,由石英、灰岩等组成。卵石和砾石颗粒粒径5～20cm,其中大于20cm的岩芯有22段,大于60mm的颗粒占40%,小于20mm的颗粒占18.7%,灰色砂粒主要充填在孔隙中,7.4～8.1m处粗颗粒含量较少

N_{120}/(击/10cm)　V_s/(m/s)

深度/m	V_s/(m/s)
1	181
2	179
3	172
4	168
5	174
6	213
7	245
8	309
9	340
10	357
11	409
12	446
13	488
14	509
15	370
16	367
17	364
18	363
19	363
20	529

深度/m	N_{120}/(击/10cm)	深度/m (续左)	N_{120}/(击/10cm) (续左)
0.1	1	6.1	18
0.3	6	6.3	35
0.5	1	6.5	28
0.7	1	6.7	20
0.9	0.5	6.9	19
1.1	1	7.1	16
1.3	1	7.3	9
1.5	1	7.5	7
1.7	1	7.7	5
1.9	1	7.9	8
2.1	2	8.1	7
2.3	1	8.3	17
2.5	1	8.5	14
2.7	1	8.7	12
2.9	1	8.9	18
3.1	2	9.1	20
3.3	2	9.3	15
3.5	2	9.5	6
3.7	4	9.7	18
3.9	7	9.9	15
4.1	7	10.1	14
4.3	8	10.3	25
4.5	9	10.5	25
4.7	11		
4.9	10		
5.1	10		
5.3	10		
5.5	15		
5.7	11		
5.9	13		
续右			

42. 郫县古城镇马家庙村(7度;埋深:2.4～4.0m;水位:2.4m;非液化点)

深度/m	土性特征
2.2	粉质黏土:灰色,均质,可塑,稍湿,韧性和黏性一般,未含卵石和砾石颗粒
16	卵石:色杂,以灰色为主,卵石和砾石颗粒以石英质为主,坚硬,抗风化能力强,次圆状,颗粒组成为粒径大于60mm的占38%～48%,大于20mm的占70%～80%,小于2mm的占15%～20%,其中,灰色的中粗砂主要充填在卵石形成的孔隙中

深度/m	V_s/(m/s)	深度/m	N_{120}/(击/10cm)
1	260	0.1	0.5
2	257	0.3	0.5
3	248	0.5	0.5
4	238	0.7	0.5
5	262	0.9	0.5
6	322	1.1	2
7	370	1.3	1
8	399	1.5	2
9	410	1.7	1
10	426	1.9	2
11	442	2.1	2
12	507	2.3	5
13	480	2.5	6
14	534	2.7	5
15	563	2.9	9
16	621	3.1	8
17	613	3.3	7
18	599	3.5	11
19	595	3.7	5
20	688	3.9	7
		4.1	7
		4.3	9
		4.5	8
		4.7	7
		4.9	11
		5.1	12
		5.3	21
		5.5	13
		5.7	16
		5.9	18
		续右	

续左	
6.1	20
6.3	15
6.5	20
6.7	15
6.9	14
7.1	12
7.3	10
7.5	11
7.7	20

43. 郫县团结镇石堤庙村(7度;埋深:4.0～10m;水位:4.0m;非液化点)

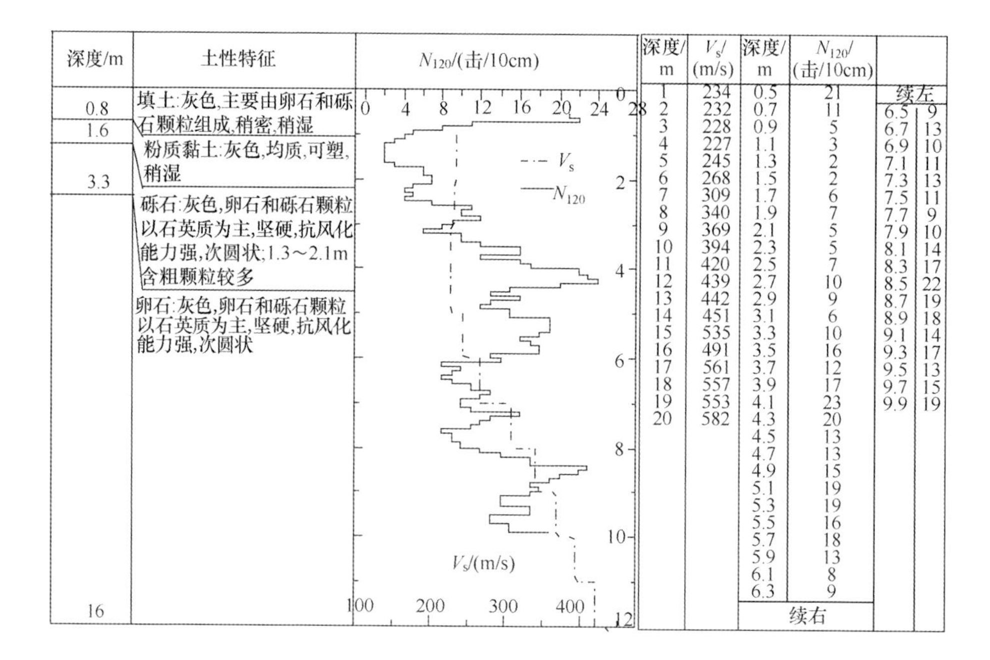

深度/m	土性特征
0.8	填土:灰色,主要由卵石和砾石颗粒组成,稍密,稍湿
1.6	粉质黏土:灰色,均质,可塑,稍湿
3.3	砾石:灰色,卵石和砾石颗粒以石英质为主,坚硬,抗风化能力强,次圆状;1.3～2.1m含粗颗粒较多
16	卵石:灰色,卵石和砾石颗粒以石英质为主,坚硬,抗风化能力强,次圆状

深度/m	V_s/(m/s)	深度/m	N_{120}/(击/10cm)
1	234	0.5	21
2	232	0.7	11
3	228	0.9	5
4	227	1.1	3
5	245	1.3	2
6	268	1.5	2
7	309	1.7	6
8	340	1.9	7
9	369	2.1	5
10	394	2.3	5
11	420	2.5	7
12	439	2.7	10
13	442	2.9	9
14	451	3.1	6
15	535	3.3	10
16	491	3.5	16
17	561	3.7	12
18	557	3.9	17
19	553	4.1	23
20	582	4.3	20
		4.5	13
		4.7	13
		4.9	15
		5.1	19
		5.3	19
		5.5	16
		5.7	18
		5.9	13
		6.1	8
		6.3	9
		续右	

续左	
6.5	9
6.7	13
6.9	10
7.1	11
7.3	13
7.5	11
7.7	9
7.9	10
8.1	14
8.3	17
8.5	22
8.7	19
8.9	18
9.1	14
9.3	17
9.5	13
9.7	15
9.9	19

44. 郫县新民镇永胜村(7度;埋深:3.4～10.8m;水位:3.4m;非液化点)

深度/m	土性特征
1.6	粉质黏土:灰色,均质,可塑,稍湿,韧性和黏性一般,未含卵石和砾石颗粒
7.4	砾石:灰色,稍密,卵石和砾石颗粒以石英质为主,坚硬,抗风化能力强,次圆状,其中粒径>60mm的颗粒约占10%~20%,>20mm,约占40%~50%,<2mm的颗粒,占25%~40%,其中,灰色中粗砂主要充填在卵砾石之间或孔隙中。分选性较差
14.8	卵石:灰色,稍密-中密,卵砾石颗粒主要由石英、灰岩、砂岩等组成,次圆状,分选性较差。在9.5m处取样表明,>20mm的颗粒占76%,<2mm的约占18%,2～20mm的颗粒含量为6.2%,灰色中粗砂主要充填在孔隙中

N_{120}/(击/10cm)　V_s/(m/s)　- - - V_s　—— N_{120}

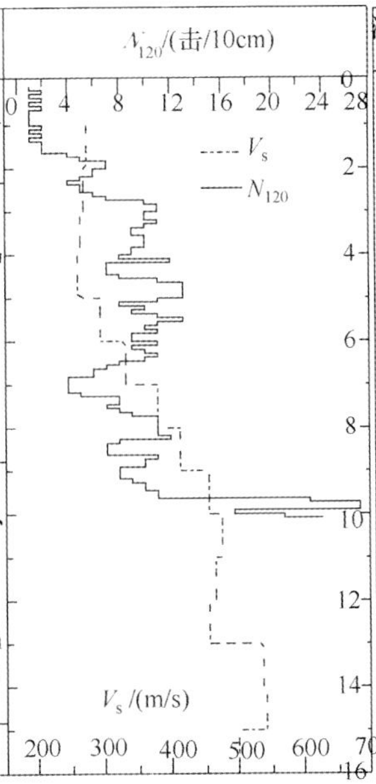

深度/m	V_s/(m/s)
1	273
2	271
3	265
4	261
5	292
6	333
7	380
8	412
9	455
10	475
11	464
12	456
13	535
14	541
15	496
16	536
17	510
18	596
19	599
20	637

深度/m	N_{120}/(击/10cm)	深度/m	N_{120}/(击/10cm)
0.1	1	6.1	9
0.3	1	6.3	11
0.5	1	6.5	8
0.7	1	6.7	6
0.9	1	6.9	4
1.1	1	7.1	4
1.3	1	7.3	8
1.5	2	7.5	7
1.7	4	7.7	9
1.9	7	7.9	11
2.1	6	8.1	11
2.3	4	8.3	8
2.5	5	8.5	7
2.7	7	8.7	11
2.9	11	8.9	8
3.1	10	9.1	8
3.3	10	9.3	10
3.5	9	9.5	11
3.7	10	9.7	23
3.9	9	9.9	17
4.1	12	10.1	24
4.3	7		
4.5	8		
4.7	13		
4.9	13		
5.1	8		
5.3	9		
5.5	13		
5.7	10		
5.9	9		
续右		续左	

45. 青白江大桥旁(7度;埋深:3.0～4.9m;水位:3.0m,非液化点)

深度/m	土性特征
2.5	填土:褐黄色,由河道中挖出的卵石砾石组成,结构松散,颗粒粗大,多数3～8cm,含砂粒较少
8	砾石:褐色,中密,分选性较差。卵、砾石颗粒以石英质为主,坚硬,抗风化能力强,次圆状,最大粒径23cm,其中大于60mm的颗粒30%~40%,大于20mm的占65%~70%,小于2mm的颗粒15%~20%,褐黄色细颗粒主要充填在孔隙中
16	卵石:灰色,中密,分选性较差。卵、砾石颗粒以石英质为主,坚硬,抗风化能力强,次圆状,其中粒径大于60mm的颗粒约5%,大于20mm的颗粒约74%,小于2mm的颗粒12%～22%,其中,灰色中粗砂主要充填在孔隙中

N_{120}/(击/10cm)　V_s/(m/s)　- - - V_s　—— N_{120}

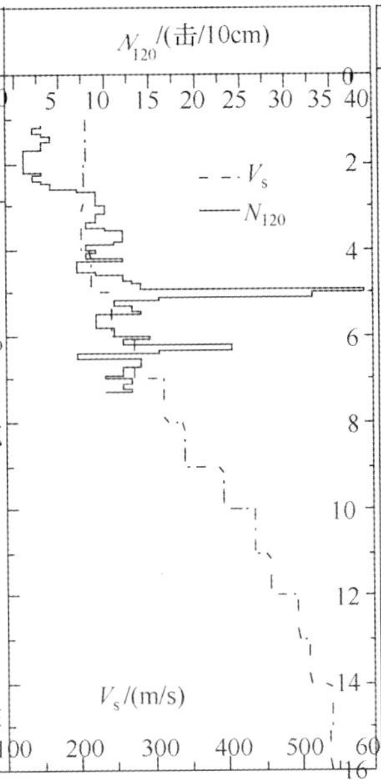

深度/m	V_s/(m/s)
1	210
2	206
3	203
4	216
5	242
6	273
7	314
8	342
9	392
10	435
11	457
12	495
13	510
14	540
15	538
16	556
17	563
18	543
19	568
20	601

深度/m	N_{120}/(击/10cm)	深度/m	N_{120}/(击/10cm)
1.1	3	7.1	12
1.3	3	7.3	10
1.5	3		
1.7	1		
1.9	1		
2.1	1		
2.3	2		
2.5	4		
2.7	9		
2.9	9		
3.1	10		
3.3	9		
3.5	10		
3.7	12		
3.9	8		
4.1	8		
4.3	7		
4.5	9		
4.7	13		
4.9	39		
5.1	16		
5.3	13		
5.5	9		
5.7	9		
5.9	11		
6.1	12		
6.3	16		
6.5	14		
6.7	12		
6.9	10		
续右		续左	

46. 德阳市柏隆镇南桂村(8 度;埋深 9.8～14.0m;水位 4.7m;非液化点)

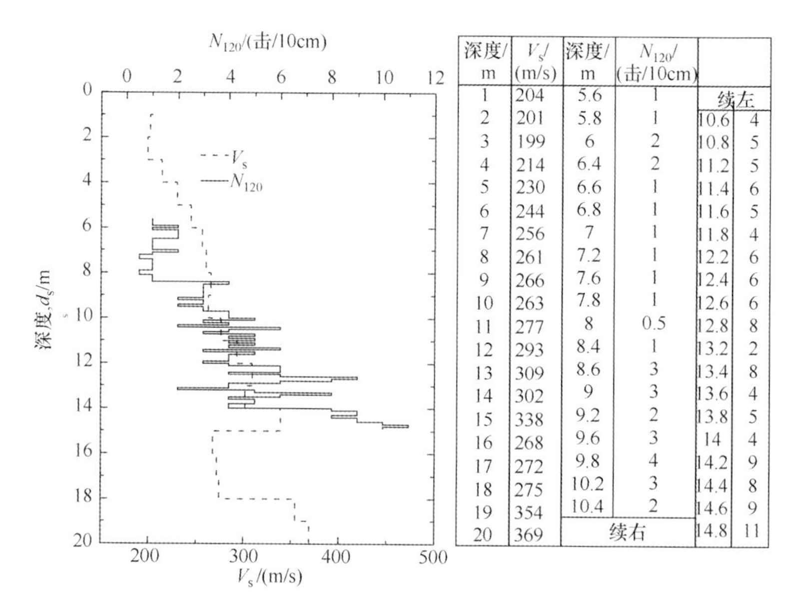

深度/m	V_s/(m/s)	深度/m	N_{120}/(击/10cm)		
1	204	5.6	1	续左	
2	201	5.8	1	10.6	4
3	199	6	2	10.8	5
4	214	6.4	2	11.2	5
5	230	6.6	1	11.4	6
6	244	6.8	1	11.6	5
7	256	7	1	11.8	4
8	261	7.2	1	12.2	6
9	266	7.6	1	12.4	6
10	263	7.8	1	12.6	6
11	277	8	0.5	12.8	8
12	293	8.4	1	13.2	2
13	309	8.6	3	13.4	8
14	302	9	3	13.6	4
15	338	9.2	2	13.8	5
16	268	9.6	3	14	4
17	272	9.8	4	14.2	9
18	275	10.2	3	14.4	8
19	354	10.4	2	14.6	9
20	369	续右		14.8	11

47. 绵竹市区某制药厂(8 度;埋深 3.4～7.4m;水位 3.4m;非液化点)

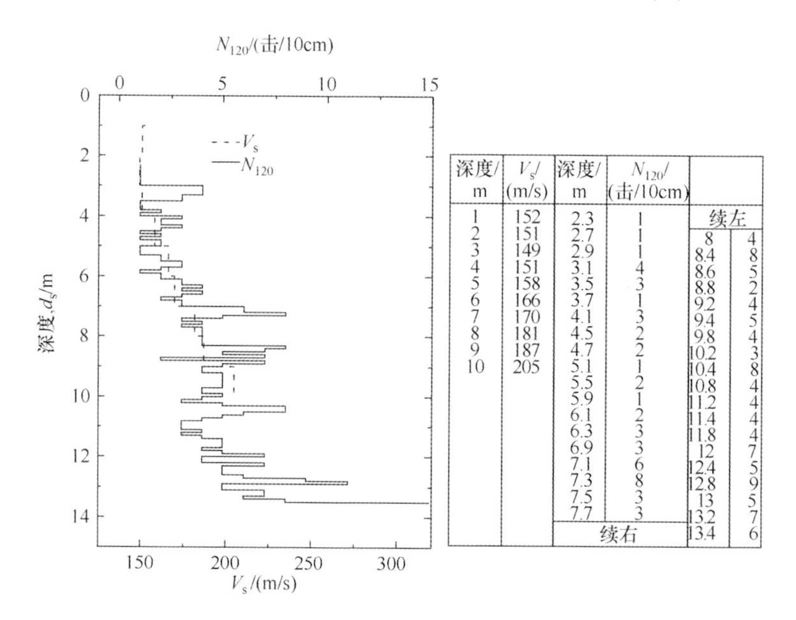

深度/m	V_s/(m/s)	深度/m	N_{120}/(击/10cm)		
1	152	2.3	1	续左	
2	151	2.7	1	8	4
3	149	2.9	1	8.4	8
4	151	3.1	4	8.6	5
5	158	3.5	3	8.8	2
6	166	3.7	1	9.2	4
7	170	4.1	3	9.4	5
8	181	4.5	2	9.8	4
9	187	4.7	2	10.2	3
10	205	5.1	1	10.4	8
		5.5	2	10.8	4
		5.9	1	11.2	4
		6.1	2	11.4	4
		6.3	3	11.8	4
		6.9	3	12	7
		7.1	6	12.4	5
		7.3	8	12.8	9
		7.5	3	13	5
		7.7	3	13.2	7
		续右		13.4	6

48. 德阳市孝感镇和平村(8 度;埋深 9.6～12.0m;水位 3.7m;非液化点)

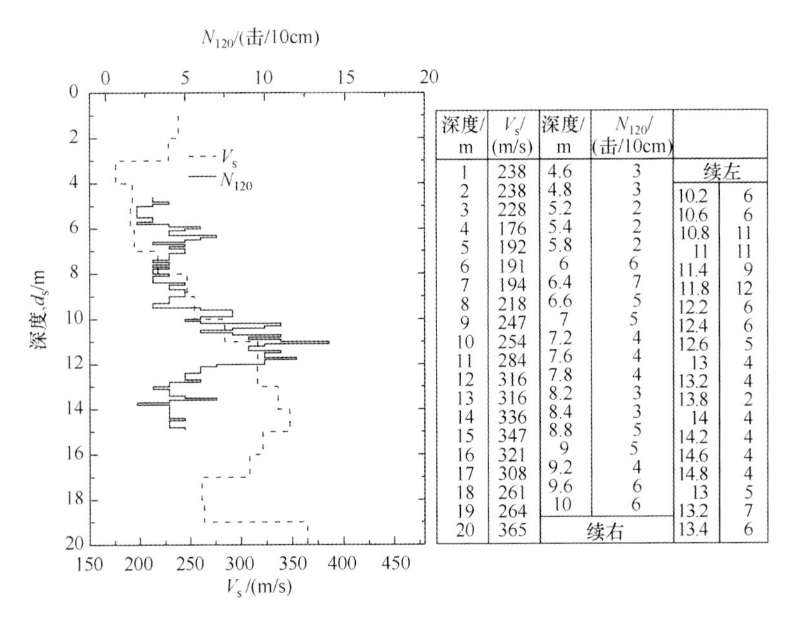

深度/m	V_s/(m/s)	深度/m	N_{120}/(击/10cm)	续左	
1	238	4.6	3	10.2	6
2	238	4.8	3	10.6	6
3	228	5.2	2	10.8	11
4	176	5.4	2	11	11
5	192	5.8	2	11.4	9
6	191	6	6	11.8	12
7	194	6.4	7	12.2	6
8	218	6.6	5	12.4	6
9	247	7	5	12.6	5
10	254	7.2	4	13	4
11	284	7.6	4	13.2	4
12	316	7.8	4	13.8	2
13	316	8.2	3	14	4
14	336	8.4	3	14.2	4
15	347	8.8	5	14.6	4
16	321	9	5	14.8	4
17	308	9.2	4	13	5
18	261	9.6	6	13.2	7
19	264	10	6	13.4	6
20	365	续右			

49. 绵竹市板桥镇八一村(8 度;埋深 6.2～7.2m;水位 6.2m;非液化点)

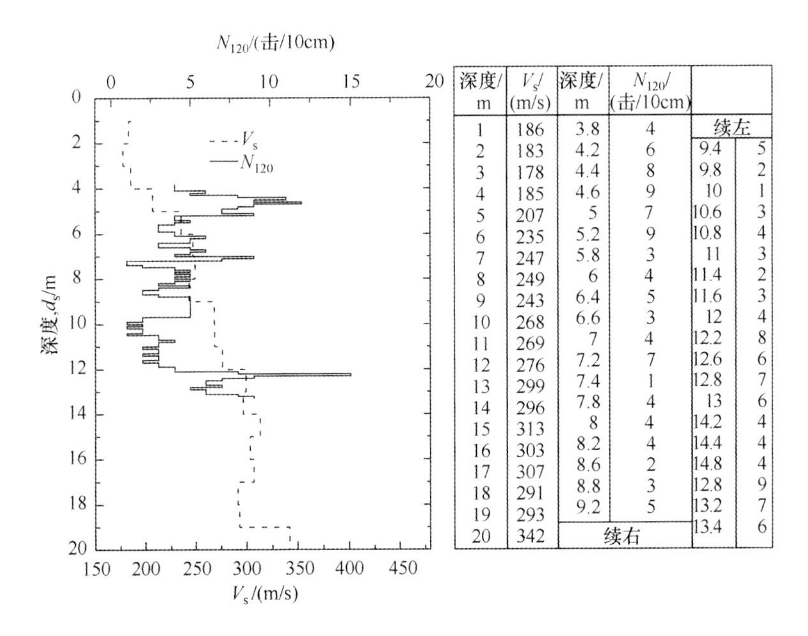

深度/m	V_s/(m/s)	深度/m	N_{120}/(击/10cm)	续左	
1	186	3.8	4	9.4	5
2	183	4.2	6	9.8	2
3	178	4.4	8	10	1
4	185	4.6	9	10.6	3
5	207	5	7	10.8	4
6	235	5.2	9	11	3
7	247	5.8	3	11.4	2
8	249	6	4	11.6	3
9	243	6.4	5	12	4
10	268	6.6	3	12.2	8
11	269	7	4	12.6	6
12	276	7.2	7	12.8	7
13	299	7.4	1	13	6
14	296	7.8	4	14.2	4
15	313	8	4	14.4	4
16	303	8.2	4	14.8	4
17	307	8.6	2	12.8	9
18	291	8.8	3	13.2	7
19	293	9.2	5	13.4	6
20	342	续右			

50. 绵竹市玉泉镇永宁村(8 度;埋深 8.1～12.2m;水位 1.4m;非液化点)

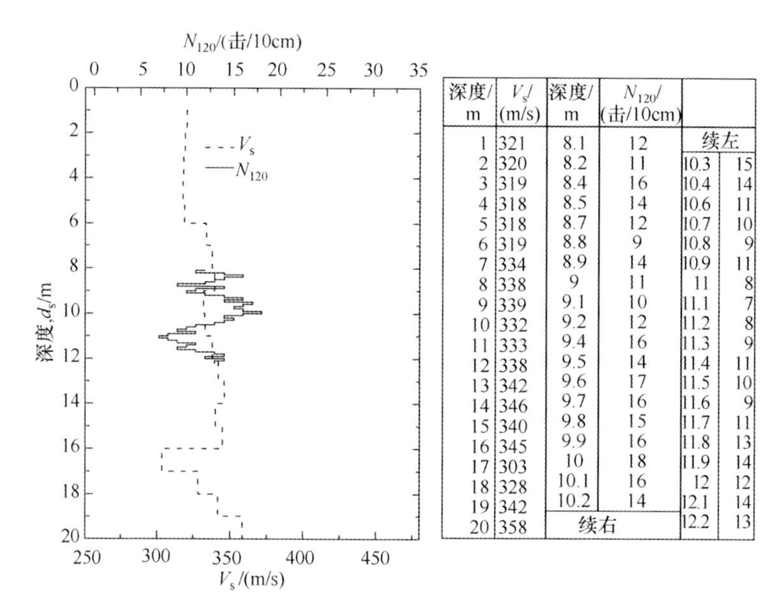

深度/m	V_s/(m/s)	深度/m	N_{120}/(击/10cm)	续左	
1	321	8.1	12	10.3	15
2	320	8.2	11	10.4	14
3	319	8.4	16	10.6	11
4	318	8.5	14	10.7	10
5	318	8.7	12	10.8	9
6	319	8.8	9	10.9	11
7	334	8.9	14	11	8
8	338	9	11	11.1	7
9	339	9.1	10	11.2	8
10	332	9.2	12	11.3	9
11	333	9.4	16	11.4	11
12	338	9.5	14	11.5	10
13	342	9.6	17	11.6	9
14	346	9.7	16	11.7	11
15	340	9.8	15	11.8	13
16	345	9.9	16	11.9	14
17	303	10	18	12	12
18	328	10.1	16	12.1	14
19	342	10.2	14	12.2	13
20	358	续右			

51. 德阳市孝德镇大乘村(8 度;埋深 5.7～7.8m;水位 4.5m;非液化点)

深度/m	土性特征
1.5	杂填土:褐色;均匀;松散;稍湿;主要成分为黏性土
2.6	粉质黏土:褐黄色;均匀;稍密;可塑;干强度和韧性中等
12.2	卵石:褐黄色至灰褐色;稍密;级配不良;最大粒径为120mm大于50mm的约占40%;小于0.5mm的约占20%,颗粒呈次圆状

N_{120}/(击/10cm)
0 4 8 12 16 20
V_s
N_{120}
0 2 4 6 8 10 12
V_s/(m/s)
100 150 200 250 300 350 400 450

深度/m	V_s/(m/s)	深度/m	N_{120}/(击/10cm)	续左	
1	224	0.4	3	6	7
2	221	0.6	5	6.2	12
3	218	0.8	2	6.4	10
4	216	1	3	6.6	8
5	226	1.2	3	6.8	4
6	247	1.4	5	7	8
7	261	1.6	5	7.2	8
8	265	1.8	7	7.4	8
9	272	2	8	7.6	7
10	284	2.2	5	7.8	9
11	311	2.4	6	8	17
12	296	2.6	9	8.2	9
13	280	2.8	6	8.4	18
14	303	3	6	8.6	11
15	326	3.2	5	8.8	10
16	329	3.4	6	9	15
17	291	3.6	11	9.2	16
18	294	3.8	8	9.4	12
19	299	4	9	9.6	12
20	355	4.2	9	9.8	12
		4.4	14	10	12
		4.6	16		
		4.8	13		
		5	18		
		5.2	15		
		5.4	10		
		5.6	9		
		5.8	8		
		续右			

52. 德阳市孝泉镇民安村(8度;埋深7.3~9.0m;水位3.7m;非液化点)

深度/m	土性特征	N_{120}/(击/10cm)
1.4	素填土:褐色,稍密,稍湿,成分以卵砾石为主	
4.2	卵石:褐黄色,松散,稍密,最大粒径40mm,大于20mm约占55%其余为砂粒,粗粒次圆,抗风化能力强	
4.8	粗砂:褐黄色,松散,稍湿至湿,含卵石,最大粒径30mm	
11.3	卵石:褐灰色至灰色,松散至稍密,饱和,最大粒径为40mm,多数粒径5~30mm,大于20mm约占60%,颗粒成次圆状	

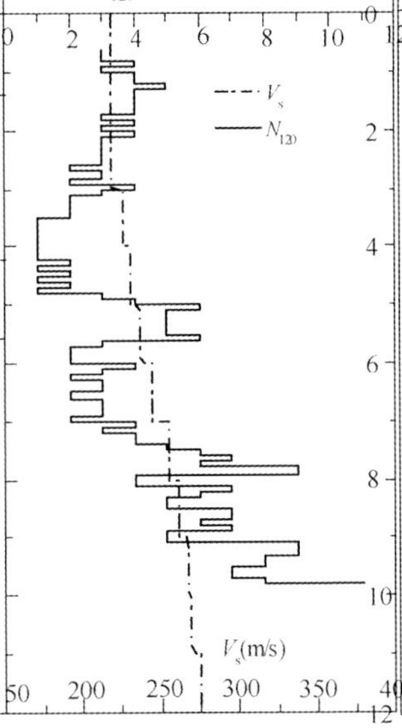

深度/m	V_s/(m/s)	深度/m	N_{120}/(击/10cm)	续左	
0	219	0.6	3		
1	219	0.8	4	6.2	2
2	218	1	4	6.4	3
3	226	1.2	5	6.6	3
4	230	1.4	4	6.8	3
5	237	1.6	4	7	4
6	245	1.8	4	7.2	4
7	255	2	4	7.4	5
8	262	2.2	3	7.6	7
9	267	2.4	3	7.8	9
10	270	2.6	2	8	4
11	275	2.8	2	8.2	6
12	278	3	3	8.4	5
13	274	3.2	2	8.6	7
14	206	3.4	2	8.8	7
15	266	3.6	1	9	5
16	254	3.8	1	9.2	9
17	209	4	1	9.4	8
18	235	4.2	2	9.6	7
19	319	4.4	2	9.8	11
		4.6	2		
		4.8	3		
		5	6		
		5.2	5		
		5.4	5		
		5.6	3		
		5.8	2		
		6	4		
		续右			

53. 绵竹市什地镇五方村(8度;埋深3.6~5.6m;水位2.0m;非液化点)

深度/m	土性特征	N_{120}/(击/10cm)
2.3	粉质黏土:灰褐色;稍湿;可塑;稍有光泽;干强度和韧性中等	
3.0	卵石:灰色;松散;饱和;次圆;最大粒径90mm,大于20mm的约占60%,含泥质	
11.0	卵石:灰色;稍密至中密;饱和;最大粒径为220mm,大于20mm的颗粒约占65%级配差;砂粒含量少;中上部松散下部较密实	
12.3	粗砂:黄色;中密;饱和含少量卵石	

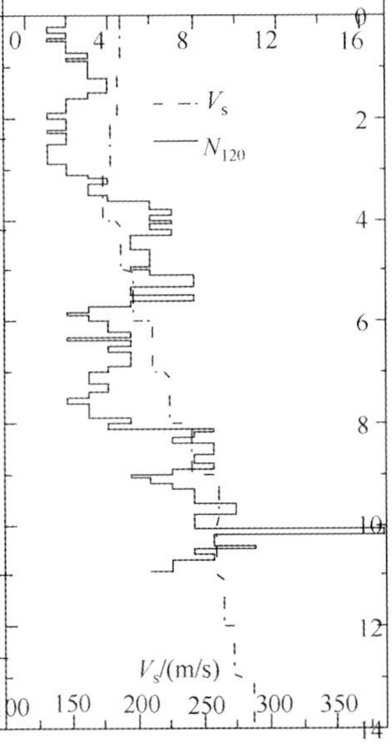

深度/m	V_s/(m/s)	深度/m	N_{120}/(击/10cm)	续左	
1	187	0.1	2		
2	186	0.3	2	5.7	3
3	180	0.5	2	5.9	3
4	175	0.7	3	6.1	4
5	188	0.9	3	6.3	2
6	196	1.1	3	6.5	4
7	212	1.3	4	6.7	5
8	225	1.5	3	6.9	4
9	240	1.7	2	7.1	3
10	261	1.9	1	7.3	4
11	260	2.1	2	7.5	2
12	264	2.3	2	7.7	3
13	273	2.5	1	7.9	5
14	286	2.7	1	8.1	9
15	262	2.9	2	8.3	7
16	271	3.1	3	8.5	9
17	274	3.3	3	8.7	8
18	273	3.5	4	8.9	7
19	272	3.7	6	9.1	6
20	287	3.9	6	9.3	8
		4.1	6	9.5	8
		4.3	5	9.7	10
		4.5	5	9.9	8
		4.7	6	10.1	17
		4.9	5	10.3	9
		5.1	8	10.5	8
		5.3	5	10.7	7
		5.5	8	10.9	6
		续右			

54. 江油市火车站铁路线(8度;埋深5.0~8.0m;水位3.0m;非液化点)

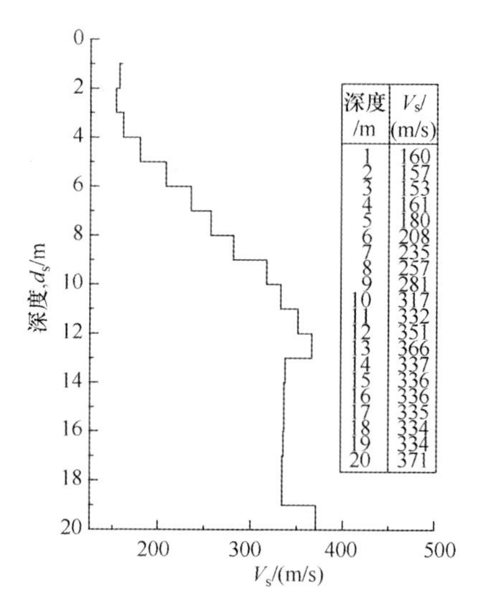

深度/m	V_s/(m/s)
1	160
2	157
3	153
4	161
5	180
6	208
7	235
8	257
9	281
10	317
11	332
12	351
13	366
14	337
15	336
16	336
17	335
18	334
19	334
20	371

55. 都江堰天马镇金玉村(8度;埋深:1.9~3.1m;水位:1.5m;非液化点)

深度/m	土性特征	N_{120}/(击/10cm)
1.9	粉质黏土:褐色,均质,可塑,稍湿	
17.2	砾石:灰色,稍密至中密，分选性较差。卵、砾石颗粒以石英质为主,坚硬,抗风化能力强,次圆状,最大粒径30cm,其中大于60mm的颗粒超过50%,含有大量长度大于10cm的岩芯,其他粒组的含量分布比较均匀,含量均在5.0%左右,小于2mm的颗粒约13%	

V_s
N_{120}
V_s/(m/s)

深度/m	V_s/(m/s)	深度/m	N_{120}/(击/10cm)	续左	
1	190	0.5	0.5	6.5	9
2	186	0.7	0.5	6.7	14
3	181	0.9	1	6.9	13
4	195	1.1	0.5	7.1	15
5	254	1.3	0.5	7.3	17
6	295	1.5	1	7.5	44
7	316	1.7	1	7.7	29
8	338	1.9	2	7.9	28
9	356	2.1	8	8.1	22
10	380	2.3	4	8.3	13
11	408	2.5	3	8.5	19
12	444	2.7	1	8.7	20
13	504	2.9	3		
14	511	3.1	2		
15	537	3.3	5		
16	537	3.5	15		
17	592	3.7	6		
18	586	3.9	8		
19	586	4.1	8		
20	640	4.3	8		
		4.5	7		
		4.7	7		
		4.9	14		
		5.1	22		
		5.3	12		
		5.5	10		
		5.7	12		
		5.9	11		
		6.1	11		
		6.3	11		
		续右			

56. 绵竹市兴隆镇川木村(9度;埋深8.5～9.9m;水位8.0m;非液化点)

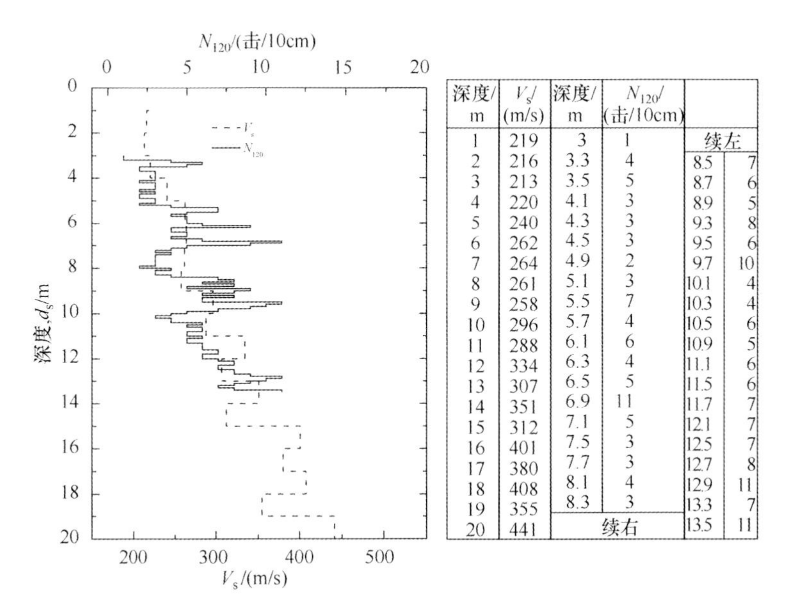

深度/m	V_s/(m/s)	深度/m	N_{120}/(击/10cm)	续左	
1	219	3	1		
2	216	3.3	4	8.5	7
3	213	3.5	5	8.7	6
4	220	4.1	3	8.9	5
5	240	4.3	3	9.3	8
6	262	4.5	3	9.5	6
7	264	4.9	2	9.7	10
8	261	5.1	3	10.1	4
9	258	5.5	7	10.3	4
10	296	5.7	4	10.5	6
11	288	6.1	6	10.9	5
12	334	6.3	4	11.1	6
13	307	6.5	5	11.5	6
14	351	6.9	11	11.7	7
15	312	7.1	5	12.1	7
16	401	7.5	3	12.5	7
17	380	7.7	3	12.7	8
18	408	8.1	4	12.9	11
19	355	8.3	3	13.3	7
20	441	续右		13.5	11

57. 绵竹市九龙镇同林村(9度;埋深9.4～11.0m;水位2.0m;非液化点)

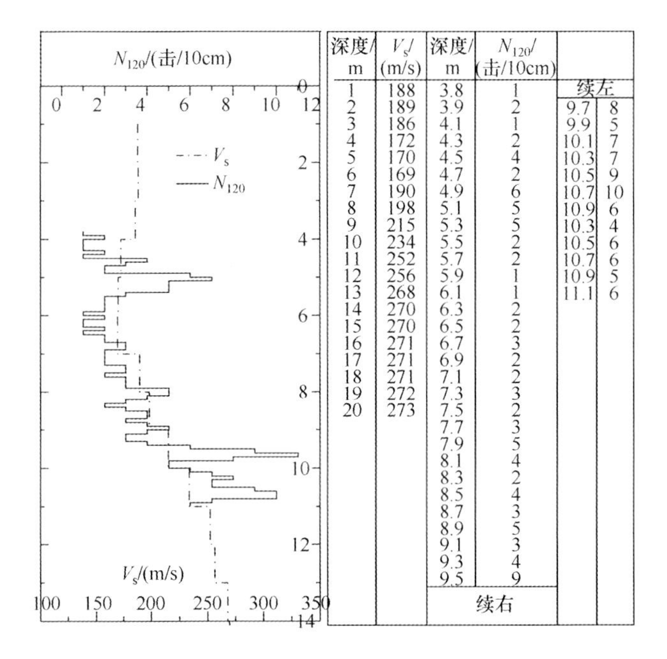

深度/m	V_s/(m/s)	深度/m	N_{120}/(击/10cm)	续左	
1	188	3.8	1		
2	189	3.9	2	9.7	8
3	186	4.1	1	9.9	5
4	172	4.3	2	10.1	7
5	170	4.5	4	10.3	7
6	169	4.7	2	10.5	9
7	190	4.9	6	10.7	10
8	198	5.1	5	10.9	6
9	215	5.3	5	10.3	4
10	234	5.5	2	10.5	6
11	252	5.7	2	10.7	6
12	256	5.9	1	10.9	5
13	268	6.1	1	11.1	6
14	270	6.3	2		
15	270	6.5	2		
16	271	6.7	3		
17	271	6.9	2		
18	271	7.1	2		
19	272	7.3	3		
20	273	7.5	2		
		7.7	3		
		7.9	5		
		8.1	4		
		8.3	2		
		8.5	4		
		8.7	3		
		8.9	5		
		9.1	3		
		9.3	4		
		9.5	9		
		续右			

58. 绵竹市东北镇天齐村(9度;埋深4.0～6.0m;水位4.0m;非液化点)

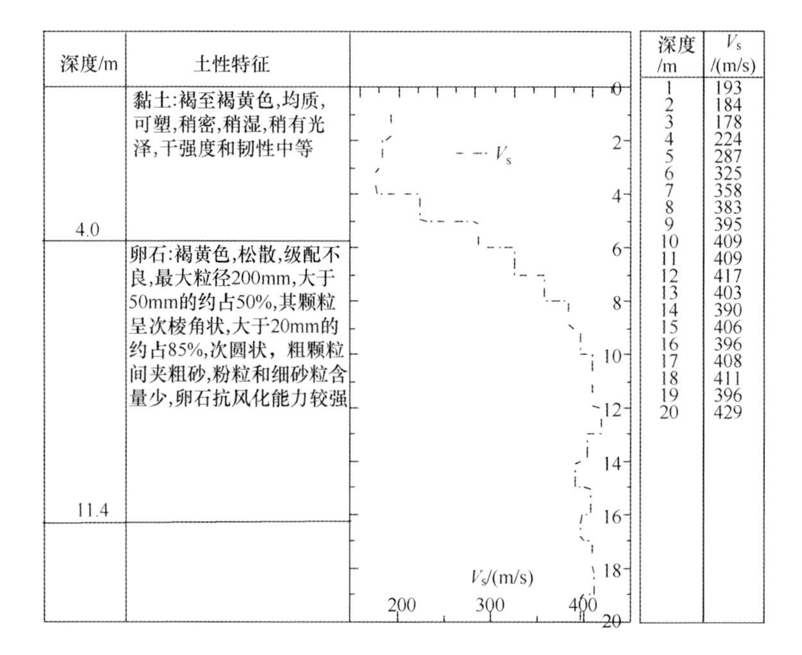

深度/m	土性特征
4.0	黏土:褐至褐黄色,均质,可塑,稍密,稍湿,稍有光泽,干强度和韧性中等
11.4	卵石:褐黄色,松散,级配不良,最大粒径200mm,大于50mm的约占50%,其颗粒呈次棱角状,大于20mm的约占85%,次圆状,粗颗粒间夹粗砂,粉粒和细砂粒含量少,卵石抗风化能力较强

深度/m	V_s/(m/s)
1	193
2	184
3	178
4	224
5	287
6	325
7	358
8	383
9	395
10	409
11	409
12	417
13	403
14	390
15	406
16	396
17	408
18	411
19	396
20	429

59. 绵竹市汉旺镇林法村(9度;埋深4.3～8.3m;水位4.3m;非液化点)

深度/m	土性特征
1.8	杂填土:灰至灰黑色,稍湿至饱和,松散。主要由黏土,砂卵石,灰渣,碎砖,瓦块等组成,成分较为复杂
3.2	含砂粉质黏土:灰黑,灰黄色,可塑,饱和,可塑至软塑,主要由粉质黏土,细砂组成,砂粒含量10%~20%,含砾石
7.8	稍密卵石:灰黄色,湿至饱和卵石含量50%~60%,卵石间以中、粗砂充填
10.2	密实卵石:浅灰黄色,饱和,卵石含量60%~70%,卵石间以中粗砂充填
12.8	中密卵石:浅灰黄色,饱和,卵石含量70%~80%,卵石间以砾石中粗砂充填

N_{120}/(击/10cm): 0 4 8 12 16 20 24

V_s/(m/s): 300 350 400 450 500

深度: 0 2 4 6 8 10 12 14

- - V_s
—— N_{120}

深度/m	V_s/(m/s)
1	305
2	305
3	307
4	312
5	335
6	359
7	362
8	405
9	420
10	403
11	378
12	359
13	309
14	346
15	305
16	338
17	297
18	231
19	328
20	438

深度/m	N_{120}/(击/10cm)
2.3	6
2.5	8
2.7	7
2.9	4
3.1	5
3.3	7
3.5	5
3.7	6
3.9	5
4.1	8
4.3	5
4.5	9
4.7	15
4.9	17
5.1	15
5.3	19
5.5	19
5.7	20
5.9	15
6.1	16
6.3	19
6.5	27
6.7	21
6.9	19
7.1	16
7.3	17
7.5	16
7.7	20
7.9	18
8.1	23

续右

续左	
8.3	19
8.5	17
8.7	18
8.9	27
6.9	6
7.1	4
7.3	5
7.5	7
7.7	11
7.9	12
8.1	8
8.3	8
8.5	5
8.7	6
9.4	8
9.6	7
9.8	11
13.2	8
14.2	4
14.4	4
14.6	4
14.8	4
12.8	9

60. 都江堰工商职业学院(9度;埋深2.3～4.6m;水位2.3m;非液化点)

深度/m	土性特征
0.5	人工填土:灰黑色,松散,主要由混凝土、卵石组成
2.1	粉质黏土:黄褐色,可塑,稍湿,含铁锰质浸染斑纹,底部含粉土及细砂团粒
4.7	稍密卵石:灰黄色,饱和,卵石含量50%左右,粒径多为3～5cm,卵石未能形成骨架,主要以中粗砂充填
9.0	中密卵石:灰黄色,饱和,次圆,其基本形成骨架,卵石含量大于60%,粒径为3～5cm,主要以粗砂砾石充填

N_{120}/(击/10cm)

深度/m	N_{120}/(击/10cm)
2.5	8
2.7	7
2.9	4
3.1	5
3.3	7
3.5	5
3.7	6
3.9	5
4.1	8
4.3	5
4.5	9
4.7	15
4.9	17
5.1	15
5.3	19
5.5	19
5.7	20
5.9	15
6.1	16
6.3	19
6.5	27
6.7	21
6.9	19
7.1	16
7.3	17
7.5	16
7.7	20
7.9	18
8.1	23
8.3	19
续右	
续左	
8.5	17
8.7	18
8.9	27

61. 灌口镇财政金融大厦(9度;埋深2.7～4.9m;水位2.7m;非液化点)

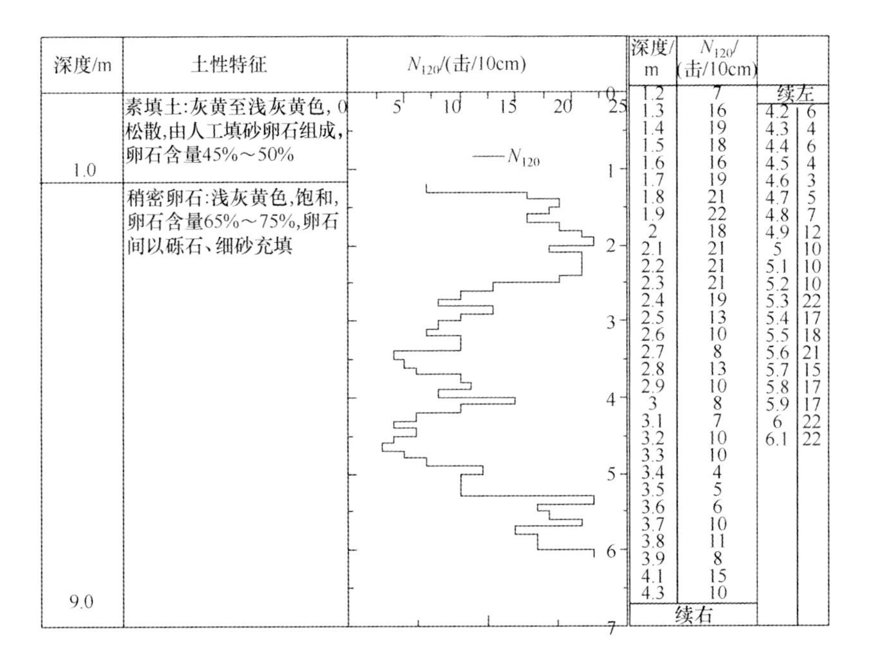

深度/m	土性特征
1.0	素填土:灰黄至浅灰黄色,松散,由人工填砂卵石组成,卵石含量45%～50%
9.0	稍密卵石:浅灰黄色,饱和,卵石含量65%～75%,卵石间以砾石、细砂充填

N_{120}/(击/10cm)

深度/m	N_{120}/(击/10cm)
1.2	7
1.3	16
1.4	19
1.5	18
1.6	16
1.7	19
1.8	21
1.9	22
2	18
2.1	21
2.2	21
2.3	21
2.4	19
2.5	13
2.6	10
2.7	8
2.8	13
2.9	10
3	8
3.1	7
3.2	10
3.3	10
3.4	4
3.5	5
3.6	6
3.7	10
3.8	11
3.9	8
4.1	15
4.3	10
续右	
续左	
4.2	6
4.3	4
4.4	6
4.5	4
4.6	3
4.7	5
4.8	7
4.9	12
5	10
5.1	10
5.2	10
5.3	22
5.4	17
5.5	18
5.6	21
5.7	15
5.8	17
5.9	17
6	22
6.1	22

62. 绵阳市睢水镇凯江桥(9 度;埋深 2.4～5.8m;水位 0.8m;非液化点)

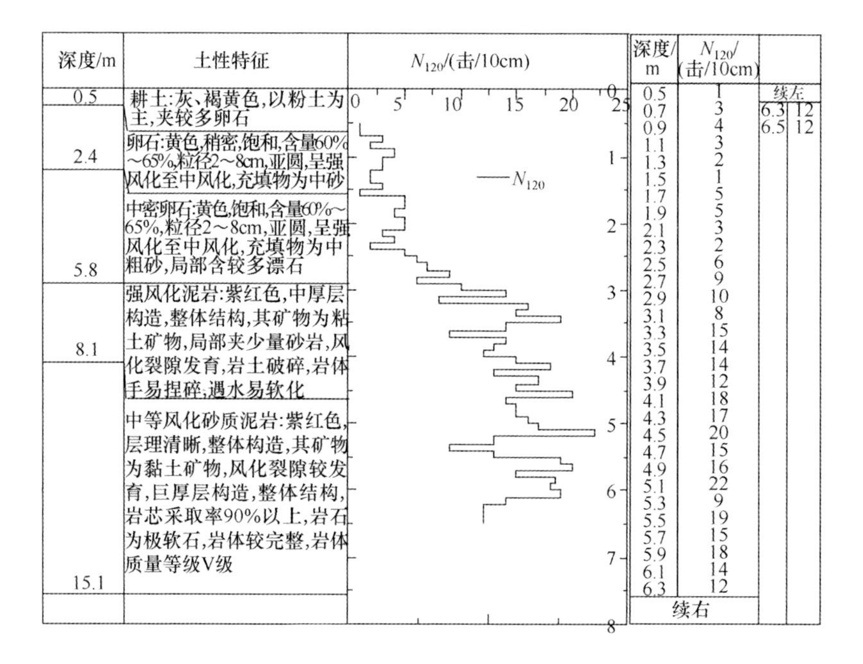

63. 都江堰市瑞康花园(9 度;埋深 5.4～8.3m;水位 5.4m;非液化点)

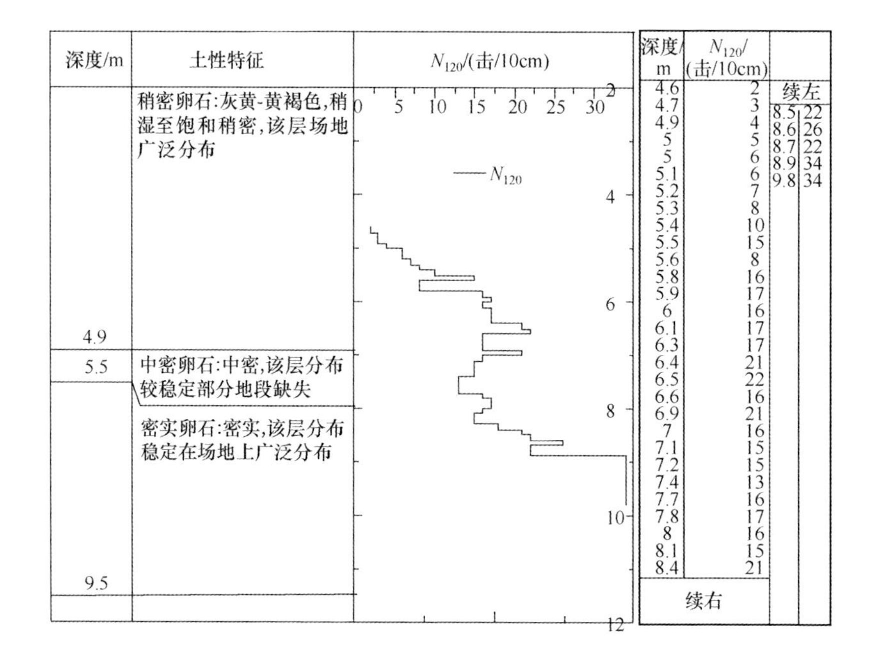

64. 都江堰市紫坪铺镇紫坪村(9 度;埋深 3.0~5.3m;水位 3.0m;非液化点)

深度/m	土性特征
0.5	耕土:褐色至褐黄色,湿,结构松散含植物根茎
1.0	粉质黏土:灰褐色至黄褐色,可塑含铁锰质氧化物和少量卵石,光泽,干强度中等
2.0	松散卵石:灰褐色,湿至饱和,磨圆度好
5.3	稍密卵石:饱和,褐灰色,粒径2~8cm,亚圆,呈强风化至中风化
8.0	密实卵石:饱和,褐灰色,粒径2~8cm,最大超过12cm,呈强风化至中风化

N_{120}/(击/10cm)

深度/m	N_{120}/(击/10cm)
1	3
1.2	3
1.4	4
1.6	4
1.8	5
2	7
2.2	7
2.4	7
2.6	7
2.8	6
3	8
3.2	8
3.4	8
3.6	8
3.8	8
4.1	8
4.4	8
4.6	8
4.8	8
5	9
5.2	8
5.4	11
5.6	10
5.9	12
6.2	10
6.4	10
6.7	11
6.9	10
7.1	11
7.3	10

65. 都江堰玉堂镇海关招待所(9 度;埋深 1.5~2.5m;水位 1.5m;非液化点)

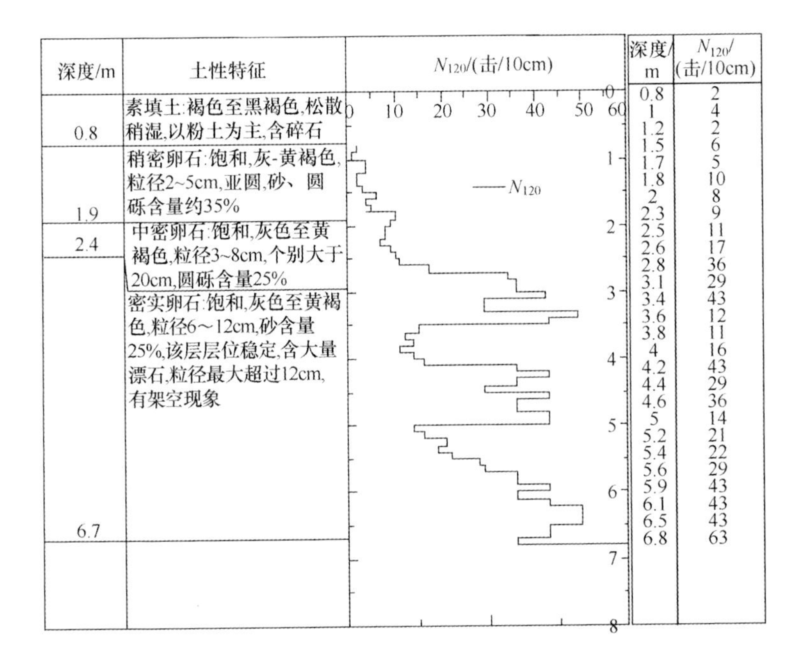

深度/m	N_{120}/(击/10cm)
0.8	2
1	4
1.2	2
1.5	6
1.7	5
1.8	10
2	8
2.3	9
2.5	11
2.6	17
2.8	36
3.1	29
3.4	43
3.6	12
3.8	11
4	16
4.2	43
4.4	29
4.6	36
5	14
5.2	21
5.4	22
5.6	29
5.9	43
6.1	43
6.5	43
6.8	63

附录B　汶川地震液化调查及震害图集

附录B-1　汶川地震液化调查记录

序号	场地编号	地理位置	地震宏观现象	烈度	加速度/g	宏观液化指数/等级
1	CD-01	成都市唐昌镇金星村	液化孔在几十亩范围内零星分布，其中单孔面积约 $2m^2$，喷砂量约 $0.5m^3$，地震后约 30min 停止；地面隆起约 15cm；水沟水位约 1m；其中一砖房，院内水泥路面开裂、喷水，砖房完全倒塌，水井水位 0.5m	7	0.21	0.3/Ⅱ级
2	CD-02	都江堰市聚源镇龙泉村	地震后水田漏水，附近房屋无开裂；液化引起喷砂（中砂）冒水 2～3m，持续时间 1min，喷砂规模约 $1m^3$；一村民家中喷水冒砂致 2～3cm 厚的水泥路面隆起约 10cm	8	0.21	0.2/Ⅱ级
3	CD-03	都江堰市聚源镇泉水村	地震引起喷水冒砂现象，喷砂为中砂，喷出砂层厚约 5cm，宽约 30cm，引起裂缝长约 10m，宽约 5cm；有 2～3cm 宽的裂缝穿越水泥路面、民居	8	0.24	0.2/Ⅱ级
4	CD-04	都江堰市桂花镇丰乐村	地震发生液化现象，约 50 亩稻田中不同程度喷砂（中细砂）冒水，单孔砂量较少；地面出现裂缝长 5～10m，宽约 2～3cm，该村安龙桥一桥墩发生侧移、下沉现象，桥墩基础下沉 5cm 左右，堤岸下沉 10～20cm，侧移 20～30cm；该村 40%～50%的房屋倒塌	8	0.25	0.55/Ⅲ级
5	CD-05	成都市清流镇三尺村	发现液化现象，稻田中裂缝长 100m，宽 10cm，方向 NE75°，裂缝中喷砂，水柱高度 3～4m，持续约 1min，据介绍，打井 3～4m 可见砂	7	0.22	0.15/Ⅱ级
6	CD-06	成都市清流镇均田村	发现液化现象，据村民讲水喷出 6～7m 高，较强烈，有大量砂喷出；持续时间为两分钟左右，砂层埋深约两米，地下水位约 1m	7	0.22	0.1/Ⅰ级
7	CD-07	成都市清泉镇永顺村	农田有冒砂冒水现象，持续时间较长（约 3h），为黄色细砂，面积较小；据介绍，地下 2m 处左右见砂，且含有砂卵石，地下水位约 1m；范围几乎没有破坏，震害较轻	6	0.13	0.1/Ⅰ级
8	CD-08	成都市龙桥镇肖家村	农田有喷水冒砂现象，喷出黄砂，据介绍，地下 6m 有砂，黄砂深度未知，喷水高度大约 1.5m；100 户中只有几户烟囱掉落，震害较轻	7	0.17	0.08/Ⅰ级
9	CD-09	崇州市崇平镇全兴村	据介绍，农田有冒水现象，可能有少量砂，但当时水较浑看不清，水深 10cm，冒水高出水面 2cm，持续了一夜，属轻微液化；附近震害轻	7	0.19	0.05/Ⅰ级

续表

序号	场地编号	地理位置	地震宏观现象	烈度	加速度/g	宏观液化指数/等级
10	CD-10	崇州市观胜镇联义村	一农户厨房,水井附近喷砂面积 2～3m^2,喷砂量 0.5m^3,农田 300m^2 范围内均有大量喷砂;村民房屋(1985 年修建)纵(后)墙有贯穿裂缝,最宽处有 10cm,不均匀沉降,最大沉降量 8cm	7	0.18	0.5/Ⅲ级
11	CD-11	都江堰石羊镇红花村	液化带状分布,农田出现深 1.5m 的大坑;液化带地面裂缝交错,墙面出现大量裂缝,一户房屋背后地面沉陷约 2cm;一间屋子出现明显漏斗沉陷;村中大部分院子和房子出现裂缝且沉陷,平均下沉约 3cm,山墙不均匀沉陷 5cm	7	0.21	0.55/Ⅲ级
12	CD-12	都江堰石羊镇金花村	地震液化现象明显,喷水冒砂导致地面开裂,喷出大量细砂;一层砖木结构的山墙不均匀沉降导致倾斜;喷砂高度约 1.5m,持续时间约 10min,液化面积估计 20m×10m	8	0.20	0.35/Ⅲ级
13	CD-13	都江堰翠月湖镇民兴村	地震时农田喷水冒砂严重,据介绍,喷水(黄泥浆)高度 5～6m,持续时间约 10min,导致农田多处出现裂缝,面积估计 3～5 亩	8	0.25	0.02/Ⅰ级
14	CD-14	都江堰翠月湖镇青江村	液化致地面裂缝,长约 20m,最宽处 20cm,喷出大量泥浆(估计几十立方米),高度 3m,持续约 1min;房屋墙面出现大量裂缝,最大处宽 10cm,且有沉降但不明显;地下水位 1.5m,1m 左右可见砂;液化范围内,房屋破坏严重	8	0.21	0.45/Ⅲ级
15	CD-15	都江堰翠月湖镇五桂村	村民介绍,都江堰翠月湖镇五桂村五组,永益村四组,中兴镇和青城山镇,地震时这些村都发生喷水冒砂现象,有些地方情节比较严重,但没有实地考察	8	—	—
16	CD-16	成都市寿安镇喻庙社区	村委两侧公路西边水田冒砂,冒水喷砂高度约 0.6m;四组东侧农田冒水严重,面积稍大;三年前建的两幢两层砖混结构,地基原为水田,地下水 6m,房屋地面裂缝 2～3cm,其中院内裂缝严重,后院裂缝处喷砂严重,客厅门变形。村内液化范围约 5 亩,脊瓦掉落多	7	0.16	0.5/Ⅲ级
17	CD-17	都江堰市幸福镇永寿村	永寿村五组一家房子没有屋盖,院内有裂缝,长 200m、宽 3cm,喷砂水高度 10m,当地打地梁 1m 左右见砂石,地下 2～3m 见水,农田见喷砂,其中含直径 1cm 砾石	8	0.25	0.65/Ⅴ级
18	CD-18	大邑县晋原镇揭沟村	发现农田大面积液化,面积约 2500m^2,喷水冒砂高 1m 左右,持续时间几分钟。据村民介绍该地区地下水位 3m 左右;由于调查时间较晚,该液化点喷出来的砂很难见到,情况从村民询问中得到	7	0.19	0.13/Ⅱ级

续表

序号	场地编号	地理位置	地震宏观现象	烈度	加速度/g	宏观液化指数/等级
19	CD-19	都江堰市蒲阳镇双槐村	大面积液化，在农田中仍能取到喷出的砂子，地震时喷砂，地震停止喷砂即止，喷砂高度1m，灰色粗砂；当地6m见水，7m见砂；另一处房屋门前有裂缝，据说地震时有喷砂，调查时仍可见浅黄色粉砂	8	0.30	0.25/Ⅱ级
20	CD-20	都江堰市玉唐镇中学	据目击者介绍，学校操场一角跑道旁有喷砂，裂缝长10m，宽10cm；当时喷砂有30cm高；地震停喷砂即停，喷出有臭味；据说地下水位近10m	8	0.32	0.07/Ⅰ级
21	CD-21	都江堰市中兴镇中学	操场出现大面积液化，喷水冒砂严重（细黄砂）；在学校食堂（一层砖混结构）和两栋女生宿舍楼（三层框架结构）等地，地震时发生喷水冒砂导致房屋沉降，沉降量约3cm。一层走廊装饰塑钢窗由于教学楼沉降普遍挤压变形	8	0.28	0.48/Ⅲ级
22	CD-22	都江堰市中兴镇某公路	路基向排水沟方向侧移约10cm，最大处16cm，排水沟底面明显隆起，中兴镇某公路路面出现长约300m，最宽处40cm的大裂缝	8	0.27	0.4/Ⅲ级
23	CD-23	都江堰市青城山镇	发生大面积液化，喷水冒砂严重，一村民家地面裂缝，隆起约2cm，冒黄泥浆，一村民家楼房有轻微沉降，据村民介绍该地区地下水位2～3m，因时间太久，调查时该区域喷砂已经不能看到	8	0.30	0.35/Ⅲ级
24	CD-24	彭州市丽春镇保平村	液化面积几亩地，地面（田地）出现5～6cm宽的裂缝，从裂缝处喷出黄砂；一民房（一层砖木结构，六间）中出现喷水冒砂现象，导致房屋墙壁地面大范围裂缝，厨房位置地面裂缝严重，且发现有倾斜	7	0.23	0.2/Ⅱ级
25	CD-25	彭州市丽春镇天鹅村	喷水冒砂致使村委会房屋（一层砖混结构，三间，1998年修建）内地面开裂约2cm。没有发现房屋下沉倾斜的迹象；据村委会工作人员介绍，地震时房屋内冒水（没有砂）10cm高，持续约1h	7	0.24	0.07/Ⅰ级
26	CD-26	都江堰市天马镇	据镇领导介绍，都江堰市天马镇、胥家镇村庄出现大面积喷水冒砂现象；胥家镇领导提供了一些喷水冒砂图片，喷水冒砂点出现过裂缝且有房屋因为液化破坏相对严重	8	—	—
27	CD-27	彭州市红岩镇梨花村12组	发现大面积液化，一户院中枯井，井深5～6m，据户主介绍大地震时有黄色泥浆水从井盖缝中溢出，并覆盖了整个院子，大概$50m^2$，院中地下5m见砂，同时5m见水，10m处见黑砂并夹杂卵石和直径约50mm的朽木，院外菜地喷砂量大	8	0.43	0.45/Ⅲ级

续表

序号	场地编号	地理位置	地震宏观现象	烈度	加速度/g	宏观液化指数/等级
28	CD-28	彭州市红岩镇梨花村	一梨园有液化，据介绍，地震时整个梨园都有喷砂，覆盖面积大，有5～10cm厚，地下3m见砂，5m见水，旁边道路震断，农田里有裂缝，长200m，宽20cm；当地震害重，房屋大量倒塌	8	0.44	0.08/Ⅰ级
29	CD-29	彭州市葛仙山镇熙玉村	据介绍，两村落有喷水冒砂现象，村落相邻较近且临近人民渠一支渠，喷水冒砂类似，地震时农田出现5～6cm宽的裂缝，地面下沉约5cm，规模不是很大	8	0.31	—
30	CD-30	都江堰市拉法基水泥厂	绿化带下沉约20cm，裂缝最大宽约40cm，长约100m，深50cm；水泥路基开裂20cm；人行道地砖开裂、隆起、下沉，可见少量喷砂	8	0.23	0.65/Ⅳ级
31	CD-31	成都市龙王镇红树村	一河边有长300m、宽10cm的裂缝，裂缝中大量喷砂，喷出浅黄色粉砂，有少量黑砂	6	0.12	0.25/Ⅱ级
32	CD-32	成都市龙王镇泰山村	沿西江河边有一液化带，农田中有直径20cm的喷砂孔，喷出黄砂，喷出0.4m高，地下水位2～3m，老乡说地下7～8m未见黄砂	6	0.12	0.25/Ⅱ级
33	CD-33	成都市苏坡乡清江村	薄景山提供照片和信息。液化伴随地裂缝，造成一范围墙体开裂、倾斜	6	—	—
34	CD-34	成都市都江堰市虹口乡	据中国地质科学院报道，一在建二层楼房，因地基失效导致倾斜，未进行调查核实	9	—	—
35	CD-35	成都彭州市小鱼洞大桥	王东升提供照片和信息。调查时间较晚，大桥河床出现微小喷水冒砂孔，喷砂量较小，出现桥墩倾斜、落梁现象，桥梁损毁严重	10	—	—
36	CD-36	都江堰市聚源镇某大桥	周正华提供照片和信息。高架桥桥墩处喷出粉细砂，含黏粒，未对桥墩产生影响	8	—	—
37	DY-01	什邡市金桂村艾迪家具厂	郭恩栋提供照片和信息。家具厂距离河坝较近，据老乡说，震后喷砂高达1.5m。地面严重开裂，最大超过10cm，大量房屋、农田遭到不同程度破坏	7	0.33	0.38/Ⅲ级
38	DY-02	绵竹市兴隆镇安仁村	全村70多口水井不同程度地被填埋；水柱高30～50cm，持续几分钟，喷出物为砂夹杂砾石，贯穿村庄的地裂缝长50～100m	9	0.44	0.7/Ⅳ级
39	DY-03	绵竹市拱星镇祥柳村	300亩范围有喷水冒砂现象；水柱高约10m，坑边有砾石喷出；有直径3～4m、深1～2m坑陷7～8处，农田破坏严重	9	0.41	0.91/Ⅴ级

续表

序号	场地编号	地理位置	地震宏观现象	烈度	加速度/g	宏观液化指数/等级
40	DY-04	绵竹市富新镇永丰村	地震发生液化现象，约10亩稻田不同程度喷砂(中砂夹卵石)，据当地村民介绍，5～6m可见砂，造成农田破坏，出现一长50～100m、宽10～20cm的裂缝	8	0.34	0.68/Ⅳ级
41	DY-05	绵竹市富新镇杜茅村	发现液化现象，喷砂规模2～3m³，细砂，产生一裂缝长20cm，宽5cm，民房屋脊、烟囱折断，农田发生破坏	8	0.34	0.12/Ⅱ级
42	DY-06	德阳市柏隆镇清凉村	发现液化现象，南北向7km长，3km宽，都有不同程度的喷砂，浅黄色细砂、中砂，裂缝穿过处一层民房完全倒塌，全村30%～40%民房倒塌，一房屋基础处出现一大陷坑	8	0.24	0.92/Ⅴ级
43	DY-07	德阳市德新镇胜利村	南北向6～7户喷水冒砂；其中一户室内地面下沉处约5cm，隆起处10～20cm，墙体开裂，基础无变化；另一户的院子被喷出1～2cm厚度黄细砂覆盖	7	0.21	0.65/Ⅳ级
44	DY-08	绵竹市板桥镇兴隆村	河岸侧移，喷砂堵塞河床；4亩池塘喷砂，裂缝纵横，水全部流失，鱼跑光；6户民居内喷出5～10cm厚浅黄色细砂，地面错位10～20cm；该村其他非液化区域房屋破坏较轻	8	0.42	0.8/Ⅳ级
45	DY-09	绵竹市板桥镇板桥学校	3km长、300～500m宽范围内均有液化破坏现象；学校地面被3～5cm厚细砂喷出物掩盖；教学楼沉降15cm，倾斜且墙体严重开裂；河岸裂缝纵横，侧移20～30cm，下沉30～50cm	8	0.37	0.94/Ⅴ级
46	DY-10	绵竹市土门镇林堰村	出现液化，水沟中喷砂量2～3m³，浅黄色细砂，地震时喷出水柱高1m，几分钟后停止，据当地村民介绍，打井7m见水、7～8m能见浅黄色细砂，4m能见到黄色黏土，水田开裂，裂缝长150m，用4m长棍子碰不到底，其中一水田下沉30cm	8	0.47	0.55/Ⅲ级
47	DY-11	什邡市师古镇思源村	2～3km长、1km宽的范围内均有喷砂；一游泳池周围液化造成的破坏较为严重；砂量4～5m³，池底隆起，原来深度2m，喷砂填砂使得池底深度1m。2008年6月1日调查时，池底仍有两处冒水，池中积水5cm，原来无水，地裂缝长约500m，宽20～30cm，有卵石喷出，裂缝中1m处能见水，堤岸下沉20～30cm	8	0.41	0.87/Ⅳ级
48	DY-12	什邡市师古镇共和村	有液化现象，喷出浅黄色细砂，水泥路面、花坛下沉约5cm，墙角台阶靠墙一侧下沉3cm，基础无影响，裂缝穿越厨房，破坏较严重，房屋其他地方有微小裂缝，围墙倒塌	8	0.36	0.35/Ⅲ级
49	DY-13	什邡市隐丰镇大桥	有液化现象，大桥桥台基础下喷砂，桥台原有裂缝加大，基础无影响，裂缝长10m，宽5cm	7	0.31	0.27/Ⅱ级

续表

序号	场地编号	地理位置	地震宏观现象	烈度	加速度/g	宏观液化指数/等级
50	DY-14	什邡市隐丰镇福泉村	有喷水冒砂现象，10多户民房院内喷砂，单孔喷砂量1m³，细至中砂，水柱高约30cm，水井水位约2m，稻田开裂，裂缝长20m，宽5cm，水泥路面下沉40cm，向水渠一侧侧移10cm，房屋落瓦，墙体严重开裂	7	0.31	0.4/Ⅲ级
51	DY-15	什邡市马井镇双石桥村	3亩稻田5、6处喷水冒砂，单孔面积约5m²，砂层30cm厚，调查时仍有冒水现象，喷砂2cm厚；地震时院中黄鳝钻出，水柱约2m高，持续几分钟，灰白色粗砂，河水位1m；稻田附近菜地下沉20cm，面积2～3m²，水泥路面下沉5cm，路边填土下沉10cm，路边填土侧滑10cm	7	0.28	0. 38/Ⅲ级
52	DY-16	什邡市金轮镇桂花村	地震前约一个月，水井井水变混浊，冷水放入茶叶后变成紫红色，加热后有油层、变黄色，震后好转，化验结果可饮用，地震后地裂缝长约50m，喷水；结构破坏不明显	7	0.42	0.11/Ⅱ级
53	DY-17	广汉市南丰镇毘庐小学	液化喷砂量约5m³，地面下沉20～30cm。教室地面隆起，墙体严重开裂。学校无喷水冒砂地方房屋损坏较轻，只有落瓦、少量微裂缝。教室地面隆起，墙体严重开裂。学校无喷水冒砂地方房屋损坏较轻，只有落瓦、少量微裂缝	7	0.22	0.7/Ⅳ级
54	DY-18	广汉市南丰镇双砂村	河岸10～20m处开裂，裂缝穿越民房，裂缝长30～50m，裂缝中有少量喷砂，河岸侧向滑移10cm；结构破坏较轻	7	0.21	0.3/Ⅱ级
55	DY-19	绵竹市兴隆镇永乐村	有液化现象，农田内喷砂，该地四周都是水田，11户房屋室内喷砂，细至中砂；震后水井水体变色，房屋墙体开裂，地基下沉不明显，有落瓦	7	0.19	0.4/Ⅲ级
56	DY-20	广汉市国婷科技公司	厂房铁轨被拉断，水平错位3cm，垂直错位2～3cm，厂房墙角外1m处喷砂量约2m³，裂缝长10m，宽5cm	7	0.19	0.35/Ⅲ级
57	DY-21	广汉市新平镇永红村	周围稻田，房屋地面与稻田基本齐平，一村民家厨房，水井附近喷砂面积2～3m²，喷砂量0.5m³，细砂，2户住户范围内地面开裂，裂缝长10m，最大宽度1～2cm，裂缝穿越墙体，地面隆起，溜瓦	7	0.19	0.35/Ⅲ级
58	DY-22	绵竹市新市镇石虎村	原深5m水井被3.5m厚液化喷出物填充；附近喷水高1.0m，持续60min，喷出物为中至细砂；长50～60m、宽2～3cm地裂缝穿过整个村庄；1989年建房屋墙体严重开裂，室内地面下沉3～5cm	8	0.33	0.62/Ⅳ级

续表

序号	场地编号	地理位置	地震宏观现象	烈度	加速度/g	宏观液化指数/等级
59	DY-23	绵竹市新市镇镇政府	地处平原，喷砂量未知，中砂，喷砂0.3m高，持续约1h，地下水位2m，裂缝宽10cm，长20m左右，方向NW290°；1992年建房，二层，墙体下沉2～3cm；值班室地板下震前很实，震后跺脚发出空空声	8	0.33	0.35/Ⅲ级
60	DY-24	绵竹市天元镇白江村	发现液化现象，一户院中有裂缝，一直延伸至农田，长大约200m，宽2cm；山墙处喷砂导致房屋明显下沉，房屋相对院墙下沉6cm左右；该户二层全部倒塌，周围50m开外震害轻微，连土坯房也较完好，据户主介绍院中4m见水，但没挖到过砂	7	0.23	0.62/Ⅳ级
61	DY-25	绵竹市孝德镇洪拱村	该村较大面积发生液化，根据村民介绍，地下水位4～6m，地下3m处可以见到砂且夹杂卵石；地震时喷砂高度约1m，持续2～3min；农田中，地震时出现裂缝大量喷砂，后田地下沉约40cm，地表下沉痕迹明显；该地区地震破坏较重，80%房屋为危房，不能使用	8	0.30	0.78/Ⅳ级
62	DY-26	绵竹市孝德镇齐福小学	该村农田中、村民院落中、道路等喷水冒砂(黄色细砂)普遍；根据村民介绍，地下水位3～4m，喷水普遍高1m，持续几分钟；齐福小学主教学楼喷水冒砂导致地基下沉，不均匀沉降，左侧约7cm，右侧约3cm	8	0.30	0.35/Ⅲ级
63	DY-27	绵竹市新市镇新市学校	喷水高1.5m，持续1min，喷出物为白色中至细砂夹淤泥；门卫室地面下沉2cm，水平侧移2cm，结构未见明显损坏，只有部分沉降和轻微破坏	8	0.34	0.35/Ⅲ级
64	DY-28	德阳市柏隆镇果园村	南北向6～7户民居喷水冒砂；室内地面下沉5cm，地表喷浅黄色粉砂；墙体开裂，基础无变化；2008年5月25日6.4级余震时再次液化	7	0.21	—
65	DY-29	绵竹市新市镇长宁村	道路有裂缝，5cm宽，几米长，院落有黑色泥浆喷出，墙根有砂，院墙倾斜。喷水冒砂现象较普遍，且喷砂量很大，一村民用喷出来的砂抹墙后还有剩余；喷水冒砂高1.5m，持续20h，地下水位2m左右；一村民家中水井被喷砂充满，喷砂量很大，至考察时井中喷砂仍然可见	8	0.31	0.64/Ⅳ级
66	DY-30	绵竹市遵道镇双泉村	10亩农田均有喷砂，几十立方米，道路有裂缝，宽约5cm，且向上隆起；两条裂缝，每条长约70m，宽60～70cm，方向均为NW240°，均穿过道路及两旁田地，液化裂缝穿过一间房屋使其开裂	9	0.49	0.6/Ⅲ级

续表

序号	场地编号	地理位置	地震宏观现象	烈度	加速度/g	宏观液化指数/等级
67	DY-31	绵竹市汉旺镇武都村	农田中有喷砂,为黄色细砂,黏粒含量大;农田旁为村庄,路旁第一口井现在50cm下全为粉砂,据村民介绍为喷出物,也是黏粒含量大,而地震前井下7m有水。一条裂缝穿过六户人家,房屋全部倒塌;裂缝旁另一口井,调查时水位为井口下90cm,震前水位为3m,井壁有黄砂残留物;屋前菜地也有喷砂	9	0.48	0.82/Ⅳ级
68	DY-32	中江县杰兴镇连山村	机耕路上喷水冒砂,喷出物3cm厚,饭桌大的范围,喷水高4m左右,喷出物为粉砂,黏粒含量高;路旁地下1m见水,10m见喷出物,20m见白砂;路旁有裂缝,山上也是一条裂缝(山坡砂岩出露),并且方向一致,NW240°,估计是断层通过	7	0.16	0.51/Ⅲ级
69	DY-33	德阳市回龙镇万古村	长约2km、宽100m范围内零星液化现象,地震时喷出黄色粉细砂,喷砂高度约10cm,持续时间几分钟,喷砂地点出现裂缝,宽约3cm,长约3m,地下水位为6～7m,而砂层埋深为1～2m,农田东侧30m处有河沟	7	0.15	0.65/Ⅳ级
70	DY-34	中江县南山镇普桥村	据镇长介绍,普桥村的一、二、七、八组农田普遍发生液化现象;七组地震时水稻田喷出红色细砂,喷砂高度约2m,持续时间几分钟,出现长约15m、宽约20cm的裂缝	7	0.15	—
71	DY-35	罗江县略坪镇安平村	楼房墙角喷砂,基础沉降4cm,喷砂都是在同一条裂缝上;喷出物为中砂,距离河边约2m;河对岸有400m长地裂缝,最宽有5cm,断续有喷砂,喷出为灰白色中砂	8	0.20	0.55/Ⅲ级
72	DY-36	德阳市略坪镇长玉村	一裂缝穿越菜地,宽30cm,可见深度有1m多,长度未知,但附近多处农田至今仍漏水;同时地裂缝穿过的房屋全部开裂,无法继续使用;地裂缝断续有喷砂,喷出为白泥砂夹卵石,喷出高度有1m多,震后即停止;当地8～9m见水,未挖到过砂	8	0.15	0.55/Ⅲ级
73	DY-37	德阳市黄许镇新新村	一户二层砖混房屋(1998年建造)严重破坏,有不均匀沉降现象,紧邻该房屋的鸡舍出现液化现象,喷砂高度约1m,为白色粉细砂,持续时间为5～6min,沿裂缝走向方向100m处农田出现喷水冒砂现象,有卵石喷出;据介绍,地下水位为2～3m,而砂层较浅,仅为0.5m左右	7	0.19	0.47/Ⅲ级

续表

序号	场地编号	地理位置	地震宏观现象	烈度	加速度/g	宏观液化指数/等级
74	DY-38	德阳市黄许镇金桥村	长约 200m、宽约 10cm 裂缝穿越农田，裂缝中喷出黄色细砂，夹卵石，最大直径可达 10cm，喷水高度约 70cm，持续时间为 2～3min，液化面积有 70 多亩，有两处水田下沉多达 20cm，该村有一处道路路基下沉 10cm，地下水位约 6m	7	0.18	0.61/Ⅳ级
75	DY-39	什邡市湔氐镇白虎头村	100 多亩田地在地震时喷水冒砂，高度约 1m；多处裂缝，大约长 300m，宽 3～5cm，都有喷砂，为褐红色细砂；水井边见灰白色中粗砂喷出物，地震时水井被喷出物填满（被掏至 1.8m，原水井深度 3m），井中掏出物放置水井边，掏出物含很多卵石，最大直径 15cm；该井水位 40cm，据说打井 2～3m 可以见褐黄色纯细砂，打井未见卵石层	9	0.46	0.45/Ⅲ级
76	DY-40	什邡市湔氐镇龙泉村	全村 2000 多亩地零星出现喷水冒砂现象，高度一般 10cm；一居民院内液化伴随地裂缝，整座房子不均匀沉降，二层处有圈梁，前墙下沉 7cm，后墙上抬 12cm，并与地面裂开 26cm，基础外露	8	0.18	0.68/Ⅳ级
77	DY-41	绵竹市玉泉镇桂花村	喷水高 1.5m，持续 1min，喷出物为黄色中砂；裂缝长 50m、宽 30cm；带有圈梁砖混民居不均匀沉降，对角倾斜，屋前沉 3～5cm，屋前抬起；裂缝穿过道路，路面一侧下沉	8	0.39	0.62/Ⅳ级
78	DY-42	什邡市禾丰镇镇江村	喷水高 60～70cm，持续 1min，喷出物为细砂、粉砂夹卵石；裂缝长 100m、宽 10cm、深 3m，一侧下沉 5cm；1983 年建砖混结构房屋开裂，不均匀沉降；粮仓下沉并侧移 10cm	8	0.29	0.4/Ⅲ级
79	DY-43	什邡市元石镇广福村	一户民居喷水冒砂严重，为黑色泥浆，含白色细砂，喷水高度和持续时间村民没有看到；该房屋为一层砖混结构（2004 年建造）三间原房屋已倒塌，屋前的柱子明显发生下沉，分别下沉 3cm 和 7cm；据介绍，地下水位约 3m，砂层埋藏深度 2～3m	7	0.37	0.4/Ⅲ级
80	DY-44	绵竹市齐天镇桑园村	大面积喷水冒砂；喷水高度 1m，持续几分钟，喷粉细砂；裂缝绵延几千米，穿过几个村镇，裂缝穿过的房屋均有不同程度开裂；村头小桥河道被 1m 厚喷砂填满，水泥排水管道下沉	8	0.29	0.55/Ⅲ级
81	DY-45	德阳市柏隆镇松柏村	位于 7 度和 8 度区交界处；南北方向 7km 长、3km 宽范围内均有不同程度液化现象；喷出物类型丰富，包括中砂、粗砂和砾石；液化均伴有地裂缝，裂缝穿越处民房基本倒塌，倒塌房屋达全村半数以上；液化震害严重，社会影响大，德阳市电视台有专题报道	8	0.24	0.92/Ⅴ级

续表

序号	场地编号	地理位置	地震宏观现象	烈度	加速度/g	宏观液化指数/等级
82	DY-46	绵竹什地镇双瓦村	发现少量细砂喷出物	8	—	—
83	DY-47	绵竹市土门镇	薄景山提供照片和信息。农田中出现大量喷水冒砂现象，一农田形成直径约4m的坑陷，并充满水	9	—	—
84	MY-01	绵阳市游仙区丰泰印务	水泥路面裂缝中喷砂2～3m^3，绿化带上喷砂孔呈串珠状排列，其中最大喷砂孔直径约20cm，喷砂为灰白、浅黄色粉细砂，厂房采用桩基础，基础深4.8m；厂房地面沉降2～4cm，基础无变化	7	0.24	0.35/Ⅲ级
85	MY-02	绵阳市游仙区涌泉村	绿化小区内均有不同程度的喷水冒砂现象，据保安介绍，地震1h后水柱高度仍有30cm左右，喷出物为浅黄色粉细砂，人工湖水位1m左右，地震后略有上升；覆盖层厚度，山前1～2m，离山较远处10～15m	7	0.24	0.45/Ⅲ级
86	MY-03	绵阳市柏林镇洛水村	喷砂农田已平整，据介绍，喷砂为灰黑色粉砂，附近有断裂带通过，其长度约10km，方向为北东向，水渠石块地震中震倒	7	0.27	0.37/Ⅲ级
87	MY-04	绵阳市柏林镇陈家坝	浅黄色粉细砂从裂缝中喷出，据当地村民介绍，地震后喷水高约30cm，第二天仍有冒水现象，附近打井6～7m见水；其中一处喷砂将农田掩埋，掩埋面积约20m^2。附近有断裂通过，地裂缝穿越公路，造成民房裂缝	7	0.27	0.35/Ⅲ级
88	MY-05	绵阳市忠兴镇中心小学	操场很大范围内喷水冒砂，持续时间5～6h；据介绍，打井5～6m见水；教学楼略有地基下沉现象	8	0.29	0.4/Ⅲ级
89	MY-06	绵阳市新桥镇东华村	液化处喷砂掩埋农田约10亩，喷砂持续时间5～6h，喷出物为浅黄色粉细砂；水位高约2m，调查时井水位2.5～3m；有地裂缝宽10cm，长8m，方向北西向150°	8	0.26	0.3/Ⅰ级
90	MY-07	绵阳市魏城乡铁炉村	该村一烟囱折断，田中有裂缝，方向为南北向，裂缝长度约10m，喷砂宽度约30cm，喷出物为粉细砂	7	0.23	—
91	MY-08	绵阳市新桥镇民主村	该地属二级阶地，150亩水田范围内均有零星喷水冒砂孔，单孔喷砂量约0.5m^3，喷砂面积2～5m^2，喷砂高约1m，喷出物为细砂；其中一喷砂孔残留直径3～5cm的鹅卵石；据介绍，打井6～7m都不会有卵石	7	0.25	—
92	MY-09	绵阳市东宣乡新合村	该地属一级阶地，1裂缝长度约15m，喷砂量约2m^3，喷砂时水柱高1m，喷出物为粉细砂	7	0.22	—

续表

序号	场地编号	地理位置	地震宏观现象	烈度	加速度/g	宏观液化指数/等级
93	MY-10	绵阳市东宣乡七一村	河漫滩上喷水冒砂，喷砂量0.5m^3，面积约1m^2，水田中有零星分布；地震时水浪约1m，有鱼跳出水面，河水位约0.3m，喷出物为可塑性粉质黏土，地貌属不对称河谷	7	0.22	—
94	MY-11	绵阳市游仙区游仙坝	喷砂面积2m^2，喷砂量0.5m^3，墙体严重开裂，并下沉约6cm，基础完好，墙体先是下沉，然后又隆起	7	0.24	0.45/Ⅲ级
95	MY-12	江油市三合镇北林村	绵阳市江油地震办介绍，马角镇和三合镇有液化现象；北林村全村普遍开裂冒砂，裂缝宽7cm（村民介绍地震时有20cm宽）；一农户院中喷水冒砂严重，裂缝穿过房屋并喷砂，为黄色中砂；院中房屋都有沉降，楼房中间承重墙下沉多，有2～3cm	7	0.48	0.55/Ⅲ级
96	MY-13	江油市火车站	整个火车站都有喷水冒砂现象，候车室一些房间2008年8月8日仍有喷出物，为黄色粉砂，黏粒含量高；候车室等多个建筑都定为危房，房屋墙体横向开裂严重，建筑物下沉，与屋外地坪连接处开裂；调查时已停用，正准备拆除重建	8	0.49	0.75/Ⅳ级
97	MY-14	绵阳市梓棉乡极乐斋村	根据乡领导介绍，地震时该村发现有喷砂（黑色的细砂）冒水现象，喷砂规模都不是很大；发现一条地裂缝，长几百米，最宽处有50cm，断断续续；未进行调查核实	8	—	—
98	MY-15	绵阳市石板镇观音村	根据村民反映，观音村12组地震时农田中多处喷砂（细黄砂）冒水，当时冒砂（水）高1m，冒砂持续估计1h，而冒水达一天；该村临近的（估计距离1km）观音村6组也发现类似现象，地下水位1～2m	7	0.23	0.53/Ⅲ级
99	MY-16	绵阳市石板镇森柏村	地震时喷出黑色的细（粉）砂浆，喷砂地方成点状分布，分布区域原来为一条河道，现被农田覆盖；没有出现裂缝，砂从一个喷口冒出高约50cm，地貌属于低山丘陵；未进行调查核实	7	—	—
100	MY-17	绵阳市玉河镇上方寺村	据镇领导介绍，地震时该村发现有喷砂（黄色细砂）现象发生，喷砂规模不是很大，而且在农田中，调查时已经不能看到喷砂；该镇地震破坏相对较轻，倒塌房屋多为老房子；地貌属低山丘陵，震害相对较轻；未进行调查核实	7	—	—
101	MY-18	绵阳市梓棉乡鹤鸣村	根据乡领导介绍，地震时该村发现有喷砂（黑色的细砂）冒水现象，喷砂规模都不是很大，地貌属低山丘陵，震害相对较轻	7	—	—

续表

序号	场地编号	地理位置	地震宏观现象	烈度	加速度/g	宏观液化指数/等级
102	MY-19	江油市九岭镇河东村	薄景山等提供照片和信息。农田中喷砂孔呈串珠状排列，排列紧密处连续成沟，喷出物主要为细砂，并伴随地裂缝	7	—	—
103	MY-20	绵阳市平武县南坝镇	薄景山等提供照片和信息。少量喷水冒砂现象，造成部分地面沉降，形成陷坑	11	—	—
104	MY-21	绵阳市黄土镇温泉村	农田中大量喷水冒砂现象，伴随地裂缝，长度数百米，宽带30～50cm，深度约50cm，裂缝中沉积大量黄色细砂	7	—	—
105	MY-22	岷江某河漫滩	陈云敏提供照片和信息。岷江某河漫滩出现喷水冒砂现象	8	—	—
106	MY-23	绵阳市太平乡华东村	尚红提供照片和信息。农田中出现喷水冒砂现象，伴随地裂缝，地裂缝与河流方向一致	8	—	—
107	MY-24	绵阳市江油市武都镇	薄景山提供照片和信息。液化伴随地裂缝，灰色粉细砂	8	—	—
108	LS-01	峨眉山市桂花桥镇新联村6组	村中喷砂到处可见，喷出物为黄色细砂，据介绍震时喷高3.2m，持续20～30min；村民介绍向下挖3m多可见喷出物；一条裂缝长300m，宽10cm，方向NW250°，裂缝过处房屋破坏	6	0.06	0.18/Ⅱ级
109	LS-02	峨眉山市桂花桥镇新联村4组	田地中液化，震时喷水高度约1m，调查时仍在冒水；穿过田地裂缝长十几米，宽5～10cm，方向NW260°	6	0.06	0.18/Ⅱ级
110	MS-01	眉山市洪川镇菜地坎	喷水高度约30cm，持续1min，形成一直径、深度都为2m的坑陷；周围房屋有落瓦现象	6	0.09	0.26/Ⅱ级
111	MS-02	眉山市丹棱镇丹棱河中心	据气象局郭主任和防震减灾办刘局长介绍，2008年5月14日7时左右县城内丹棱河中心冒黑水，像水开锅一样向上翻，冒了约40min；据介绍河中曾挖过5～6m深的砂；村中有40多口井震前水很多，震后一半水井干涸	6	0.09	0.05/Ⅰ级
112	SN-01	遂宁市三家镇五里村	发现农田、道路大面积液化现象，地震时喷水冒砂高约1.5m，持续几分钟，喷出物为黄色粉砂含黏土，手摇麻花钻及剪切波速测试结果显示，地下水1.0m，粉砂层十分松软，剪切波速仅140m/s左右	6	0.04	0.01/Ⅰ级
113	YA-01	雅安市中里镇龙泉村	地震时喷砂高度约1m，持续3min左右，喷出物为褐红色细砂；据介绍地下水位约1.3m，有裂缝长100多米，宽15cm，最宽50cm，方向NW250°，裂缝穿越河谷，未延伸至山包，纵横交错	6	0.11	0.15/Ⅱ级

续表

序号	场地编号	地理位置	地震宏观现象	烈度	加速度/g	宏观液化指数/等级
114	YA-02	雅安市汉源县富林镇	薄景山提供照片和信息。出现喷水冒砂现象，喷出物在部分建筑物墙角出现	8	—	—
115	GS-01	甘肃省陇南市桔柑乡大元坝村	高晓明提供照片和信息。农田中出现大量喷水冒砂现象，浅黄色细砂，并伴随地裂缝	6	—	—

注：附录A中两例液化场地（德阳市德新镇长征村、绵竹市板桥镇白杨村）是根据村民反映在喷水冒砂的地方进行现场钻孔、测试，液化专题调查时未进行宏观现象记录；部分收集的场地，只有村名及大致位置，因此只给出烈度，无法准确提供加速度大小；另外，有几例较偏远的地方据乡镇干部反映也有喷水冒砂现象，受客观条件限制，未进行实地核实。

附录B-2　汶川地震典型液化图集(60例)

1. 成都市唐昌镇金星村7组(场地编号:CD-01)

照片CD-01　喷出灰色中砂,液化孔几十亩范围内零星分布

2. 都江堰市聚源镇泉水村(场地编号:CD-03)

照片CD-03　中砂喷出,伴随地裂缝

3. 都江堰市桂花镇丰乐村(场地编号:CD-04)

照片 CD-04　堤岸下沉 10～20cm、侧移 20～30cm

4. 崇州市观胜镇联义村(场地编号:CD-10)

照片 CD-10　农田 $300m^2$ 范围内有大量喷砂

5. 都江堰翠月湖镇青江村(场地编号:CD-14)

照片 CD-14 地表喷出物含较多淤泥

6. 成都市寿安镇喻庙社区(场地编号:CD-16)

照片 CD-16 约5亩范围内的果树林喷出灰色中、细砂

7. 都江堰市幸福镇永寿村(场地编号:CD-17)

照片 CD-17　地表喷出物含少量砾石

8. 彭州市丽春镇保平村(场地编号:CD-24)

照片 CD-24　液化伴随地裂缝,喷出黄砂,含有少量直径 2～3cm 的砾石

9. 彭州市葛仙山镇熙玉村(场地编号:CD-29)

照片 CD-29 整个梨园都有喷砂,厚度5～10cm,并伴有地裂缝现象

10. 都江堰市拉法基水泥厂(场地编号:CD-30)

照片 CD-30 人行道地砖开裂、隆起、下沉

11. 成都市龙王镇红树村(场地编号:CD-31)

照片 CD-31　粉细砂喷出物将部分农田掩埋,伴随地裂缝

12. 都江堰市聚源镇某大桥(场地编号:CD-36)

照片 CD-36　大桥桥墩处喷出粉细砂,含黏粒,未对桥墩产生影响

13. 什邡市金桂村艾迪家具厂(场地编号:DY-01)

照片 DY-01 400m² 厂房遍布喷水冒砂点,地面严重开裂,最大超过 10cm

14. 绵竹市兴隆镇安仁村(场地编号:DY-02)

照片 DY-02 50～100m 长的地裂缝喷出细砂,夹杂砾石

15. 绵竹市拱星镇祥柳村(场地编号:DY-03)

照片 DY-03　300 亩范围内直径 3～4m、深 1～2m 坑陷 7～8 处,喷水高约 10m

16. 绵竹市富新镇永丰村(场地编号:DY-04)

照片 DY-04　10 亩稻田不同程度喷砂,夹杂 3～5cm 砾石,伴随地裂缝

17. 绵竹市富新镇杜茅村(场地编号:DY-05)

照片 DY-05　喷砂规模 2～3m^3,裂缝长 20cm,宽 5cm

18. 德阳市柏隆镇清凉村(场地编号:DY-06)

照片 DY-06　液化伴随地裂缝穿越一民房,黄细砂

19. 德阳市德新镇胜利村(场地编号:DY-07)

照片 DY-07　喷出黄细砂覆盖整个农院,厚度 1～2cm

20. 绵竹市板桥镇兴隆村(场地编号:DY-08)

照片 DY-08　6 户民居室内喷浅黄色细砂,5～10cm 厚,地面错位 10～20cm

21. 绵竹市板桥镇板桥学校(场地编号:DY-09)

照片 DY-09 液化伴随地裂缝穿越教学楼,基础开裂、沉降约 15cm

22. 绵竹市土门镇林堰村(场地编号:DY-10)

照片 DY-10 水田喷砂、开裂,裂缝长 150m,用 4m 长棍子捅不到底

23. 什邡市师古镇思源村(场地编号:DY-11)

照片 DY-11　液化伴随地裂缝,喷出物含砾石

24. 什邡市师古镇共和村(场地编号:DY-12)

照片 DY-12　农户院内液化伴随地裂缝,建筑物无影响

25. 什邡市隐丰镇福泉村(场地编号:DY-14)

照片 DY-14 中砂从水井中喷出,10 多户民房院内均有喷砂

26. 广汉市南丰镇昆庐小学(场地编号:DY-17)

照片 DY-17 教室地面隆起,墙体严重开裂,喷砂量约 $5m^3$

27. 绵竹市兴隆镇永乐村(场地编号:DY-19)

照片 DY-19　11 户房屋室内喷砂,震后水井水体变色

28. 广汉市国婷科技公司(场地编号:DY-20)

照片 DY-20　厂房铁轨被拉断,厂房墙角处喷砂量约 $2m^3$,裂缝长 10m,宽 5cm

29. 广汉市新平镇永红村(场地编号:DY-21)

照片 DY-21　厨房中喷水冒砂,地面隆起,溜瓦

30. 绵竹市新市镇石虎村(场地编号:DY-22)

照片 DY-22　水井中清出的中砂,水井原来为 5m 深,震后变为 1.7m

31. 绵竹市孝德镇齐福小学(场地编号:DY-26)

照片 DY-26　小学大面积喷砂,93 年建砖混结构未见破坏

32. 德阳市柏隆镇果园村(场地编号:DY-28)

照片 DY-28　主震、余震均发生喷水冒砂,伴随地裂缝

33. 绵竹市遵道镇双泉村(场地编号：DY-30)

照片 DY-30　农田中喷水冒砂,伴随地裂缝

34. 绵竹市汉旺镇武都村(场地编号:DY-31)

照片 DY-31　喷砂将水井填充,清除物中黏土含量较高,夹杂砾石

35. 罗江县略坪镇安平村(场地编号:DY-35)

照片 DY-35　室内喷水冒砂,伴随地裂缝

36. 罗江县略坪镇长玉村(场地编号:DY-36)

照片 DY-36　液化伴随地裂缝错断水泥路面,喷出物含砾石

37. 德阳市黄许镇金桥村(场地编号:DY-38)

照片DY-38 液化伴随地裂缝,农田中延伸几十米,喷出物含有砾石

38. 什邡市湔氐镇白虎头村(场地编号:DY-39)

照片DY-39 地震时水井被充填,水井清出物含大量砾石、卵石

39. 什邡市湔氐镇龙泉村(场地编号:DY-40)

照片 DY-40　液化导致基础开裂,不均匀沉降

40. 绵竹市玉泉镇桂花村(场地编号:DY-41)

照片 DY-41　喷水冒砂在墙上留下的痕迹

41. 绵竹市齐天镇桑园村(场地编号:DY-44)

照片 DY-44 农田中、民房中都有不同程度的喷砂冒水,零星分布几千米

42. 绵竹市柏隆镇松柏村(场地编号:DY-45)

照片 DY-45 农田中地表喷出物,含大量砾石、卵石

43. 绵竹市什地镇双瓦村(照片编号:DY-46)

照片 DY-46　农田中喷砂,喷出物含细砾

44. 绵阳市游仙区丰泰印务(场地编号:MY-01)

照片 MY-01　绿化带上喷砂孔呈串珠状排列,喷出物为灰白、浅黄色粉细砂

45. 绵阳市游仙区涌泉村(场地编号:MY-02)

照片 MY-02 池塘边喷水冒砂,地震 1h 后水柱高度仍有 30cm 左右

46. 绵阳市柏林镇陈家坝村(场地编号:MY-04)

照片 MY-04 喷砂掩埋约 20m^2 农田,喷水高度约 30cm,第二天仍有冒水现象

47. 绵阳市忠兴镇中心小学(场地编号:MY-05)

照片 MY-05　操场大面积喷水冒砂,持续时间 5～6h,教学楼基础略有下沉

48. 绵阳市新桥镇东华村(场地编号:MY-06)

照片 MY-06　喷砂掩埋农田约 10 亩,形成长 8m、宽 10cm 地裂缝

49. 绵阳市新桥镇民主村(场地编号:MY-08)

照片 MY-08 农田中喷水冒砂,喷出物含大量砾石、卵石

50. 绵阳市东宣乡新合村(场地编号:MY-09)

照片 MY-09 黄色细砂喷出物将部分农田掩埋

51. 绵阳市东宣乡七一村(场地编号:MY-10)

照片 MY-10　河漫滩上喷水冒砂,水田中零星分布

52. 江油市江油火车站(场地编号:MY-13)

照片 MY-13　候车室喷水冒砂,基础下沉导致墙体横向开裂

53. 江油市九岭镇河东村(场地编号:MY-19)

照片 MY-19 农田中喷水冒砂孔呈串珠状排列

54. 绵阳市黄土镇温泉村(场地编号:MY-21)

照片 MY-21 液化伴随地裂缝,长上百米

55. 绵阳市太平乡华东村(场地编号:MY-23)

照片 MY-23　平行于河的带状喷砂孔(尚红提供)

56. 峨眉山市桂花桥镇新联村6组(场地编号:LS-01)

照片 LS-01　6度区液化

57. 眉山市洪川镇菜地坎村(场地编号:MS-01)

照片 MS-01 喷水高度约 30cm,持续 1min,形成直径约 2m 的坑

58. 遂宁市三家镇五里村(照片编号:SN-01)

照片 SN-01 农田中喷水冒砂,喷出物为黄色粉砂

59. 雅安市中里镇龙泉村(场地编号:YA-01)

照片 YA-01　菜地中喷出物为褐红色细砂,伴随长 100 多米,宽 15cm 地裂缝

60. 甘肃省陇南市桔柑乡大元坝村(场地编号:GS-01)

照片 GS-01　6 度区液化伴随地裂缝(高晓明提供)